알기 쉬운
교량의 연속 거더 구조 해석 입문

주 환중 감수

平原大橋
PC 3경간 연속 변단면 박스 거더(105.0+170.0+105.0m)
(北海道 개발국 도로 건설과 제공)

摩尼川橋
3경간 연속 비합성 거더(38.0+49.0+38.0m)
(건설성 중국 지방 건설국 鳥取공사 사무소 제공)

머 리 말

컴퓨터의 발달과 함께 교량에도 갖가지 구조 형식이 받아들여지고 있는 가운데 연속 거더 형식은 콘크리트교 또는 강교(鋼橋)를 불문하고 현재에도 가장 많이 건설되고 있는 구조 형식의 하나이다. 그 이유로는 ① 구조가 명쾌한 점, ② 미관이 뛰어난 점, ③ 내부 지점상 신축 이음이 없으므로 자동차의 주행성이 좋은 점, ④ 고무 받침 또는 댐퍼 사용으로 지진에 따른 상부공의 수평력을 하부공으로 분산시킬 수 있으므로 하부공의 설계를 쉽게 할 수 있는 점 등을 들 수 있다.

구조 해석이나 설계 계산이 컴퓨터 없이는 생각할 수 없는 현재에 있어서 그를 위한 많은 소프트가 있어 이것을 사용하면 가령 구조 역학의 지식이 없이도 컴퓨터 키 보드 조작을 알고 있으면 계산 결과를 얻을 수 있다. 이렇기 때문에 입력 데이터를 아무리 정확하게 또한 신속히 인풋하지만 설계의 주된 작업이 되어 아웃풋된 계산 결과의 타당성에 대해서는 그다지 관심을 기울이지 않는 듯하다. 그러나 예를 들면 입력 데이터가 키를 잘못 두들기면 바른 결과는 얻을 수 없고, 때로 큰 오류를 범할 수도 있다. 그러므로 기본적인 구조 역학의 지식과 계산 능력이 있으면 컴퓨터를 이용한 계산 결과의 타당성은 검증할 수 있는 것이다.

따라서 이 책은 연속 거더 구조에 대해서 기본적인 역학을 알기 쉽게 해설하여 계산 능력의 향상을 도모하는 것을 주안으로 하고, 학생들에게는 구조 역학 및 구조 설계의 부교재로서, 설계 실무에 종사하는 젊은 기술자를 대상으로 기술한 것이다. 그래서 해석 방법의 나열은 피하고, 힘과 변형에 대한 역학적 거동을 이해하기 쉽게 또한 퍼스널 컴퓨터 등의 사용으로 다경간 연속 거더 계산에도 쉽게 응용할 수 있는 3련 모멘트의 정리에 따른 해법을 기본으로 하였다. 또한 이것을 탄성 지점상 연속 거더로 확장한 5련 모멘트식에 따른 해법에 대해서, 또 그 응용으로써 격자 거더의 해법에 대해서 기술하였다.

이 책은 전반을 통하여 될 수 있는 한 많은 예제를 마련하여 내용의 이해에 유용하도록 배려하였다. 제1장에서는 연속 거더 해법의 기본을 나타내고, 제2장에서는 연속 거더의 해법에 필요한 단순 거더의 탄성 변형 계산 방법을 임의 하중, 임의 변단면 거더에 대해서 나타내었다. 제3장에서는 등단면 연속 거더교는 물론, 변단면 연속 거더교에 대한 설계 실무가 많은 것을 고려하여 그 해법에 대해서도 상세히 기술하고, 또한 고무 받침 등의 탄성 지점상 연속 거더의 해법에 대해서, 또 연속 거더 변형에 대해서도 기술하였다. 제4장에서는 연속 거더의 단면력 및 지점 반력의 영향선 구하는 방법에 대해서 기술하고, 또 개략 설계 또는 컴퓨터를 이용한 계산 결과 대조 확인에도 유용하도록 변단면 3경간 연속 거더의 단면력, 반력 및 변형의 영향선 종거표를 부록으로써 정리하였다. 제5장에서는 프리스트레스트 콘크리트(PC) 연속 거더 특유의 프리스트레스력에 따른 부정정력의 계산 방법에 대해서 기술하고, 또 토목학회의 콘크리트 구조물에 대한 설계법이 종래의 허용 응력 설계법으로부터 직접적인 개개의 한계 상태를 검토하는 한계 상태 설계법에 대한 이행(移行)에 따라 단면력의 산정시에는 매우 자세한 대응이 요구되게 되었다. 이러한 점을 고려하여 사용 한계 상태에서 균열을 허용하는 부분 프리스트레스트 콘크리트 연속 거더의 균열 발생에 따른 강성 저하를 고려한 부정정력의 계산 방법에 대해서도 기술하였다. 제6장에서는 연속 거더의 해법을 격자 거더의 해법으로 확장하고, 강격자 거더를 대상으로 메인 거더의 비틀림 강성을 무시한 해법을, 또 콘크리트 격자 거더를 대상으로 메인 거더의 비틀림 강성을 고려한 해법을, 또한 설계 실무를 고려하여 하중 분포 계수 구하는 법과 그 계산의 예를 나타내었다.

끝으로 이 책을 통해 독자 여러분의 많은 지식이 함양되길 바랍니다.

2000년 6월
역자

목 차

제1장 기초적인 연속 거더의 해법(解法) 11

1.1 중간 지점의 변형 구속 조건에 따른 해법 11
1.2 중간 지점 변형각의 연속 조건에 따른 해법 14

제2장 등단면 단순 거더 및 변단면 단순 거더의 탄성 변형의 계산 17

2.1 가상 일의 원리에 따른 계산 17
  2.1.1 등단면 단순 거더의 지점 변형각과 변형 17
  2.1.2 변단면 단순 거더의 단면 2차 모멘트 19
  2.1.3 변단면 단순 거더의 지점 변형각과 변형 21
  2.1.4 지점 변형각과 변형 계산의 예 28
2.2 모어의 정리를 이용한 계산 34
  2.2.1 등단면 단순 거더의 지점 변형각과 변형 34
  2.2.2 변단면 단순 거더의 지점 변형각과 변형 35
  2.2.3 지점 변형각과 변형 계산의 예 36

제3장 등단면 연속 거더 및 변단면 연속 거더의 계산 41

3.1 3련 모멘트 식 41
 3.1.1 3련 모멘트 식의 유도 41
 3.1.2 등단면 연속 거더의 3련 모멘트 식 43
 3.1.3 변단면 연속 거더의 3련 모멘트 식 44
3.2 단면력 및 지점 반력 45
 3.2.1 단면력 및 지점 반력의 계산 45
 3.2.2 등단면 및 변단면 연속 거더의 계산 예 47
3.3 탄성 지점에 지지된 연속 거더의 지점 침하의 영향 53
 3.3.1 5련 모멘트 식 53
 3.3.2 탄성 지점에 지지된 연속 거더의 계산 예 56
3.4 변형 57
 3.4.1 변형 계산 57
 3.4.2 변형 계산의 예 60

제4장 연속 거더의 단면력 및 지점 반력의 영향선 65

4.1 일반 65
4.2 등단면 연속 거더의 영향선 69
4.3 변단면 연속 거더의 영향선 71
4.4 영향선에 따른 단면력 및 지점 반력의 계산 예 74

제5장 PC 연속 거더의 부정정력의 계산 83

5.1 일반 83
5.2 프리스트레스력에 따른 부정정력의 계산 83

5.3 부분 PC 연속 거더의 균열로 인한 강성 저하를 고려한 부정정력의 계산 ············ *85*

   5.3.1 균열로 인한 강성 저하를 고려한 부정정력의 실용 계산법 ····················· *86*

   5.3.2 균열로 인한 강성 저하를 고려한 부정정력의 계산 예 ························· *90*

제6장 격자 거더의 계산 ·· *93*

6.1 일반 ·· *93*

6.2 메인 거더의 비틀림 강성을 무시한 격자 거더의 해법 ····························· *94*

   6.2.1 중간 가로 거더가 1개인 격자 거더 ·· *94*

   6.2.2 중간 가로 거더가 복수인 격자 거더 ··· *95*

   6.2.3 격자 거더의 계산 예 ··· *99*

6.3 메인 거더의 비틀림 강성을 고려한 격자 거더의 해법 ··························· *101*

   6.3.1 중간 가로 거더가 1개인 격자 거더 ·· *101*

   6.3.2 중간 가로 거더가 복수인 격자 거더 ··· *104*

   6.3.3 격자 거더의 계산 예 ··· *107*

6.4 하중 분배의 계산 ·· *109*

   6.4.1 하중 분배 ·· *109*

   6.4.2 하중 분배의 계산 예 ··· *110*

참고 문헌 ··· *127*

부록 변단면 3경간 연속 거더의 단면력, 반력 및 변형의 영향선 종거표 ············ *129*

SI 단위의 환산율표

	SI 단위	종래의 단위	
	N	kgf	tf
힘	1 9.80665 9.80665×10^3	1.01972×10^{-1} 1 1×10^3	1.01972×10^{-4} 1×10^{-3} 1
	Pa 또는 N/m^2	kgf/cm^2	tf/m^2
응력·탄성 계수	1 9.80665×10^4 9.80665×10^3	1.01972×10^{-5} 1 1×10^{-1}	1.01972×10^{-4} 10 1
	N·m	kgf·cm	tf·m
힘의 모멘트	1 9.80665×10^{-2} 9.80665×10^3	1.01972×10 1 1×10^5	1.01972×10^{-4} 1×10^{-5} 1

제1장 기초적인 연속 거더의 해법(解法)

연속 거더란 1개의 거더를 3개 이상의 지점으로 지지한 구조를 말한다. k개의 지점을 가진 연속 거더는 $(k-2)$차, 또는 n경간의 연속 거더(그림 1.1)는 $(n-1)$차 부정정 구조가 된다. 즉, 중간 지점의 수(數)만 부정정 차수(不靜定 次數)가 된다. 다음에 기본적인 연속 거더의 해법에 대해서 기술한다.

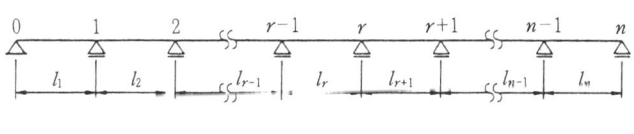

그림 1.1 n경간 연속 거더

1.1 중간 지점의 변형 구속 조건에 따른 해법

그림 1.2에 나타낸 등단면 2경간 연속 거더(1차 부정정)에 대해서 생각해 보자. 중간 지점을 떼내고 양단 지점으로 지지된 단순 거더를 정정 기본계(靜定 基本系)로 받아들인다. 이때, 지점 1의 위치에는 하중으로 $\delta_1^{(0)}$의 변형이 생긴다(그림 1.2의 (b)). 그러나 연속 거더에서는 지점 1에 따라 변형이 구속되므로

$$\delta_1^{(0)} + \delta_1^{(X)} = 0 \tag{1.1}$$

이 되는 부정정 반력 X_1이 지점 1에 작용하게 된다. 이때 $\delta_1^{(X)}$는 X_1에 따른 단순 거더의

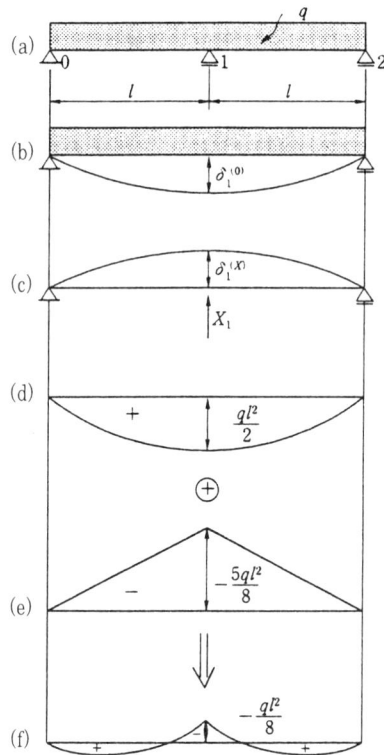

그림 1.2 2경간 연속 거더의 변형 구속 조건에 따른 해법

변형이다(그림 1.2 (c)). 거더 부재의 휨 강성을 EI (E : 거더 부재의 영 계수, I : 거더 단면의 도심(圖心)에 관한 단면 2차 모멘트)라고 하면 $\delta_1^{(X)}$ 및 $\delta_1^{(0)}$는 다음과 같다.

$$\delta_1^{(X)} = \frac{X_1(2l)^3}{48EI} = -\frac{X_1 l^3}{6EI}, \quad \delta_1^{(0)} = \frac{5q(2l)^4}{384EI} = \frac{5ql^4}{24EI}$$

식 (1.1)로써 X_1을 구하면,

$$\frac{X_1 l^3}{6EI} = \frac{5ql^4}{24EI} \qquad \therefore X_1 = \frac{5}{4}ql$$

이 된다. 따라서 **그림 1.2** 중 (a)에 나타낸 2경간 연속 거더의 휨 모멘트는 역시 그림 (b)의 등분포 하중을 받은 단순 거더의 휨 모멘트(그림 중 (d))와 그림 중 (c)의 부정정 반력 X_1을 받는 단순 거더의 휨 모멘트(그림 중 (e))를 합성하면 되므로 그림 중 (f)와 같이 된다. 지점 1의 휨 모멘트를 구하면,

$$M_1 = \frac{q(2l)^2}{8} - \frac{X_1(2l)}{4} = -\frac{ql^2}{8}$$

또, 지점 반력 V는

$$V_0 = \frac{q(2l)}{2} - \frac{X_1}{2} = \frac{3}{8}ql = V_2, \quad V_1 = X_1 = \frac{5}{4}ql$$

이와 같이 2경간 연속 거더의 부정정 반력 X_1은 쉽게 구할 수 있으나 이 해법을 다시 경간 수가 많은 연속 거더에 적용해 보자. 그림 1.3의 n경간 연속 거더($(n-1)$차 부정정)에서 부정정 반력 X에 따른 중간 지점의 변형은 다음과 같다.

$$\left.\begin{array}{l}\delta_1^{(X)} = f_{11}X_1 + f_{12}X_2 + \cdots + f_{1r}X_r + \cdots + f_{1,n-1}X_{n-1} \\ \delta_2^{(X)} = f_{21}X_1 + f_{22}X_2 + \cdots + f_{2r}X_r + \cdots + f_{2,n-1}X_{n-1} \\ \vdots \qquad \vdots \qquad \vdots \qquad \vdots \qquad \qquad \vdots \qquad \qquad \vdots \\ \delta_r^{(X)} = f_{r1}X_1 + f_{r2}X_2 + \cdots + f_{rr}X_r + \cdots + f_{r,n-1}X_{n-1} \\ \vdots \qquad \vdots \qquad \vdots \qquad \ddots \qquad \qquad \ddots \qquad \qquad \ddots \\ \delta_{n-1}^{(X)} = f_{n-1,1}X_1 + f_{n-1,2}X_2 + \cdots + f_{n-1,r}X_r + \cdots + f_{n-1,n-1}X_{n-1}\end{array}\right\} \quad (1.2)$$

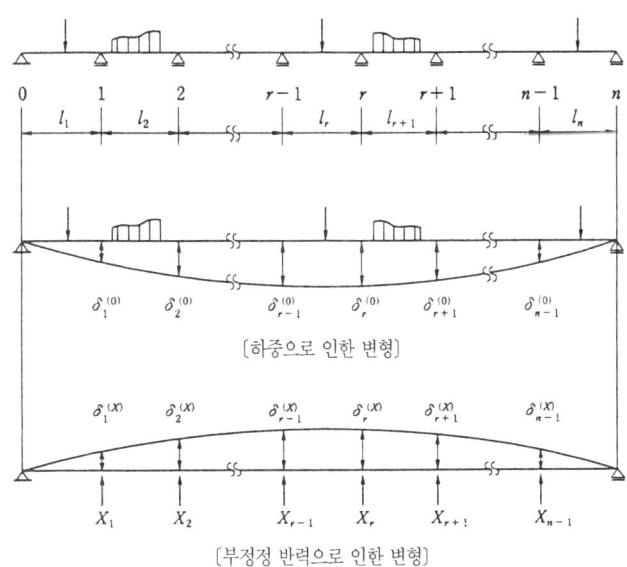

그림 1.3 n경간 연속 거더의 부정정 반력

이때, f_{ij}는 중간 지점을 떼내고 양단 지점으로 지지된 단순 거더에서 j점에 단위 집중 하중

$P=1$이 작용하였을 때 i점의 변형이다(그림 1.4).

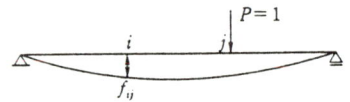

그림 1.4 f_{ij}의 설명

n 경간 연속 거더에서는 변형 조건식이 $(n-1)$개의 중간 지점에서 성립하게 된다. 이것을 매트릭스(matrix, 행렬)로 표시하면 다음과 같다.

$$\begin{bmatrix} f_{11} & \cdots & f_{1r} & \cdots & f_{1,n-1} \\ \vdots & \ddots & \vdots & & \vdots \\ f_{r1} & \cdots & f_{rr} & \cdots & f_{r,n-1} \\ \vdots & & \vdots & \ddots & \vdots \\ f_{n-1,1} & \cdots & f_{n-1,r} & \cdots & f_{n-1,n-1} \end{bmatrix} \begin{Bmatrix} X_1 \\ \vdots \\ X_r \\ \vdots \\ X_{n-1} \end{Bmatrix} = \begin{bmatrix} \delta_1^{(0)} \\ \vdots \\ \delta_r^{(0)} \\ \vdots \\ \delta_{n-1}^{(0)} \end{bmatrix} \quad (1.3)$$

이와 같이 n 경간 연속 거더에서는 계수 매트릭스 요소 f의 수는 $(n-1)^2$개가 되므로 경간의 수가 많아질수록 계산이 번잡해진다.

1.2 중간 지점 변형각의 연속 조건에 따른 해법

그림 1.2와 같이 등단면 2경간 연속 거더를 생각해 보자. 그림 1.5에 나타낸 바와 같이 중간 지점 1에서 연속 거더를 절단하면 2련의 단순 거더가 된다. 이 단순 거더를 정정 기본계에 받아들인다. 이때, 그림 1.5 (b)에 나타낸 바와 같이 좌우의 단순 거더 지점 1에는 하중에 따라 각각 독립된 $\varphi_{10}^{(0)}$ 및 $\varphi_{12}^{(0)}$의 변형각이 생겨 꺾은 선(折線)이 된다. 그러나 연속 거더는 지점 1에서는 절선이 되지 않고 좌우의 변형각은 일정 방향의 연속된 상태로 된다. 연속 상태로 되기 위해서는 동 그림 (c)에 나타낸 바와 같은 부정정 휨 모멘트 M_1이 작용하게 된다. 여기서 부정정 휨 모멘트 M_1을 정(正) 휨 모멘트의 방향으로 가정해 두면 계산으로 구한 부정정 휨 모멘트 부호는 구조 역학의 휨 모멘트 부호와 일치하게 된다. 좌우 단순 거더 지점 1에 대한 변형각을 각각 θ_{10} 및 θ_{12}로 하고 시계 바늘(時針) 방향의 회전을 정(正)에 잡으면 연속을 위한 조건식은 다음과 같다.

$$\theta_{10} = \theta_{12} \quad (1.4)$$

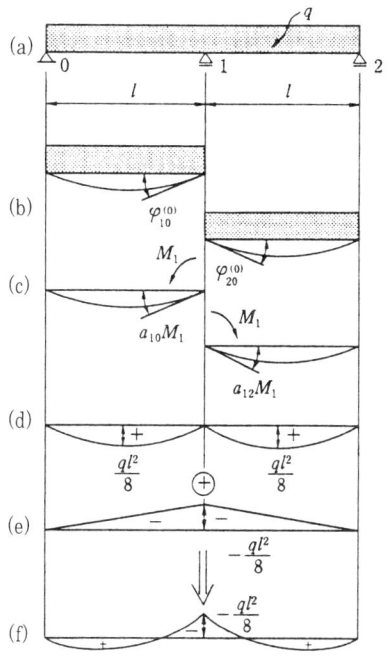

그림 1.5 2경간 연속 거더 변형각의 연속 조건에 따른 해법

다만,
$$\theta_{10} = \varphi_{10}^{(0)} + a_{10}M_1, \quad \theta_{12} = \varphi_{12}^{(0)} + a_{12}M_1 \tag{1.5}$$

이때, a_{10} 및 a_{12}는 각각 좌우 단순 거더에서 $M_1=1$인 단위 휨 모멘트에 의한 지점 1 변형각이며, 첨자는 지점 번호를 나타낸다. 예를 들면, a_{10}은 지점이 1과 0의 단순 거더(왼쪽의 단순 거더)에 대한 지점 1 변형각을 나타낸다. 이 변형각의 연속 조건으로 등단면 2경간 연속 거더의 부정정 휨 모멘트를 구하면

$$\varphi_{10}^{(0)} = -\frac{ql^3}{24EI} \quad \text{(좌회전)}, \quad \varphi_{12}^{(0)} = \frac{ql^3}{24EI} \quad \text{(우회전)}$$

$$a_{10}M_1 = -\frac{M_1 l}{3EI} \quad \text{(좌회전)}, \quad a_{12}M_1 = \frac{M_1 l}{3EI} \quad \text{(우회전)}$$

$$\theta_{10} = -\frac{ql^3}{24EI} - \frac{M_1 l}{3EI}, \quad \theta_{12} = \frac{ql^3}{24EI} + \frac{M_1 l}{3EI}$$

식 (1.4)에 의해 $M_1 = -\dfrac{ql^2}{8}$

이 되며(그림 1.5), 앞에 기술한 변형의 구속 조건으로 구한 계산 결과와 일치하는 것을 알

수 있다.

다음에 **그림 1.3**과 같은 n경간 연속 거더에 대해서 생각해 보자. 이 경우의 부정정 휨 모멘트를 구하는 식은 후술하는 식 (3.8)에 나타낸 바와 같이,

$$M_{r-1} + 4M_r + M_{r+1} = \frac{6EI}{l}(\varphi_{r,r-1}^{(0)} - \varphi_{r,r+1}^{(0)}) \tag{1.6}$$

으로 나타낼 수 있다. 이것이 중간 지점 r에 관한 변형각의 연속 조건으로 구한 식이며 지점 r의 부정정 휨 모멘트 M_r과 서로 이웃한 앞에서 기술한 중간 지점 $(r-1)$과 $(r+1)$의 부정정 휨 모멘트 M_{r-1}, M_{r+1}의 3개의 부정정 휨 모멘트로만 표현할 수 있다. 이것을 클라페이론의 3련 모멘트 식(Clapeyron's three moment equation)이라고 한다. 이와 같이 중간 지점 r에 대한 조건식에 포함되는 부정정력의 수는 3개인데 대해서 변형 조건식에서는 $(n-1)$개가 된다. 따라서 3련 모멘트 식을 적용하면 다경간 연속 거더에 대해서도 쉽게 계산할 수 있다. n경간 연속 거더에서는 식 (1.6)에서 $r=1\sim(n-1)$로 둠으로써 중간 지점 수인 $(n-1)$개의 3련 모멘트 식을 구할 수 있게 된다. 이것을 매트릭스로 나타내면 다음 식과 같다.

$$\begin{bmatrix} 4 & 1 & & & & \\ 1 & 4 & 1 & & 0 & \\ & & \ddots & & & \\ & & 1 & 4 & 1 & \\ & 0 & & \ddots & & 1 \\ & & & & 1 & 4 \end{bmatrix} \begin{Bmatrix} M_1 \\ M_2 \\ \vdots \\ M_r \\ \vdots \\ M_{n-2} \\ M_{n-1} \end{Bmatrix} = \frac{6EI}{l} \begin{Bmatrix} \varphi_1^{(0)} \\ \varphi_2^{(0)} \\ \vdots \\ \varphi_r^{(0)} \\ \vdots \\ \varphi_{n-2}^{(0)} \\ \varphi_{n-1}^{(0)} \end{Bmatrix} \tag{1.7}$$

※ 다만, $\varphi_r^{(0)} = \varphi_{r,r-1}^{(0)} - \varphi_{r,r+1}^{(0)}$

이것은 등경간의 등단면 연속 거더에 대한 계산식인데 실제 계산에서 다루는 연속 거더에서는 거더 높이가 변화하는 변단면, 또한 경간 길이도 다른 경우가 많다. 이러한 연속 거더에 대한 3련 모멘트 식에 대해서는 제3장에서 자세히 기술하기로 한다.

제2장 등단면 단순 거더 및 변단면 단순 거더의 탄성 변형의 계산

제1장에서 기술한 바와 같이 3련 모멘트식을 사용하여 연속 거더를 풀이할 때 단순 거더의 지점 변형각을 구해야 한다. 또한 연속 거더 변형 곡선의 계산에는 단순 거더의 변형이 필요하다. 단면 2차 모멘트가 변화하지 않는 등단면 단순 거더의 이같은 탄성 변형에 대해서는 구조 역학 관계의 참고서에 기술되어 있으나 그 중에서 변단면 단순 거더의 탄성 변형을 다루고 있는 것은 드물다. 그러나 실제의 연속 거더는 거더 높이가 변화하는 변단면의 경우가 많다. 이것을 고려하여 등단면 거더 외에 변단면 거더에 대해서도 지점 변형각 및 변형 계산 방법에 대해서 기술하기로 한다.

2.1 가상 일의 원리에 따른 계산

2.1.1 등단면 단순 거더의 지점 변형각과 변형

그림 2.1에 나타낸 등단면 단순 거더의 지점 A의 변형각 θ_A 및 지간 중앙 변형 δ_C는 가상 일의 원리(principle of virtual work)에 따라 다음과 같이 나타낸다.

$$\theta_A = \int_0^l \frac{M_q \overline{M}_A}{EI} \, dx \tag{2.1}$$

이때, M_q는 하중에 따른 휨 모멘트(그림 2.1 (a)), $\overline{M}_A$는 지점 A에 가상 휨 모멘트 $\overline{M}=1$이 작용하였을 때의 휨 모멘트(그림 2.1 (b))이며,

18 제 2 장 등단면 단순 거더 및 변단면 단순 거더의 탄성 변형의 계산

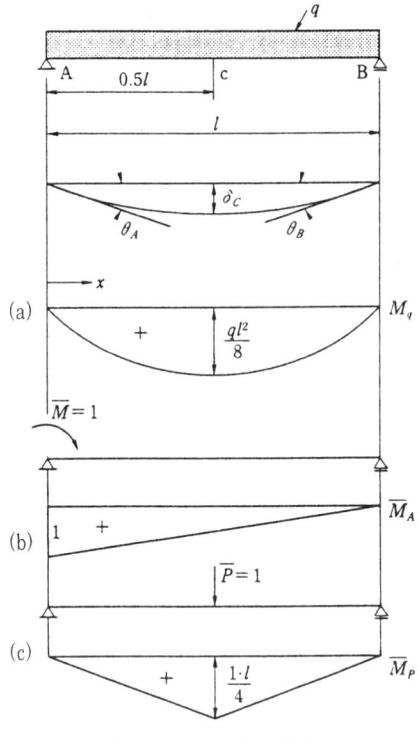

그림 2.1 가상 휨 모멘트

$$M_q = \frac{q}{2} x(l-x) \qquad \overline{M}_A = \left(1 - \frac{x}{l}\right) \\ M_q \overline{M}_A = \frac{qx}{2l}(l-x)^2 \quad\quad\quad\quad\quad\quad\quad\quad \tag{2.2}$$

가 되므로,

$$\theta_A = \frac{q}{2EIl} \int_0^l x(l-x)^2\, dx = \frac{ql^3}{24EI} \tag{2.3}$$

다음에

$$\delta_C = \int_0^l \frac{M_q \overline{M}_P}{EI}\, dx \tag{2.4}$$

이때, $\overline{M}_P$는 지간 중앙점 C에 가상 하중 $\overline{P}=1$이 작용하였을 때의 휨 모멘트이며(그림 2.1 (c)), 그 값은 다음과 같다.

$$0 \leq x \leq 0.5l : \overline{M}_P = \frac{1}{2} x \\ M_q \overline{M}_P = \frac{q}{2} x(l-x) \cdot \frac{x}{2} = \frac{q}{4} x^2(l-x) \tag{2.5}$$

$$\therefore \delta_C = \frac{q}{2EI} \int_0^{0.5l} x^2(l-x)\, dx = \frac{5ql^4}{384EI} \tag{2.6}$$

이와 같이 지점의 변형각은 그 지점에 가상 휨 모멘트 $\overline{M}=1$을, 또 변형은 그 변위에 가상 하중 $\overline{P}=1$을 작용하게 함으로써 구할 수 있다.

2.1.2 변단면 단순 거더의 단면 2차 모멘트

여기서 변단면이란 거더 높이의 변화가 실제 설계에 자주 쓰이는 2차 포물선의 경우를 생각해 보자.

(1) 거더 높이가 한쪽 방향 전체 길이로 변화할 때

그림 2.2에 나타낸 바와 같이 지점에서 임의의 위치에 대한 거더 높이 h_s는 다음과 같이 나타낼 수 있다.

$$h_s = as^2 + h_0 \tag{2.7}$$

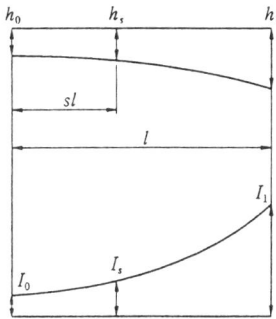

그림 2.2 거더 높이가 한쪽인 포물선의 변화

단면 2차 모멘트는 높이의 3제곱에 비례하는 것이라고 하면

$$I_s = K{h_s}^3 = K(as^2+h_0)^3 \tag{2.8}$$

$$\left. \begin{array}{ll} s=0 & I_0 = K{h_0}^3 \\ s=1 & I_1 = K(a+h_0)^3 \end{array} \right\} \tag{2.9}$$

$$\left. \begin{array}{l} I_0/I_1 = \nu \text{ 로 하면 } \nu = \dfrac{{h_0}^3}{(a+h_0)^3} \\ \therefore\ a = \left(\dfrac{1}{\sqrt[3]{\nu}}-1\right)h_0 = \eta h_0,\quad \eta = \left(\dfrac{1}{\sqrt[3]{\nu}}-1\right) \end{array} \right\} \tag{2.10}$$

또, $K=I_0/{h_0}^3$이므로 식 (2.8)은 다음과 같다.

$$I_s = I_0(\eta s^2+1)^3 \tag{2.11}$$

이것이 거더 높이가 포물선으로 변화할 때의 임의의 위치에 대한 단면 2차 모멘트이다. I_0는 기준 단면 2차 모멘트이며, 여기서는 그림 2.2에 나타낸 바와 같이 최소 단면 2차 모멘트의 값을 취한다. 등단면일 때는 $\nu=1$이므로 $\eta=0$이 되고 $I_s=I_0$이 된다.

(2) 거더의 높이가 양쪽 방향으로 변화할 때

그림 2.3에 나타낸 바와 같이 거더 높이가 지간 중심에서 양쪽 방향에 대칭으로 변화할 때를 생각해 보자. 앞에서 기술한 경우와 마찬가지로 임의의 위치에 대한 단면 2차 모멘트는 다음과 같다.

$$\left. \begin{array}{ll} 0 \leq s \leq 0.5 & I_{s_1} = I_0[4\eta(0.5-s)^2+1]^3 \\ 0.5 \leq s \leq 1 & I_{s_2} = I_0[4\eta(s-0.5)^2+1]^3 \end{array} \right\} \tag{2.12}$$

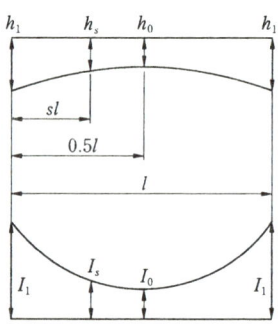

그림 2.3 거더의 높이가 양쪽인 포물선의 변화

(3) 단면 2차 모멘트 산정식의 적용성

식 (2.11) 및 식 (2.12)에 나타낸 임의의 위치에 대한 단면 2차 모멘트는 거더 높이의 3제곱에 비례하는 것으로써 구했다. 직사각형 단면의 경우는 이에 상당하지만 플랜지가 있는 T형 단면 또는 박스형 단면과 같은 경우는 엄밀하게는 거더 높이의 3제곱에 비례하지 않는다. 그림 2.4에 나타낸 바와 같은 거더의 높이가 한쪽으로 변화하는 프리스트레스트 콘크리트 박스형 단면에 대해서 실제 단면 형상에서 계산한 단면 2차 모멘트 I와 식 (2.11)에서 구한 단면 2차 모멘트 I_s를 비교해 보자. 단면은 웨브 높이 h만이 변화하고, 그 밖의 부분은 변화하지 않는 것으로 본다. 표 2.1에 거더 높이 H가 2m에서 3m로, 또 2m에서 4m로 2차 포물선으로 변화하는 두 개의 경우에 대한 비교 결과를 나타낸다. 이로써 식 (2.11)에서 구한 단면 2차 모멘트의 근사성이 좋다는 것을 알 수 있다.

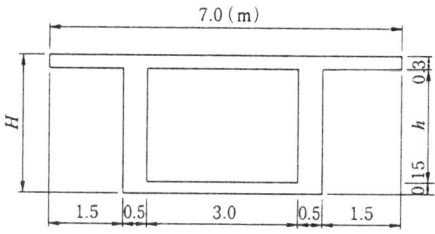

그림 2.4 단면 형상

표 2.1 단면 2차 모멘트의 비교

s		0	0.2	0.4	0.6	0.8	1.0
	H (m)	2.0	2.04	2.16	2.36	2.64	3.0
	I (m^4)	2.075	2.183	2.527	3.169	4.221	5.849
$I_s=2.075\,(0.4126s^2+1)^3$ (m^4)		2.075	2.179	2.514	3.144	4.191	5.849
	I_s/I	1.0	0.998	0.995	0.992	0.993	1.0
	H (m)	2.0	2.08	2.32	2.72	3.28	4.0
	I (m^4)	2.075	2.294	3.034	4.555	7.346	12.204
$I_s=2.075\,(0.8051s^2+1)^3$ (m^4)		2.075	2.282	2.985	4.453	7.219	12.204
	I_s/I	1.0	0.995	0.984	0.978	0.983	1.0

2.1.3 변단면 단순 거더의 지점 변형각과 변형

그림 2.5((a), (b))에 나타낸 변단면 단순 거더가 동 그림 중 (1)~(4)에 나타낸 하중을 받을 때의 변형량을 구한다.

$$\left.\begin{aligned}
M_q &= \frac{q}{2}\,x(l-x) = \frac{ql^2}{2}\,s(1-s) \\
M_P &= (1-\mu)\,sPl \qquad (0 \leqq s \leqq \mu) \\
M_P &= \mu(1-s)\,Pl \qquad (\mu \leqq s \leqq 1) \\
M_A &= (1-s)\,M_1 \qquad M_B = sM_2 \\
\overline{M}_A &= 1 \cdot (1-s) \qquad \overline{M}_B = 1 \cdot s \\
\overline{M}_P &= 1 \cdot (1-\rho)\,sl \qquad (0 \leqq s \leqq \rho) \\
\overline{M}_P &= 1 \cdot \rho(1-s)\,l \qquad (\rho \leqq s \leqq 1)
\end{aligned}\right\} \tag{2.13}$$

(1) 거더 높이가 한쪽 방향으로 변화할 때(그림 2.5 (a))

지점 변형각은 시계 바늘 방향의 회전을 정(正)으로 하고, 변형은 하향을 정(正)으로 하기로 한다.

1) 등분포 하중을 받는 거더(그림 2.5 (1))

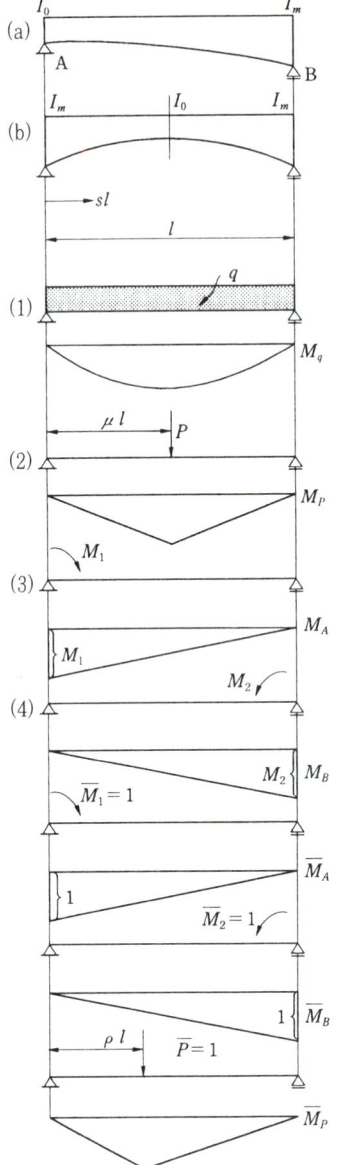

그림 2.5 휨 모멘트 및 가상 휨 모멘트

$$\left.\begin{array}{l}\theta_A = \int_0^l \dfrac{M_q \overline{M}_A}{EI_s}\, dx = \dfrac{ql^3}{2EI_0} \int_0^l \dfrac{s(1-s)^2}{\gamma}\, ds \\[6pt] \theta_B = -\int_0^l \dfrac{M_q \overline{M}_B}{EI_s}\, dx = -\dfrac{ql^3}{2EI_0} \int_0^l \dfrac{s^2(1-s)}{\gamma}\, ds \\[6pt] \text{다만,}\quad I_s = \gamma I_0, \quad \gamma = (\eta s^2 + 1)^3, \quad \eta = \dfrac{1}{\sqrt[3]{\nu}} - 1 \end{array}\right\} \quad (2.14)$$

$\nu = I_0/I_m$

$$\delta_C = \int_0^{\rho l} \frac{M_q \overline{M}_P}{EI_s} dx + \int_{\rho l}^{l} \frac{M_q \overline{M}_P}{EI_s} dx$$

$$= \frac{ql^4}{2EI_0} \left[\int_0^{\rho} \frac{(1-\rho)(1-s)s^2}{\gamma} ds + \int_{\rho}^{1} \frac{\rho s(1-s)^2}{\gamma} ds \right] \quad (2.15)$$

2) 집중 하중을 받는 거더(그림 2.5 (2))

$$\left. \begin{aligned} \theta_A &= \int_0^{\mu l} \frac{M_P \overline{M}_A}{EI_s} dx + \int_{\mu l}^{l} \frac{M_P \overline{M}_A}{EI_s} dx \\ &= \frac{Pl^2}{EI_0} \left[\int_0^{\mu} \frac{(1-\mu)(1-s)s}{\gamma} ds + \int_{\mu}^{1} \frac{\mu(1-s)^2}{\gamma} ds \right] \\ \theta_B &= -\int_0^{\mu l} \frac{M_P \overline{M}_B}{EI_s} dx - \int_{\mu l}^{l} \frac{M_P \overline{M}_B}{EI_s} dx \\ &= -\frac{Pl^2}{EI_0} \left[\int_0^{\mu} \frac{(1-\mu)s^2}{\gamma} ds + \int_{\mu}^{1} \frac{\mu(1-s)s}{\gamma} ds \right] \end{aligned} \right\} \quad (2.16)$$

$0 \leq \rho \leq \mu$:

$$\left. \begin{aligned} \delta_C &= \int_0^{\rho l} \frac{M_P \overline{M}_P}{EI_s} dx + \int_{\rho l}^{\mu l} \frac{M_P \overline{M}_P}{EI_s} dx + \int_{\mu l}^{l} \frac{M_P \overline{M}_P}{EI_s} dx \\ &= \frac{Pl^3}{EI_0} \left[\int_0^{\rho} \frac{(1-\mu)(1-\rho)s^2}{\gamma} ds + \int_{\rho}^{\mu} \frac{\rho(1-\mu)(1-s)s}{\gamma} ds \right. \\ &\quad \left. + \int_{\mu}^{1} \frac{\mu\rho(1-s)^2}{\gamma} ds \right] \end{aligned} \right.$$

$\mu \leq \rho \leq 1$:

$$\left. \begin{aligned} \delta_C &= \int_0^{\mu l} \frac{M_P \overline{M}_P}{EI_s} dx + \int_{\mu l}^{\rho l} \frac{M_P \overline{M}_P}{EI_s} dx + \int_{\rho l}^{l} \frac{M_P \overline{M}_P}{EI_s} dx \\ &= \frac{Pl^3}{EI_0} \left[\int_0^{\mu} \frac{(1-\mu)(1-\rho)s^2}{\gamma} ds + \int_{\mu}^{\rho} \frac{\mu(1-\rho)(1-s)s}{\gamma} ds \right. \\ &\quad \left. + \int_{\rho}^{1} \frac{\mu\rho(1-s)^2}{\gamma} ds \right] \end{aligned} \right\}$$

(2.17)

이 변형을 구할 때의 $M_P \overline{M}_P$는 그림 2.6 (a)에 나타낸 바와 같다.

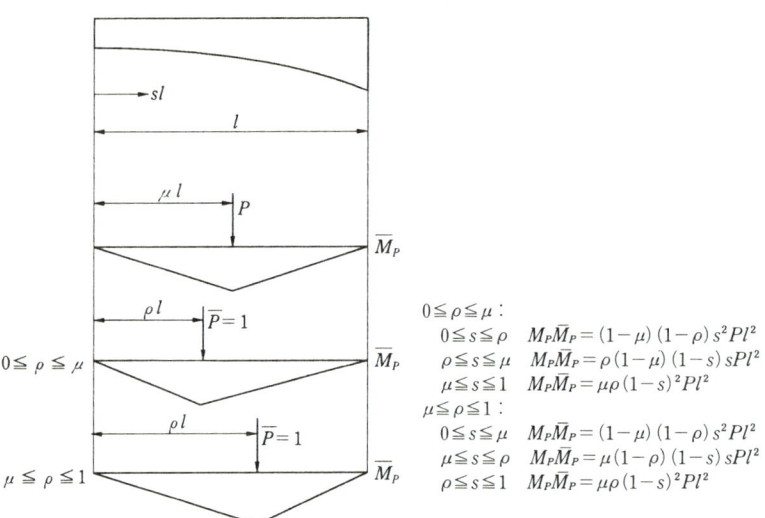

그림 2.6 (a) 가상 휨 모멘트(변형 계산)

3) 지점 A에 M_1을 받는 거더(그림 2.5 (3))

$$\left. \begin{array}{l} \theta_A = \displaystyle\int_0^l \dfrac{M_A \overline{M}_A}{EI_s}\,dx = \dfrac{M_1 l}{EI_0} \displaystyle\int_0^l \dfrac{(1-s)^2}{\gamma}\,ds \\[2mm] \theta_B = -\displaystyle\int_0^l \dfrac{M_A \overline{M}_B}{EI_s}\,dx = -\dfrac{M_1 l}{EI_0} \displaystyle\int_0^l \dfrac{(1-s)s}{\gamma}\,ds \end{array} \right\} \quad (2.18)$$

$$\delta_C = \int_0^{\rho l} \dfrac{M_A \overline{M}_P}{EI_s}\,dx + \int_{\rho l}^l \dfrac{M_A \overline{M}_P}{EI_s}\,dx$$

$$= \dfrac{M_1 l^2}{EI_0}\left[\int_0^\rho \dfrac{(1-\rho)(1-s)s}{\gamma}\,ds + \int_\rho^1 \dfrac{\rho(1-s)^2}{\gamma}\,ds\right] \quad (2.19)$$

4) 지점 B에 M_2를 받는 거더(그림 2.5 (4))

$$\left. \begin{array}{l} \theta_A = \displaystyle\int_0^l \dfrac{M_B \overline{M}_A}{EI_s}\,dx = \dfrac{M_2 l}{EI_0} \displaystyle\int_0^l \dfrac{(1-s)s}{\gamma}\,ds \\[2mm] \theta_B = -\displaystyle\int_0^l \dfrac{M_B \overline{M}_B}{EI_s}\,dx = -\dfrac{M_2 l}{EI_0} \displaystyle\int_0^l \dfrac{s^2}{\gamma}\,ds \end{array} \right\} \quad (2.20)$$

$$\delta_C = \int_0^{\rho l} \dfrac{M_B \overline{M}_P}{EI_s}\,dx + \int_{\rho l}^l \dfrac{M_B \overline{M}_P}{EI_s}\,dx$$

$$= \dfrac{M_2 l^2}{EI_0}\left[\int_0^\rho \dfrac{(1-\rho)s^2}{\gamma}\,ds + \int_\rho^1 \dfrac{\rho(1-s)s}{\gamma}\,ds\right] \quad (2.21)$$

(2) 거더 높이가 양쪽 방향으로 변화할 때(그림 2.5 (b))

1) 등분포 하중을 받는 거더(그림 2.5 (1))

$$\left.\begin{aligned}\theta_A(=-\theta_B) &= \int_0^{0.5l} \frac{M_q \overline{M}_A}{EI_{s_1}} dx + \int_{0.5l}^{l} \frac{M_q \overline{M}_A}{EI_{s_2}} dx \\ &= \frac{ql^3}{2EI_0}\left[\int_0^{0.5} \frac{s(1-s)^2}{\gamma_1} ds + \int_{0.5}^{1} \frac{s(1-s)^2}{\gamma_2} ds\right]\end{aligned}\right\} \quad (2.22)$$

다만,
$$\gamma_1 = [4\eta(0.5-s)^2+1]^3 \qquad \gamma_2 = [4\eta(s-0.5)^2+1]^3$$
$$\eta = \frac{1}{\sqrt[3]{\nu}} - 1 \qquad \nu = I_0/I_m$$

$0 \leq \rho \leq 0.5$:

$$\begin{aligned}\delta_C &= \int_0^{\rho l} \frac{M_q \overline{M}_P}{EI_{s_1}} dx + \int_{\rho l}^{0.5l} \frac{M_q \overline{M}_P}{EI_{s_1}} dx + \int_{0.5l}^{l} \frac{M_q \overline{M}_P}{EI_{s_2}} dx \\ &= \frac{ql^4}{2EI_0}\left[\int_0^{\rho} \frac{(1-\rho)(1-s)s^2}{\gamma_1} ds + \int_{\rho}^{0.5} \frac{\rho(1-s)^2 s}{\gamma_1} ds \right. \\ &\quad \left. + \int_{0.5}^{1} \frac{\rho(1-s)^2}{\gamma_2} ds\right]\end{aligned}$$

$0.5 \leq \rho \leq 1$:

$$\left.\begin{aligned}\delta_C &= \int_0^{0.5l} \frac{M_q \overline{M}_P}{EI_{s_1}} dx + \int_{0.5l}^{\rho l} \frac{M_q \overline{M}_P}{EI_{s_2}} dx + \int_{\rho l}^{l} \frac{M_q \overline{M}_P}{EI_{s_2}} dx \\ &= \frac{ql^4}{2EI_0}\left[\int_0^{0.5} \frac{(1-\rho)(1-s)s^2}{\gamma_1} ds + \int_{0.5}^{\rho} \frac{(1-\rho)(1-s)s^2}{\gamma_2} ds \right. \\ &\quad \left. + \int_{\rho}^{1} \frac{\rho(1-s)^2 s}{\gamma_2} ds\right]\end{aligned}\right\} \quad (2.23)$$

2) 집중 하중을 받는 거더(그림 2.5 (2))

$0 \leq \mu \leq 0.5$:

$$\begin{aligned}\theta_A &= \int_0^{\mu l} \frac{M_P \overline{M}_A}{EI_{s_1}} dx + \int_{\mu l}^{0.5l} \frac{M_P \overline{M}_A}{EI_{s_1}} dx + \int_{0.5l}^{l} \frac{M_P \overline{M}_A}{EI_{s_2}} dx \\ &= \frac{Pl^2}{EI_0}\left[\int_0^{\mu} \frac{(1-\mu)(1-s)s}{\gamma_1} ds + \int_{\mu}^{0.5} \frac{\mu(1-s)^2}{\gamma_1} ds \right. \\ &\quad \left. + \int_{0.5}^{1} \frac{\mu(1-s)^2}{\gamma_2} ds\right]\end{aligned}$$

$$\theta_B = -\int_0^{\mu l} \frac{M_P \overline{M}_B}{EI_{s_1}} dx - \int_{\mu l}^{0.5l} \frac{M_P \overline{M}_B}{EI_{s_2}} dx - \int_{0.5l}^{l} \frac{M_P \overline{M}_B}{EI_{s_2}} dx$$

$$= -\frac{Pl^2}{EI_0} \left[\int_0^{\mu} \frac{(1-\mu)s^2}{\gamma_1} ds + \int_{\mu}^{0.5} \frac{\mu(1-s)s}{\gamma_1} ds \right.$$

$$\left. + \int_{0.5}^{1} \frac{\mu(1-s)s}{\gamma_2} ds \right]$$

$0.5 \leq \mu \leq 1:$

$$\theta_A = \int_0^{0.5l} \frac{M_P \overline{M}_A}{EI_{s_1}} dx + \int_{0.5l}^{\mu l} \frac{M_P \overline{M}_A}{EI_{s_2}} dx + \int_{\mu l}^{l} \frac{M_P \overline{M}_A}{EI_{s_2}} dx$$

$$= \frac{Pl^2}{EI_0} \left[\int_0^{0.5} \frac{(1-\mu)(1-s)s}{\gamma_1} ds + \int_{0.5}^{\mu} \frac{(1-\mu)(1-s)s}{\gamma_2} ds \right.$$

$$\left. + \int_{\mu}^{1} \frac{\mu(1-s)^2}{\gamma_2} ds \right]$$

$$\theta_B = -\int_0^{0.5l} \frac{M_P \overline{M}_B}{EI_{s_1}} dx - \int_{0.5l}^{\mu l} \frac{M_P \overline{M}_B}{EI_{s_2}} dx - \int_{\mu l}^{l} \frac{M_P \overline{M}_B}{EI_{s_2}} dx$$

$$= -\frac{Pl^2}{EI_0} \left[\int_0^{0.5} \frac{(1-\mu)s^2}{\gamma_1} ds + \int_{0.5}^{\mu} \frac{(1-\mu)s^2}{\gamma_2} ds \right.$$

$$\left. + \int_{\mu}^{1} \frac{\mu(1-s)s}{\gamma_2} ds \right]$$

(2.24)

$0 \leq \rho \leq \mu:$

$$\delta_C = \int_0^{\rho l} \frac{M_P \overline{M}_P}{EI_{s_1}} dx + \int_{\rho l}^{\mu l} \frac{M_P \overline{M}_P}{EI_{s_1}} dx + \int_{\mu l}^{0.5l} \frac{M_P \overline{M}_P}{EI_{s_1}} dx$$

$$+ \int_{0.5l}^{l} \frac{M_P \overline{M}_P}{EI_{s_2}} dx$$

$$= \frac{Pl^3}{EI_0} \left[\int_0^{\rho} \frac{(1-\mu)(1-\rho)s^2}{\gamma_1} ds + \int_{\rho}^{\mu} \frac{\rho(1-\mu)(1-s)s}{\gamma_1} ds \right.$$

$$\left. + \int_{\mu}^{0.5} \frac{\mu\rho(1-s)^2}{\gamma_1} ds + \int_{0.5}^{1} \frac{\mu\rho(1-s)^2}{\gamma_2} ds \right]$$

(2.25)

$\mu \leq \rho \leq 0.5:$

$$\delta_C = \int_0^{\mu l} \frac{M_P \overline{M}_P}{EI_{s_1}} dx + \int_{\mu l}^{\rho l} \frac{M_P \overline{M}_P}{EI_{s_1}} dx + \int_{\rho l}^{0.5l} \frac{M_P \overline{M}_P}{EI_{s_1}} dx$$

$$+ \int_{0.5l}^{l} \frac{M_P \overline{M}_P}{EI_{s_2}} dx$$

$$= \frac{Pl^3}{EI_0} \left[\int_0^\mu \frac{(1-\mu)(1-\rho)s^2}{\gamma_1} ds + \int_\mu^\rho \frac{\mu(1-\rho)(1-s)s}{\gamma_1} ds \right.$$
$$\left. + \int_\rho^{0.5} \frac{\mu\rho(1-s)^2}{\gamma_1} ds + \int_{0.5}^1 \frac{\mu\rho(1-s)^2}{\gamma_2} ds \right] \quad (2.26)$$

$0.5 \leqq \rho \leqq 1$:

$$\delta_C = \int_0^{\mu l} \frac{M_P \overline{M}_P}{EI_{s_1}} dx + \int_{\mu l}^{0.5l} \frac{M_P \overline{M}_P}{EI_{s_1}} dx + \int_{0.5l}^{\rho l} \frac{M_P \overline{M}_P}{EI_{s_2}} dx$$
$$+ \int_{\rho l}^l \frac{M_P \overline{M}_P}{EI_{s_2}} dx$$
$$= \frac{Pl^3}{EI_0} \left[\int_0^\mu \frac{(1-\mu)(1-\rho)s^2}{\gamma_1} ds + \int_\mu^{0.5} \frac{\mu(1-\rho)(1-s)s}{\gamma_1} ds \right.$$
$$\left. + \int_{0.5}^\rho \frac{\mu(1-\rho)(1-s)s}{\gamma_2} ds + \int_\rho^1 \frac{\mu\rho(1-s)^2}{\gamma_2} ds \right] \quad (2.27)$$

이 변형을 구할 때의 $M_P \overline{M}_P$를 그림 2.6 (b)에 나타낸다. 대칭 구조이므로 P의 재하(載荷) 범위는 $0 \leqq \mu \leqq 0.5$로 한다.

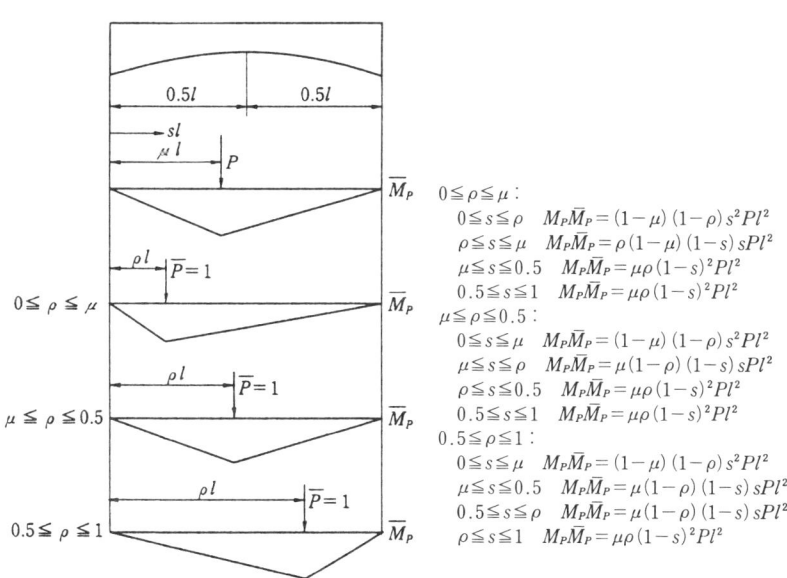

그림 2.6 (b) 가상 휨 모멘트(변형 계산)

3) 지점에 M을 받는 거더(그림 2.5 (3), (4))

$$\left.\begin{aligned}\theta_A &= \int_0^{0.5l} \frac{M_A \overline{M}_A}{EI_{s_1}} dx + \int_{0.5l}^{l} \frac{M_A \overline{M}_A}{EI_{s_2}} dx \\ &= \frac{M_1 l}{EI_0} \left[\int_0^{0.5} \frac{(1-s)^2}{\gamma_1} ds + \int_{0.5}^{1} \frac{(1-s)^2}{\gamma_2} ds \right] \\ \theta_B &= -\int_0^{0.5l} \frac{M_A \overline{M}_B}{EI_{s_1}} dx - \int_{0.5l}^{l} \frac{M_A \overline{M}_B}{EI_{s_2}} dx \\ &= -\frac{M_1 l}{EI_0} \left[\int_0^{0.5} \frac{(1-s)s}{\gamma_1} ds + \int_{0.5}^{1} \frac{(1-s)s}{\gamma_2} ds \right] \end{aligned}\right\} \quad (2.28)$$

$0 \leq \rho \leq 0.5$:

$$\delta_C = \int_0^{\rho l} \frac{M_A M_P}{EI_{s_1}} dx + \int_{\rho l}^{0.5l} \frac{M_A \overline{M}_P}{EI_{s_1}} dx + \int_{0.5l}^{l} \frac{M_A \overline{M}_P}{EI_{s_2}} dx$$

$$= \frac{M_1 l^2}{EI_0} \left[\int_0^{\rho} \frac{(1-\rho)(1-s)s}{\gamma_1} ds + \int_{\rho}^{0.5} \frac{\rho(1-s)^2}{\gamma_1} ds \right.$$

$$\left. + \int_{0.5}^{1} \frac{\rho(1-s)^2}{\gamma_2} ds \right]$$

$0.5 \leq \rho \leq 1$:

$$\delta_C = \int_0^{0.5l} \frac{M_A \overline{M}_P}{EI_{s_1}} dx + \int_{0.5l}^{\rho l} \frac{M_A \overline{M}_P}{EI_{s_2}} dx + \int_{\rho l}^{l} \frac{M_A \overline{M}_P}{EI_{s_2}} dx$$

$$= \frac{M_1 l^2}{EI_0} \left[\int_0^{0.5} \frac{(1-\rho)(1-s)s}{\gamma_1} ds + \int_{0.5}^{\rho} \frac{(1-\rho)(1-s)s}{\gamma_2} ds \right.$$

$$\left. + \int_{\rho}^{1} \frac{\rho(1-s)^2}{\gamma_2} ds \right]$$

(2.29)

지점 B에 M_2가 작용하는 경우에 대해서는 대칭 구조이므로 식 (2.28) 및 식 (2.29)에 따라 계산할 수 있다.

2.1.4 지점 변형각과 변형 계산의 예

(1) 거더 높이가 한쪽 방향으로 변화할 때

그림 2.5에서 $\nu = I_0/I_m = 0.2$일 때 지점 변형각 및 지간 중앙의 변형을 구한다.

1) 등분포 하중을 받는 거더(그림 2.5 (1))

식 (2.14)에서 $\eta = 0.70998$, $\gamma = (0.70998 s^2 + 1)^3$

$$\theta_A = \frac{ql^3}{2EI_0} \int_0^1 \frac{s(1-s)^2}{(0.70998\,s^2+1)^3}\,ds = 0.02976\,\frac{ql^3}{EI_0}$$

$$\theta_B = -\frac{ql^3}{2EI_0} \int_0^1 \frac{s^2(1-s)}{(0.70998\,s^2+1)^3}\,ds = -0.02167\,\frac{ql^3}{EI_0}$$

식 (2.15)에서 $\rho=0.5$이므로

$$\delta_C = \frac{ql^4}{4EI_0} \left[\int_0^{0.5} \frac{(1-s)\,s^2}{(0.70998\,s^2+1)^3}\,ds + \int_{0.5}^1 \frac{s(1-s)^2}{(0.70998\,s^2+1)^3}\,ds \right]$$

$$= 0.00803\,\frac{ql^4}{EI_0}$$

참고로 등단면 거더의 경우는 $\nu=1$이며 $\eta=0$이 되므로 $\gamma=1$이 된다.

$$\theta_A = \frac{ql^3}{2EI_0} \int_0^1 s(1-s)^2\,ds = \frac{ql^3}{24EI_0}$$

$$\theta_B = -\frac{ql^3}{2EI_0} \int_0^1 s^2(1-s)\,ds = -\frac{ql^3}{24EI_0}$$

$$\delta_C = \frac{ql^4}{4EI_0} \left[\int_0^{0.5} (1-s)\,s^2\,ds + \int_{0.5}^1 s(1-s)^2\,ds \right] = \frac{5ql^4}{384EI_0}$$

적분값을 구하는 데는 심프슨(Simpson)의 수치 적분법을 응용함으로써 간단하게 계산할 수 있다. 표 2 (1)에 그 계산 프로그램의 일례*를 나타낸다.

표 2 (1) SIMPSON 법칙을 사용하여 정적분(定積分) 값을 구하는 프로그램

```
100    '######## S I M P S O N 법칙을 사용하여 정적분 값을 구하는 프로그램 ############
200    GOTO 400
300    CLEAR
350      LOCATE 50,22 : INPUT "HIT RETURN KEY " ; ANY$
400    CLS 3
500    WHILE 1
600    LOCATE ,5 : PRINT TAB(19)" 다음의 메뉴에서 선택하기 바랍니다"
700    LOCATE ,8 : PRINT TAB(19)" 1 : Y=((A*X^3+B*X^2+CX+D)^E)/((F*X^3+G*X^2+H*X+1)^J)
800    LOCATE ,9 : PRINT TAB(19)" 2 : 종료"
900    INPUT "                    메뉴 번호 ― ― →        " ; N
1,000  CLS 3
1,100      ON N GOTO 1,700,1,400
1,200  WEND
1,300  '2 = = = = = = = = = = = = = = = = = = = = = = = = =
1,400  PRINT "처리를 종료하기 바랍니다"
1,500  END
1,600  '1 = = = = = = = = = = = = = = = = = = = = = = = = =
```

---

* 이 계산 프로그램(N_{88} · BASIC)은 저자인 이노마타 미노두(猪又 稔)씨의 졸업(교수 지도 아래 행하는 학생의) 공동 연구 학생이었던 九笹英司, 坂本秀樹 군이 작성한 것이다.

```
1,700  LOCATE , 1 : PRINT TAB(20) "              n 차 방 정 식"
1,800  PRINT TAB(15) "        Y=((A*X^3+B*X^2+C*X+D)^E)/((F*X^3+G*X^2+H*X+1)^J)
1,900  PRINT " "
2,000      INPUT "                                          A = ",A4
2,100      INPUT "                                          B = ",B4
2,200      INPUT "                                          C = ",C4
2,300      INPUT "                                          D = ",D4
2,400      INPUT "                                          E = ",E4
2,500      INPUT "                                          F = ",F4
2,600      INPUT "                                          G = ",G4
2,700      INPUT "                                          H = ",H4
2,800      INPUT "                                          I = ",I4
2,900      INPUT "                                          J = ",J4
3,000  PRINT " "
3,100  PRINT " "
3,200      INPUT "            적분 시점            a = ", S
3,300      INPUT "            적분 종점            b = ", E
3,400      INPUT "            분할수(짝수)         n = ", N
3,500      IF ((N MOD 2)<> 0) THEN GOTO 4,800 ELSE GOTO 3,600
3,600      DX=(E-S)/N
3,700      M=N/2
3,800      A=0
3,900      FOR 1= 1 TO M
4,000        X1=S+(2*(1-1))*DX   : Y1=((A4*(X1)^3+B4*X1^2+C4*X1+D4)^E4)/((F4*X1^3+G4*X1^2+H4*X1+I4)^J4)
4,100        X2=X1+DX            : Y2=((A4*(X2)^3+B4*X2^2+C4*X2+D4)^E4)/((F4*X2^3+G4*X2^2+H4*X2+I4)^J4)
4,200        X3=X2+DX            : Y3=((A4*(X3)^3+B4*X3^2+C4*X3+D4)^E4)/((F4*X3^3+G4*X3^2+H4*X3+I4)^J4)
4,300        A=A+Y1+4*Y2+Y3
4,400      NEXT 1
4,500      A=A*DX/3
4,600  PRINT "                  면적              A= "; A
4,700   GOTO 300
4,800  PRINT " "
4,900      PRINT "          분할수를 짝수로 해주십시오"
5,000  GOTO 3,400
5,100  END
```

이 프로그램은 SIMPSON 법칙을 사용하여 다음에 나타낸 정적분의 값을 구하기 위한 것이다.

$$A = \int_a^b \frac{(AX^3+BX^2+CX+D)^E}{(FX^3+GX^2+HX+I)^J} \, dX$$

[예제]

$$\theta_A = \frac{ql^3}{2EI_0} \int_0^l \frac{S(1-S)^2}{(0.70998S^2+1)^3} \, ds = 0.02976 \, \frac{ql^3}{EI_0}$$

○이 예제에서는 계수를 그대로 받아들 수가 없으므로 다음과 같이 변형하여 실시한다.

$$A = \int_0^l \frac{S(1-S)^2}{(0.70998S^2+1)^3} \, ds = \int_0^l \frac{S^3 - 2S^2 + S}{(0.70998S^2+1)^3} \, ds$$

○계수의 입력은 다음과 같이 한다.

   A = 1
   B = −2
   C = 1
   D = 0
   E = 1
   F = 0
   G = 0.70998
   H = 0
   I = 1
   J = 3

○다시, 적분 시점 (a=0)·적분 종점 (b=1)·분할수 (n=10)를 입력하면 면적 (A=0.0595195)이 출력된다.
○화면의 hard copy한 결과를 다음에 나타낸다.

```
                    n 차 방 정 식
        Y=((A*X^3+B*X^2+C*X+D)^E)/((F*X^3+G*X^2+H*X+I)^J
                A=1
                B=-2
                C=1
                D=0
                E=1
                F=0
                G=0.70998
                I=1
                J=3
    적분 시점              a=0
    적분 종점              b=1
    분할수 (짝수)          n=10
    면적                  A=0.0595195
                          HIT RETURN KEY ?
```

2) 지간 중앙에 집중 하중을 받는 거더(그림 2.5 (2))

식 (2.16)에서 $\mu=0.5$ 이므로,

$$\theta_A = \frac{Pl^2}{2EI_0}\left[\int_0^{0.5}\frac{(1-s)s}{(0.70998s^2+1)^3}ds + \int_{0.5}^1\frac{(1-s)^2}{(0.70998s^2+1)^3}ds\right]$$

$$= 0.04365\frac{Pl^2}{EI_0}$$

$$\theta_B = -\frac{Pl^2}{2EI_0}\left[\int_0^{0.5}\frac{s^2}{(0.70998s^2+1)^3}ds + \int_{0.5}^1\frac{(1-s)s}{(0.70998s^2+1)^3}ds\right]$$

$$= -0.03345\frac{Pl^2}{EI_0}$$

식 (2.17)에서 $\mu=0.5$, $\rho=0.5$이므로,

$$\delta_C = \frac{Pl^3}{4EI_0}\left[\int_0^{0.5}\frac{s^2}{(0.70998s^2+1)^3}ds + \int_{0.5}^1\frac{(1-s)^2}{(0.70998s^2+1)^3}ds\right]$$

$$= 0.01283\frac{Pl^3}{EI_0}$$

참고로 등단면 거더의 경우는 $\gamma=1$이 되므로,

$$\theta_A = \frac{Pl^2}{2EI_0}\left[\int_0^{0.5}(1-s)sds + \int_{0.5}^1(1-s)^2ds\right] = \frac{Pl^2}{16EI_0}$$

$$\theta_B = -\frac{Pl^2}{2EI_0}\left[\int_0^{0.5}s^2ds + \int_{0.5}^1(1-s)sds\right] = -\frac{Pl^2}{16EI_0}$$

$$\delta_C = \frac{Pl^3}{4EI_0}\left[\int_0^{0.5}s^2ds + \int_{0.5}^1(1-s)^2ds\right] = \frac{Pl^3}{48EI_0}$$

3) 지점 A에서 M_1을 받는 거더(그림 2.5 (3))

식 (2.18)에서

$$\theta_A = \frac{M_1 l}{EI_0} \int_0^1 \frac{(1-s)^2}{(0.70998s^2+1)^3} ds = 0.2819 \frac{M_1 l}{EI_0}$$

$$\theta_B = -\frac{M_1 l}{EI_0} \int_0^1 \frac{(1-s)s}{(0.70998s^2+1)^3} ds = -0.1029 \frac{M_1 l}{EI_0}$$

식 (2.19)에서 $\rho=0.5$ 이므로

$$\delta_C = \frac{M_1 l^2}{2EI_0} \left[\int_0^{0.5} \frac{(1-s)s}{(0.70998s^2+1)^3} ds + \int_{0.5}^1 \frac{(1-s)^2}{(0.70998s^2+1)^3} ds \right]$$

$$= 0.04365 \frac{M_1 l^2}{EI_0}$$

4) 지점 B에 M_2를 받는 거더(그림 2.5 (4))

식 (2.20)에서

$$\theta_A = \frac{M_2 l}{EI_0} \int_0^1 \frac{(1-s)s}{(0.70998s^2+1)^3} ds = 0.1029 \frac{M_2 l}{EI_0}$$

$$\theta_B = -\frac{M_2 l}{EI_0} \int_0^1 \frac{s^2}{(0.70998s^2+1)^3} ds = -0.1288 \frac{M_2 l}{EI_0}$$

식 (2.21)에서 $\rho=0.5$ 이므로

$$\delta_C = \frac{M_2 l^2}{2EI_0} \left[\int_0^{0.5} \frac{s^2}{(0.70998s^2+1)^3} ds + \int_{0.5}^1 \frac{(1-s)s}{(0.70998s^2+1)^3} ds \right]$$

$$= 0.03345 \frac{M_2 l^2}{EI_0}$$

(2) 거더 높이가 양쪽 방향으로 변화할 때

그림 2.5에서 $\nu = I_0/I_m = 0.2$일 때, 지점 변형각 및 지간 중앙의 변형을 구한다.

1) 등분포 하중을 받는 거더(그림 2.5 (1))

식 (2.22)에서 $\eta=0.70998$, $\gamma_1 = [2.83992\,(0.5-s)^2]^3$, $\gamma_2 = [2.83992(s-0.5)^2]^3$ 이므로

$$\theta_A(=-\theta_B) = \frac{ql^3}{2EI_0} \left[\int_0^{0.5} \frac{s(1-s)^2}{[2.83992(0.5-s)^2+1]^3} ds \right.$$

$$\left. + \int_{0.5}^1 \frac{s(1-s)^2}{[2.83992(s-0.5)^2+1]^3} ds \right]$$

$$= 0.03047 \frac{ql^3}{EI_0}$$

식 (2.23)에서 $\rho = 0.5$ 이므로

$$\delta_C = \frac{ql^4}{4EI_0} \left[\int_0^{0.5} \frac{(1-s)s^2}{[2.83992(0.5-s)^2+1]^3} ds \right.$$
$$\left. + \int_{0.5}^1 \frac{(1-s)s^2}{[2.83992(s-0.5)^2+1]^3} ds \right] = 0.01017 \frac{ql^4}{EI_0}$$

2) 지간 중앙에 집중 하중을 받는 거더(그림 2.5 (2))

식 (2.24)에서 $\mu = 0.5$ 이므로

$$\theta_A(=-\theta_B) = \frac{Pl^2}{2EI_0} \left[\int_0^{0.5} \frac{(1-s)s}{[2.83992(0.5-s)^2+1]^3} ds \right.$$
$$\left. + \int_{0.5}^1 \frac{(1-s)^2}{[2.83992(s-0.5)^2+1]^3} ds \right]$$
$$= 0.04809 \frac{Pl^2}{EI_0}$$

식 (2.25)에서 $\mu = 0.5$, $\rho = 0.5$ 이므로

$$\delta_C = \frac{Pl^3}{4EI_0} \left[\int_0^{0.5} \frac{s^2}{[2.83992(0.5-s)^2+1]^3} ds \right.$$
$$\left. + \int_{0.5}^1 \frac{(1-s)^2}{[2.83992(s-0.5)^2+1]^3} ds \right] = 0.01762 \frac{Pl^3}{EI_0}$$

3) 지점에 M을 받는 거더(그림 2.5 (3), (4))

식 (2.28)에서

$$\theta_A = \frac{Ml}{EI_0} \left[\int_0^{0.5} \frac{(1-s)^2}{[2.83992(0.5-s)^2+1]^3} ds \right.$$
$$\left. + \int_{0.5}^1 \frac{(1-s)^2}{[2.83992(s-0.5)^2+1]^3} ds \right] = 0.1863 \frac{Ml}{EI_0}$$

$$\theta_B = -\frac{Ml}{EI_0} \left[\int_0^{0.5} \frac{(1-s)s}{[2.83992(0.5-s)^2+1]^3} ds \right.$$
$$\left. + \int_{0.5}^1 \frac{(1-s)s}{[2.83992(s-0.5)^2+1]^3} ds \right] = -0.1219 \frac{Ml}{EI_0}$$

식 (2.29)에서 $\rho = 0.5$ 이므로

$$\delta_C = \frac{Ml^2}{2EI_0} \left[\int_0^{0.5} \frac{(1-s)s}{[2.83992(0.5-s)^2+1]^3} \, ds \right.$$
$$\left. + \int_{0.5}^1 \frac{(1-s)^2}{[2.83992(s-0.5)^2+1]^3} \, ds \right] = 0.04809 \frac{Ml^2}{EI_0}$$

2.2 모어의 정리를 이용한 계산

휨 모멘트 및 거더의 휨 강성의 분포가 적분 가능한 경우에는 변형량은 가상 일의 원리로 쉽게 구할 수 있으나 이것이 불규칙하여 적분이 곤란한 경우에는 계산이 번거로워진다. 이런 경우에는 모어의 정리(Mohr's theorem)를 이용한 계산이 효과적이다. 이 방법은 휨 모멘트를 휨 강성으로 나누어 구한 탄성 하중($w=M/EI$)을 사용하여 단순 거더의 지점 반력을 구하면 지점 변형각을, 또 임의의 위치의 휨 모멘트를 구하면 그 위치의 변형을 구할 수 있다.

2.2.1 등단면 단순 거더의 지점 변형각과 변형

그림 2.7에 나타낸 (1)~(3)의 하중을 받는 등단면 단순 거더의 지점 변형각과 지간 중앙의 변형을 모어의 정리로 구해 보자.

(1)의 경우

$$\left. \begin{array}{l} \theta_A = -\theta_B = \dfrac{Ml}{2EI} \\[6pt] \delta_C = \dfrac{Ml}{2EI}\left(\dfrac{l}{2} - \dfrac{l}{4}\right) = \dfrac{Ml^2}{8EI} \end{array} \right\} \quad (2.30)$$

(2)의 경우

$$\left. \begin{array}{l} \theta_A = -\theta_B = \dfrac{1}{2} \times \dfrac{2l}{3} \times \dfrac{ql^2}{8EI} = \dfrac{ql^3}{24EI} \\[6pt] \delta_C = \dfrac{ql^3}{24EI}\left(\dfrac{l}{2} - \dfrac{3l}{16}\right) = \dfrac{5ql^4}{384EI} \end{array} \right\} \quad (2.31)$$

(3)의 경우

$$\left. \begin{array}{l} \theta_A = -\theta_B = \dfrac{1}{2} \times \dfrac{l}{2} \times \dfrac{Pl}{4EI} = \dfrac{Pl^2}{16EI} \\[6pt] \delta_C = \dfrac{Pl^2}{16EI}\left(\dfrac{l}{2} - \dfrac{l}{6}\right) = \dfrac{Pl^3}{48EI} \end{array} \right\} \quad (2.32)$$

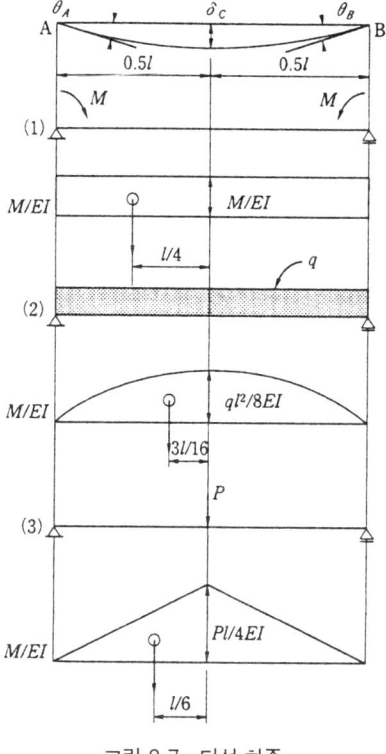

그림 2.7 탄성 하중

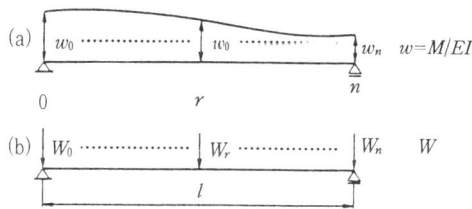

그림 2.8 탄성 하중과 그와 등가인 탄성 격점(格点) 하중

2.2.2 변단면 단순 거더의 지점 변형각과 변형

휨 모멘트 및 거더의 휨 강성의 분포가 불규칙적인 경우라도 모어의 정리에 의해 탄성 격점 하중을 사용하여 탄성 변형량을 구할 수 있다. 이 방법은 그림 2.8 (a)에 나타낸 탄성 하중 w의 분포를 동 그림 (b)와 같은 등가인 탄성 격점 하중 W로 치환하여 지점 변형각과 변형을 구하는 것이다. 탄성 격점 하중은 지간 길이 l을 n분할(통상은 10분할 정도)하고 이웃한 두 개의 구간 $((r-1)\sim r,\ r\sim (r+1))$의 탄성 하중 w의 변화를 2차 곡선이라고 가정하면

$$\left.\begin{array}{ll}\text{최초 격점 하중} & W_0 = (3.5w_0 + 3w_1 - 0.5w_2)\Delta x/12 \\ \text{중간 격점 하중} & W_r = (w_{r-1} + 10w_r + w_{r+1})\Delta x/12 \\ \text{최종 격점 하중} & W_n = (3.5w_n + 3w_{n-1} - 0.5w_{n-2})\Delta x/12 \\ \text{다만,} & w_r = M_r/EI_r, \quad \Delta x = l/n \end{array}\right\} \quad (2.33)$$

이 탄성 격점 하중 W를 이용한 단순 거더의 지점 반력을 구하면 지점 변형각을, 또 임의의 위치의 휨 모멘트를 구하면 그 위치의 변형을 구할 수 있다. 그림 2.9에 나타낸 반력 및 휨 모멘트의 영향선을 사용하면 변형량은 다음과 같다.

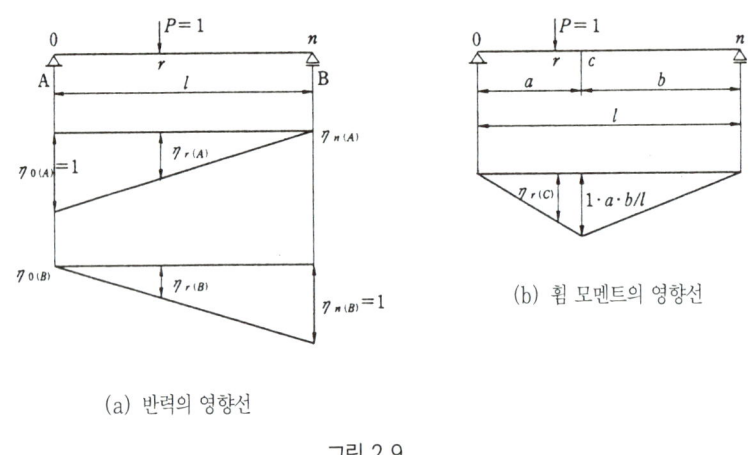

(a) 반력의 영향선   (b) 휨 모멘트의 영향선

그림 2.9

$$\theta_A = \sum_{r=0}^{n} W_r \cdot \eta_{r(A)}, \qquad \theta_B = -\sum_{r=0}^{n} W_r \cdot \eta_{r(B)} \tag{2.34}$$

$$\delta_C = \sum_{r=0}^{n} W_r \cdot \eta_{r(C)} \tag{2.35}$$

2.3.3 지점 변형각과 변형 계산의 예

그림 2 (1)에 나타낸 하중에 대해서 등단면($\nu=1$) 및 거더의 높이가 한쪽에 포물선 변화($\nu=0.2$)하는 단순 거더의 지점 변형각과 지간 중앙점의 변형을 구한다. 모어의 정리를 이용한 계산은 휨 모멘트 및 거더의 휨 강성 분포가 불규칙하여 적분이 곤란한 경우에 효과적이지만 여기서의 계산의 예는 그 계산 결과를 대조 조사할 수 있도록 먼저 가상 일의 원리를 이용한 예제와 같은 내용으로 하였다. 지간 길이를 10등분하면 식 (2.34)는 다음과 같다.

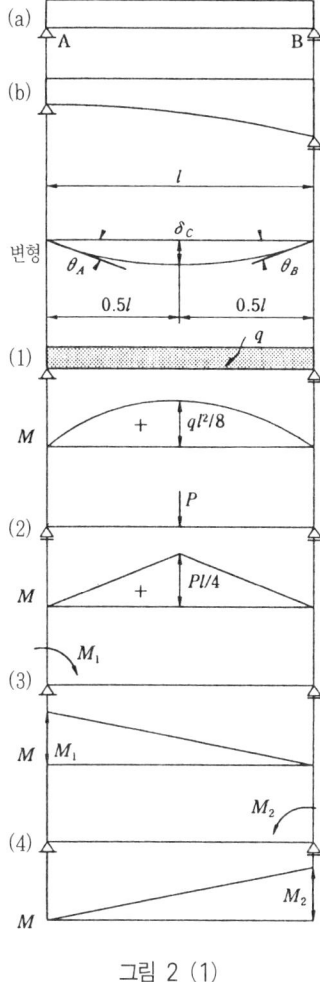

그림 2 (1)

$$\left.\begin{array}{l}\theta_A = 1.0W_0 + 0.9W_1 + 0.8W_2 + 0.7W_3 + 0.6W_4 + 0.5W_5 \\ \qquad + 0.4W_6 + 0.3W_7 + 0.2W_8 + 0.1W_9 + 0 \cdot W_{10} \\ \theta_B = -(0 \cdot W_0 + 0.1W_1 + 0.2W_2 + 0.3W_3 + 0.4W_4 + 0.5W_5 \\ \qquad + 0.6W_6 + 0.7W_7 + 0.8W_8 + 0.9W_9 + 1.0W_{10})\end{array}\right\} \quad (1)$$

식 (2.33)에서 $W_0 \sim W_{10}$의 탄성 격점 하중을 구할 수 있고 또 $\varDelta X = 0.1l$이 되므로 이것을 식 (1)에 대입하여 정리하면 식 (2)를 구할 수 있다.

$$\theta_A = \frac{0.1\,l}{12} (4.4\,w_0 + 12.8\,w_1 + 9.1\,w_2 + 8.4\,w_3 + 7.2\,w_4 + 6.0\,w_5$$
$$+ 4.8\,w_6 + 3.6\,w_7 + 2.4\,w_8 + 1.2\,w_9 + 0.1\,w_{10})$$

$$\theta_B = -\frac{0.1\,l}{12} (0.1\,w_0 + 1.2\,w_1 + 2.4\,w_2 + 3.6\,w_3 + 4.8\,w_4 + 6.0\,w_5$$
$$+ 7.2\,w_6 + 8.4\,w_7 + 9.1\,w_8 + 12.8\,w_9 + 4.4\,w_{10})$$

(2)

마찬가지로,

$$\delta_C = \frac{0.1\,l^2}{12} (0.05\,w_0 + 0.6\,w_1 + 1.2\,w_2 + 1.8\,w_3 + 2.4\,w_4 + 2.9\,w_5$$
$$+ 2.4\,w_6 + 1.8\,w_7 + 1.2\,w_8 + 0.6\,w_9 + 0.05\,w_{10})$$

(3)

표 2 (2)에 각 하중에 대한 탄성 하중의 계산 결과를 나타낸다. 변단면의 단면 2차 모멘트 I_s는 식 (2.11)로 구하였다. 이 탄성 하중을 사용하여 식 (2) 및 식 (3)으로 구한 변형량과 가상 일의 원리를 이용한 계산 예의 결과(2.1.4항)를 비교한 것이 표 2 (3)이다. 이와 같이

표 2 (2) 탄성 하중 w의 계산 결과

	격점 r	0	1	2	3	4	5	6	7	8	9	10
등단면	하중 (1) EIw/ql^2	0	0.045	0.080	0.105	0.120	0.125	0.120	0.105	0.080	0.045	0
	하중 (2) EIw/Pl	0	0.050	0.100	0.150	0.200	0.250	0.200	0.150	0.100	0.050	0
	하중 (3) EIw/M_1	1.0	0.90	0.80	0.70	0.60	0.50	0.40	0.30	0.20	0.10	0
	하중 (4) EIw/M_2	0	0.10	0.20	0.30	0.40	0.50	0.60	0.70	0.80	0.90	1.0
	I_s/I_0	1.0	1.0215	1.0876	1.2042	1.3810	1.6325	1.9795	2.4489	3.0764	3.9076	5.0
변단면	하중 (1) EI_0w/ql^2	0	0.04405	0.07356	0.08719	0.08689	0.07657	0.06062	0.04288	0.02600	0.01152	0
	하중 (2) EI_0w/Pl	0	0.04895	0.09195	0.12456	0.14482	0.15314	0.10104	0.06125	0.03251	0.01280	0
	하중 (3) EI_0w/M_1	1.0	0.88106	0.73556	0.58130	0.43447	0.30628	0.20207	0.12250	0.06501	0.02559	0
	하중 (4) EI_0w/M_2	0	0.09790	0.18389	0.24913	0.28965	0.30628	0.30311	0.28584	0.26004	0.23032	0.20

표 2 (3) 계산 결과의 비교

	변형량 하중	θ_A *1	θ_A *2	$-\theta_B$ *1	$-\theta_B$ *2	곱수	δ_C *1	δ_C *2	곱수
등단면	(1)	0.041̇6	0.041̇6	0.041̇6	0.041̇6	ql^3/EI	0.01302	0.01302	ql^4/EI
	(2)	0.0629 (0.0625)	0.0625	0.0629 (0.0625)	0.0625	Pl^2/EI	0.02104 (0.02083)	0.02083	Pl^3/EI
	(3)	0.3̇	0.3̇	0.1̇6	0.1̇6	$M_1 l/EI$	0.0625	0.0625	$M_1 l^2/EI$
	(4)	0.1̇6	0.1̇6	0.3̇	0.3̇	$M_2 l/EI$	0.0625	0.0625	$M_2 l^2/EI$
변단면	(1)	0.02976	0.02976	0.02167	0.02167	ql^3/EI_0	0.00803	0.00803	ql^4/EI_0
	(2)	0.04392 (0.04365)	0.04365	0.03369 (0.03345)	0.03345	Pl^2/EI_0	0.01296 (0.01283)	0.01283	Pl^3/EI_0
	(3)	0.2819	0.2819	0.1029	0.1029	$M_1 l/EI_0$	0.04365	0.04365	$M_1 l^2/EI_0$
	(4)	0.1029	0.1029	0.1288	0.1288	$M_2 l/EI_0$	0.03345	0.03345	$M_2 l^2/EI_0$

*1 모어의 정리로 구한 값, ( )는 식(2)' 및 (3)'로 재계산한 값
*2 가상 일의 원리로 구한 값

등단면 거더는 물론 이 변단면 거더에 대해서도 탄성 격점 하중을 사용하여 모어의 정리로 변형량을 정확하게 계산할 수 있다는 것을 알 수 있다. 다만 **그림 2 (2)**의 집중 하중에 대해서는 탄성 격점 하중으로부터 구한 변형량에 다소의 오차가 생기는데 이것은 다음과 같은 이유 때문이다.

여기서의 탄성 격점 하중은 이웃한 두 구간의 탄성 하중의 변화를 2차 곡선이라고 가정하고 있으므로 **그림 2 (2)**에 나타낸 바와 같이 사선 부분의 면적만 여분인 탄성 하중이 생긴다. 이러한 오차가 생기지 않도록 하기 위해서는 격점 5에서 탄성 하중을 단락짓고, 즉 식 (2.33)을 사용하여 탄성 격점 하중 W_5를 구할 경우에 좌측의 $W_5{}^l$을 최종 격점 하중의 식을 사용하여 구하고, 또 우측의 $W_5{}^r$을 최초의 격점 하중 식을 사용하여 구하고 $W_5{}^l$과 $W_5{}^r$의 합(合)을 W_5로 하면 된다. 이렇게 하여 식 (2) 및 식 (3)을 수정하면 다음과 같다.

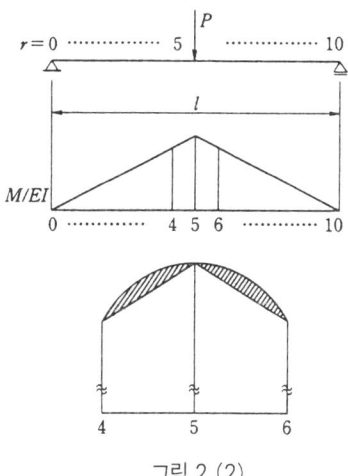

그림 2 (2)

$$\left.\begin{aligned}\theta_A &= \frac{0.1l}{12}(4.4w_0+12.8w_1+9.1w_2+8.15w_3+8.2w_4+4.5w_5 \\ &\quad +5.8w_6+3.35w_7+2.4w_8+1.2w_9+0.1w_{10}) \\ \theta_B &= -\frac{0.1l}{12}(0.1w_0+1.2w_1+2.4w_2+3.35w_3+5.8w_4+4.5w_5 \\ &\quad +8.2w_6+8.15w_7+9.1w_8+12.8w_9+4.4w_{10})\end{aligned}\right\} \quad (2)'$$

$$\begin{aligned}\delta_C &= \frac{0.1l^2}{12}(0.05w_0+0.6w_1+1.2w_2+1.675w_3+2.9w_4 \\ &\quad +2.15w_5+2.9w_6+1.675w_7+1.2w_8+0.6w_9+0.05w_{10})\end{aligned} \quad (3)'$$

이 식 (2)′ 및 식 (3)′을 사용하여 변형량을 재계산하면 표 2 (3)의 괄호 내에 나타낸 바와 같은 값이 되며, 정확한 변형량을 구할 수 있다는 것을 알 수 있다.

제3장 등단면 연속 거더 및 변단면 연속 거더의 계산

3.1 3련 모멘트 식

3.1.1 3련 모멘트 식의 유도

　제1장 1.2절에서 기술한 바와 같이 3련 모멘트 식을 적용함으로써 다경간 연속 거더에 대해서도 부정정 휨 모멘트는 쉽게 계산할 수 있다. 여기서 등단면 및 변단면 연속 거더에 대한 3련 모멘트 식을 유도해 보자. 등단면 연속 거더란 거더의 휨 강성(거더 부재의 영 계수와 단면 2차 모멘트를 곱한 것)이 전체 길이에 걸쳐 일정하다는 것을 말한다. 또, 변단면 연속 거더란 거더의 휨 강성이 변화하고 있는 것을 말한다.

　그림 1.1에 나타낸 n경간 연속 거더를 중간 지점에서 절단하고 n개의 단순 거더로서 이것을 정정 기본계로 취한다. 그림 3.1에 나타낸 바와 같이 그 속의 l_r과 l_{r+1}의 단순 거더를 빼낸 지점 r의 변형각에 대해서 생각해 보자. 연속 거더에서는 지점 r에서 변형 곡선의 접선각이 일치해야 한다. 따라서 l_r 및 l_{r+1}의 단순 거더 지점 r에 대한 회전각을 각각 $\theta_{r,r-1}$, $\theta_{r,r+1}$로 하고 시계 바늘 방향의 회전을 정($+$)으로 받아들이면 다음의 조건식이 성립된다.

$$\theta_{r,r-1} = \theta_{r,r+1} \tag{3.1}$$

다만,

$$\left.\begin{array}{l}\theta_{r,r-1} = \varphi_{r,r-1}^{(0)} + \varphi_{r,r-1}^{(M)} + R_{r,r-1} \\ \theta_{r,r+1} = \varphi_{r,r+1}^{(0)} + \varphi_{r,r+1}^{(M)} + R_{r,r+1}\end{array}\right\} \tag{3.2}$$

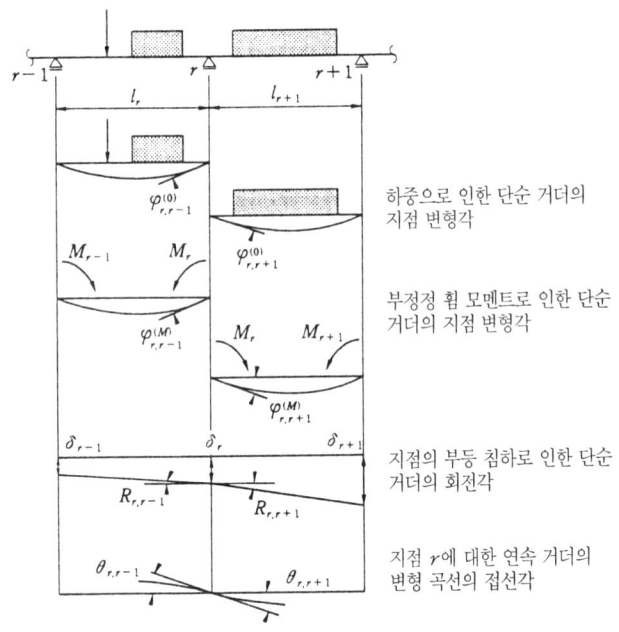

그림 3.1 단순 거더(정정 기본계)의 변형

이때, $\varphi_{r,r-1}^{(0)}$은 r과 $(r-1)$의 지점에서 지지되고 있는 단순 거더(경간 l_r의 단순 거더) 지점 r의 변형각을 나타내고, 또 (0)은 하중으로 인한 변형각이라는 것을 나타낸다.

$\varphi_{r,r-1}^{(M)}$은 l_r의 단순 거더에 대한 부정정 휨 모멘트에 따른 변형각이며, $R_{r,r-1}$은 지점의 부등 침하로 인한 l_r 단순 거더의 부재 회전각을 나타낸다(그림 3.1). l_{r+1}의 단순 거더에 대해서도 마찬가지이다.

다음에

$$\left.\begin{array}{l}\varphi_{r,r-1}^{(M)}=a_{r,r-1}M_r+b_{r,r-1}M_{r-1}\\ \varphi_{r,r+1}^{(M)}=a_{r,r+1}M_r+b_{r,r+1}M_{r+1}\end{array}\right\} \quad (3.3)$$

이때, a 및 b는 그림 3.2에 나타낸 바와 같이 단위 지점 휨 모멘트 $M=1$에 따른 지점 r의 변형각이다. 또, 부재 회전각 R은 다음 식과 같다.

$$R_{r,r-1}=\frac{\delta_r-\delta_{r-1}}{l_r} \qquad R_{r,r+1}=\frac{\delta_{r+1}-\delta_r}{l_{r+1}} \quad (3.4)$$

이들 변형각 및 부재 회전각은 시계 바늘 방향의 회전을 정(+)으로 잡고, 또 지점에 대한 부정정 휨 모멘트는 그림 3.1에 나타낸 바와 같이 정(+) 휨 모멘트 방향으로 가정해 두면 계

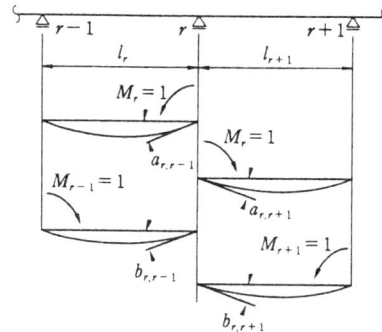

그림 3.2 단위 지점 휨 모멘트로 인한 단순 거더의 지점 r의 변형각

산 결과가 구조 역학의 휨 모멘트 부호와 일치하게 된다. 식 (3.2)를 식 (3.1)에 대입하여 정리하면 다음의 3련 모멘트 식을 구할 수 있다.

$$-b_{r,r-1}M_{r-1} + (a_{r,r+1} - a_{r,r-1})M_r + b_{r,r+1}M_{r+1}$$
$$= \varphi_{r,r-1}^{(0)} - \varphi_{r,r+1}^{(0)} + R_{r,r-1} - R_{r,r+1} \tag{3.5}$$

3.1.2 등단면 연속 거더의 3련 모멘트 식

거더의 휨 강성을 EI라 하면

$$\left.\begin{array}{ll} a_{r,r-1} = -\dfrac{2l_r}{6EI} & a_{r,r+1} = \dfrac{2l_{r+1}}{6EI} \\[6pt] b_{r,r-1} = -\dfrac{l_r}{6EI} & b_{r,r+1} = \dfrac{l_{r+1}}{6EI} \end{array}\right\} \tag{3.6}$$

이므로 이것을 식 (3.5)에 대입하면 다음과 같다.

$$M_{r-1}l_r + 2M_r(l_r + l_{r+1}) + M_{r+1}l_{r+1}$$
$$= 6EI(\varphi_{r,r-1}^{(0)} - \varphi_{r,r+1}^{(0)} + R_{r,r-1} - R_{r,r+1}) \tag{3.7}$$

n경간 연속 거더에는 식 (3.7)에서 $r=1\sim(n-1)$로 놓음으로써 중간 지점의 수만 $(n-1)$개의 3련 모멘트 식을 구할 수 있다. 다만, 양단 지점에는 부정정 휨 모멘트는 생기지 않으므로 외력으로서 지점 휨 모멘트가 작용하게 되면 $M_0 = M_n = 0$이 된다.

$$\left.\begin{array}{ll} r=1 & : \quad 2M_1(l_1+l_2) + M_2 l_2 = 6EI(\varphi_{10}^{(0)} - \varphi_{12}^{(0)} + R_{10} - R_{12}) \\[4pt] r=2 & : \quad M_1 l_2 + 2M_2(l_2+l_3) + M_3 l_3 = 6EI(\varphi_{21}^{(0)} - \varphi_{23}^{(0)} + R_{21} - R_{23}) \\[4pt] \vdots & \end{array}\right\}$$

$$r \quad : \quad M_{r-1}l_r + 2M_r(l_r + l_{r+1}) + M_{r+1}l_{r+1}$$
$$= 6EI(\varphi_{r,r-1}^{(0)} - \varphi_{r,r+1}^{(0)} + R_{r,r-1} - R_{r,r+1})$$
$$\vdots$$
$$r = n-1 : \quad M_{n-2}l_{n-1} + 2M_{n-1}(l_{n-1} + l_n)$$
$$= 6EI(\varphi_{n-1,n-2}^{(0)} - \varphi_{n-1,n}^{(0)} + R_{n-1,n-2} - R_{n-1,n})$$

(3.7)′

이 연립 방정식을 풀면 $M_1 \sim M_{n-1}$의 $(n-1)$개의 부정정 휨 모멘트를 구할 수 있다.

또, 모든 경간 길이가 같고 또한 지점에 부등 침하가 없는 경우에는 $l_r = l_{r+1} = l$, $R_{r,r-1} = 0$, $R_{r,r+1} = 0$이 되므로 식 (3.7)은 다음과 같이 된다.

$$M_{r-1} + 4M_r + M_{r+1} = \frac{6EI}{l}(\varphi_{r,r-1}^{(0)} - \varphi_{r,r+1}^{(0)}) \tag{3.8}$$

3.1.3 변단면 연속 거더의 3련 모멘트 식

변단면 연속 거더에서는

$$\left. \begin{array}{ll} a_{r,r-1} = -\dfrac{\overline{a}_{r,r-1}l_r}{EI_{0(r)}} & a_{r,r+1} = \dfrac{\overline{a}_{r,r+1}l_{r+1}}{EI_{0(r+1)}} \\[2mm] b_{r,r-1} = -\dfrac{\overline{b}_{r,r-1}l_r}{EI_{0(r)}} & b_{r,r+1} = \dfrac{\overline{b}_{r,r+1}l_{r+1}}{EI_{0(r+1)}} \end{array} \right\} \tag{3.9}$$

와 같이 되므로 이것을 식 (3.5)에 대입하면 다음 식과 같이 된다.

$$M_{r-1}\frac{\overline{b}_{r,r-1}l_r}{EI_{0(r)}} + M_r\left(\frac{\overline{a}_{r,r-1}l_r}{EI_{0(r)}} + \frac{\overline{a}_{r,r+1}l_{r+1}}{EI_{0(r+1)}}\right) + M_{r+1}\frac{\overline{b}_{r,r+1}l_{r+1}}{EI_{0(r+1)}}$$
$$= \varphi_{r,r-1}^{(0)} - \varphi_{r,r+1}^{(0)} + R_{r,r-1} - R_{r,r+1} \tag{3.10}$$

이때, $\overline{a}$ 및 $\overline{b}$는 변단면 단순 거더의 단위 지점 휨 모멘트($M=1$)에 따른 지점 변형각의 계수이며 $I_{0(r)}$은 l_r 경간 단순 거더의 기준 단면 2차 모멘트, 또 $\varphi^{(0)}$는 하중에 따른 지점의 변형각이며, 이들의 계산 방법에 대해서는 앞의 제2장에서 상세히 기술하였다.

3.2 단면력 및 지점 반력

3.2.1 단면력 및 지점 반력의 계산

앞에서 기술한 3련 모멘트식으로 부정정 휨 모멘트가 구해지면 연속 거더의 지점 반력 및 단면력(휨 모멘트 및 전단력)은 다음과 같다. 지점 r의 반력 V_r은 그림 3.3에 나타낸 바와 같이,

$$V_r = V_{r,r-1}^{(0)} + V_{r,r-1}^{(M)} + V_{r,r+1}^{(0)} + V_{r,r+1}^{(M)} \tag{3.11}$$

이때, $V^{(0)}$ 및 $V^{(M)}$은 각기 하중 및 부정정력에 따른 단순 거더의 반력이다.

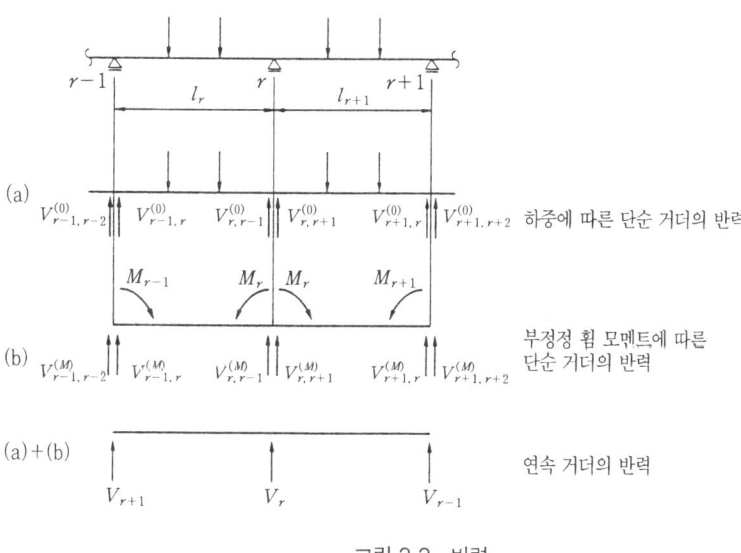

그림 3.3 반력

$$V_{r,r-1}^{(M)} = \frac{M_{r-1} - M_r}{l_r} \qquad V_{r,r+1}^{(M)} = -\frac{M_r - M_{r+1}}{l_{r+1}} \tag{3.12}$$

다음에 경간 l_r의 임의의 위치 x에 대한 휨 모멘트 및 전단력은 그림 3.4에 나타낸 바와 같이,

$$M_x = M_x^{(0)} + M_x^{(M)} \tag{3.13}$$

$$S_x = S_x^{(0)} + S_x^{(M)} \tag{3.14}$$

다만,

$$\left. \begin{array}{l} M_x^{(M)} = M_{r-1} + (M_r - M_{r-1}) \dfrac{x}{l_r} \\ S_x^{(M)} = - \dfrac{M_{r-1} - M_r}{l_r} \end{array} \right\} \quad (3.15)$$

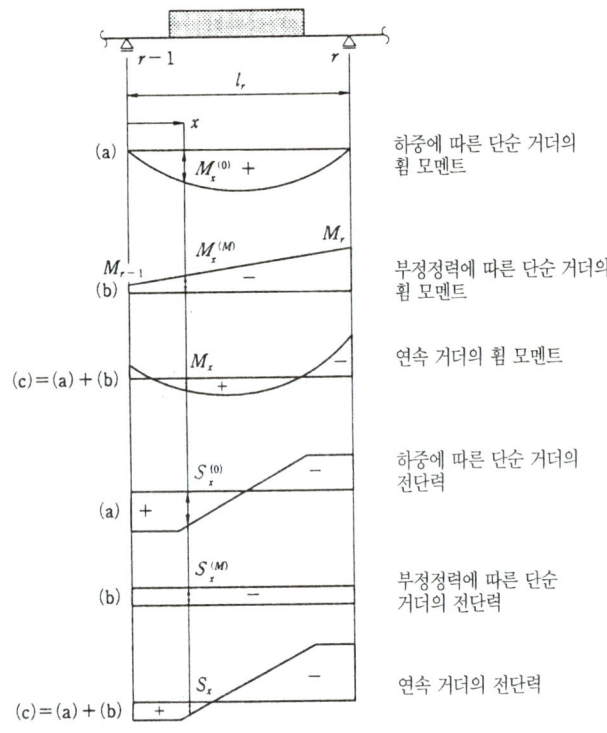

그림 3.4 단면력

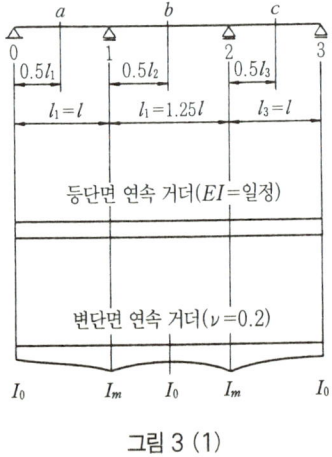

그림 3 (1)

3.2.2 등단면 및 변단면 연속 거더의 계산 예

그림 3 (1)에 나타낸 등단면 연속 거더 및 변단면 연속 거더의 지점 반력과 단면력을 구한다. 다만, 지점의 침하는 없는 것으로 한다.

(1) 등분포 하중을 받는 연속 거더

1) 등단면 (그림 3 (2))

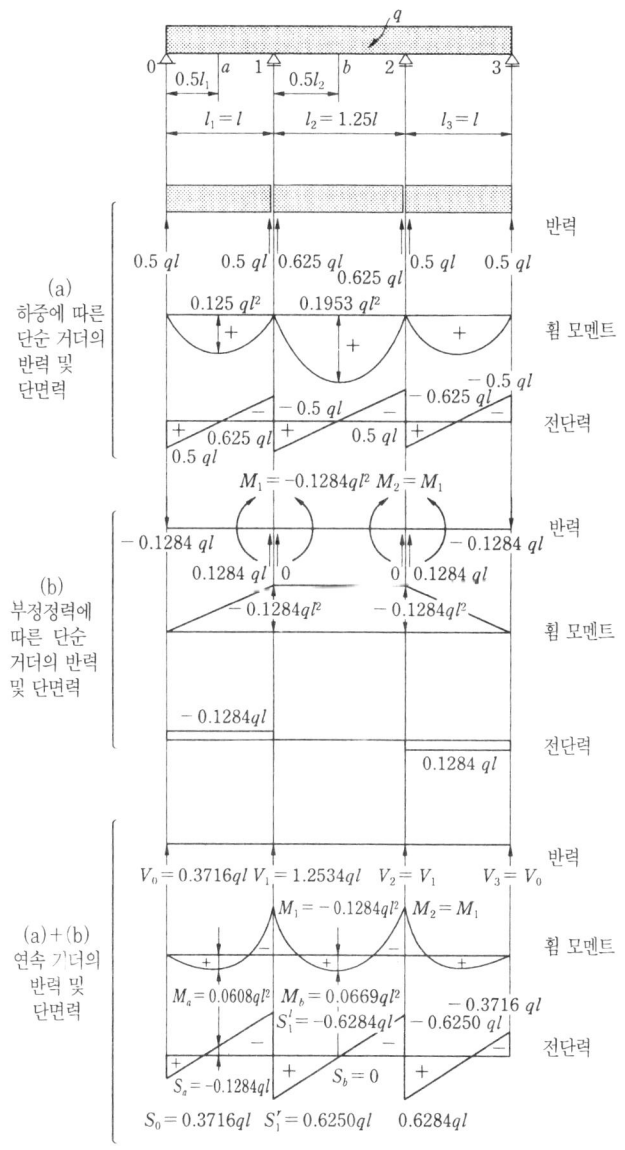

그림 3 (2)

식 (3.7)'에서

$$2M_1(l_1+l_2)+M_2 l_2 = 6EI(\varphi_{10}^{(0)} - \varphi_{12}^{(0)})$$

$$\varphi_{10}^{(0)} = -\frac{ql^3}{24EI} \qquad \varphi_{12}^{(0)} = \frac{q(1.25l)^3}{24EI}$$

이며, 또 $M_1 = M_2$가 되므로

$$4.5M_1 + 1.25M_1 = -\frac{ql^2}{4}(1+1.25^3) \quad \therefore \quad M_1 = -0.1284\,ql^2$$

지점의 반력은 식 (3.11), (3.12)에서

$$r=0: \quad V_0 = V_{0,1}^{(0)} + V_{0,1}^{(M)} = (0.5-0.1284)\,ql = 0.3716ql = V_3$$

$$r=1: \quad V_1 = V_{1,0}^{(0)} + V_{1,0}^{(M)} + V_{1,2}^{(0)} + V_{1,2}^{(M)}$$

$$= (0.5+0.1284+0.5\times1.25+0)\,ql = 1.2534ql$$

지점의 전단력은

$$S_0 = S_0^{(0)} + S_0^{(M)} = (0.5-0.1284)\,ql = 0.3716ql = -S_3$$

$$S_1^{\,l} = (-0.5-0.1284)\,ql = -0.6284ql = -S_2^{\,r}$$

$$S_1^{\,r} = (0.5\times1.25+0)\,ql = 0.6250ql = -S_2^{\,l}$$

다음에 경간 중앙점 a 및 b의 단면력($M\&S$)를 구한다.

$$M_a = M_a^{(0)} + M_a^{(M)} = (0.125 - 0.5\times0.1284)\,ql^2 = 0.0608\,ql^2$$

$$M_b = M_b^{(0)} + M_1 = (0.125\times1.25^2 - 0.1284)\,ql^2 = 0.0669\,ql^2$$

$$S_a = S_a^{(0)} + S_a^{(M)} = (0-0.1284)\,ql = -0.1284\,ql$$

$$S_b = 0$$

2) 변단면 ($\nu = 0.2$) (그림 3 (3))

식 (3.10)에서 $r=1$로 놓고

$$M_1(\overline{a}_{10}l_1 + \overline{a}_{12}l_2) + M_2(\overline{b}_{12}l_2) = EI_0(\varphi_{10}^{(0)} - \varphi_{12}^{(0)})$$

표 4.1 ($\nu=0.2$)에서 $\overline{a}_{10} = 0.1288$, $\overline{a}_{12} = 0.1863$, $\overline{b}_{12} = 0.1219$

2.1.4항의 예제를 참조하여 $\varphi_{10}^{(0)} = -0.02167\,\dfrac{ql^3}{EI_0}$, $\varphi_{12}^{(0)} = 0.03047\,\dfrac{q(1.25l)^3}{EI_0}$ 이며, 또 $l_1 = l$, $l_2 = 1.25l$, $M_1 = M_2$ 이므로 $M_1 = -0.1579\,ql^2$가 된다.

지점의 반력 및 전단력을 구한다. 등단면의 경우와 마찬가지로

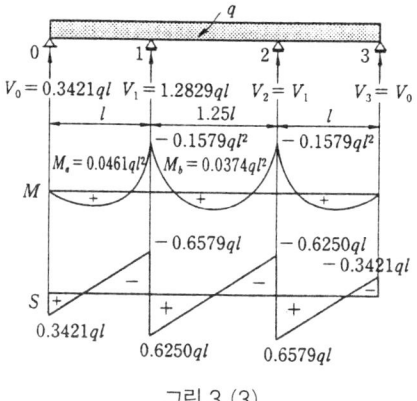

그림 3 (3)

$$V_0 = V_{0,1}^{(0)} + V_{0,1}^{(M)} = (0.5 - 0.1579)\,ql = 0.3421\,ql = V_3$$

$$V_1 = V_{1,0}^{(0)} + V_{1,0}^{(M)} + V_{1,2}^{(0)} + V_{1,2}^{(M)}$$
$$= (0.5 + 0.1579 + 0.5 \times 1.25 + 0) = 1.2829\,ql$$

$$S_0 = S_0^{(0)} + S_0^{(M)} = (0.5 - 0.1579)\,ql = 0.3421\,ql = -S_3$$

$$S_1^{\,l} = (-0.5 - 0.1579)\,ql = -0.6579\,ql = -S_2^{\,r}$$

$$S_1^{\,r} = (0.5 \times 1.25 + 0)\,ql = 0.6250\,ql = -S_2^{\,l}$$

다음에 경간 중앙점의 a 및 b의 단면력을 구한다.

$$M_a = M_a^{(0)} + M_a^{(M)} = (0.125 - 0.5 \times 0.1579)\,ql^2 = 0.0460\,ql^2$$

$$M_b = M_b^{(0)} + M_1 = (0.125 \times 1.25^2 - 0.1579)\,ql^2 = 0.0374\,ql^2$$

$$S_a = S_a^{(0)} + S_a^{(M)} = (0 - 0.1579)\,ql = -0.1579\,ql$$

$$S_b = 0$$

계산 결과로 밝혀졌듯이 변단면 연속 거더 지점의 부정정 휨 모멘트는 등단면 연속 거더의 경우보다 커진다는 것을 알 수 있다.

(2) 측경간에 집중 하중을 받는 연속 거더 (그림 3 (4))

1) 등단면

식 (3.7)′에서

$$2M_1(l_1 + l_2) + M_2 l_2 = 6EI(\varphi_{10}^{(0)} - \varphi_{12}^{(0)})$$

$$M_1 l_2 + 2M_2(l_2 + l_3) = 6EI(\varphi_{21}^{(0)} - \varphi_{23}^{(0)})$$

$$\varphi_{10}^{(0)} = -\frac{Pl^2}{16EI} \qquad \varphi_{12}^{(0)} = 0, \quad \varphi_{21}^{(0)} = 0, \quad \varphi_{23}^{(0)} = 0$$

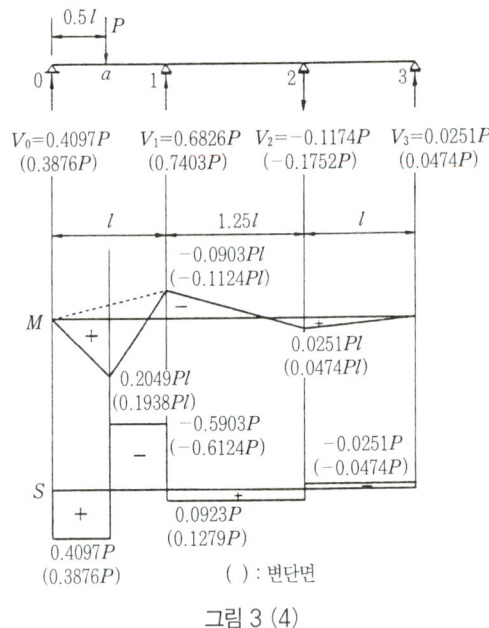

그림 3 (4)

이므로

$$4.5 M_1 + 1.25 M_2 = -0.375 Pl$$
$$1.25 M_1 + 4.5 M_2 = 0$$

이로써, $M_1 = -0.0903 Pl$, $M_2 = 0.0251 Pl$

지점 반력은

$$V_0 = V_{0,1}^{(0)} + V_{0,1}^{(M)} = (0.5 - 0.0903)P = 0.4097 P$$

$$V_1 = V_{1,0}^{(0)} + V_{1,0}^{(M)} + V_{1,2}^{(0)} + V_{1,2}^{(M)}$$
$$= \{0.5 + 0.0903 + 0 + (0.0903 + 0.0251)/1.25\} P = 0.6826 P$$

$$V_2 = V_{2,1}^{(0)} + V_{2,1}^{(M)} + V_{2,3}^{(0)} + V_{2,3}^{(M)}$$
$$= \{0 - (0.0903 + 0.0251)/1.25 + 0 - 0.0251\} P = -0.1174 P$$

$$V_3 = V_{3,2}^{(0)} + V_{3,2}^{(M)} = (0 + 0.0251)P = 0.0251 P$$

전단력은

$$S_0 = S_0^{(0)} + S_0^{(M)} = (0.5 - 0.0903)P = 0.4097 P = S_a^l$$

$$S_a^r = -(0.5 + 0.0903)P = -0.5903 P = S_1^l$$

$$S_1^r = (0 + 0.0923)P = 0.0923 P = S_2^l$$

$$S_2^r = (0 - 0.0251)P = -0.0251 P$$

점 a의 휨 모멘트는

$$M_a = (0.25 - 0.0903/2)Pl = 0.2049\,Pl$$

2) 변단면 ($\nu = 0.2$)

식 (3.10)에서

$$M_1(\overline{a}_{10}l_1 + \overline{a}_{12}l_2) + M_2(\overline{b}_{12}l_2) = EI_0(\varphi_{10}^{(0)} - \varphi_{12}^{(0)})$$

$$M_1(\overline{b}_{21}l_2) + M_2(\overline{a}_{21}l_2 + \overline{a}_{23}l_3) = EI_0(\varphi_{21}^{(0)} - \varphi_{23}^{(0)})$$

표 4.1 ($\nu = 0.2$)에서

$$\overline{a}_{10} = \overline{a}_{23} = 0.1288, \quad \overline{a}_{12} = \overline{a}_{21} = 0.1863$$

$$\overline{b}_{12} = \overline{b}_{21} = 0.1219$$

표 4.2 (a) ($\nu = 0.2$ 하중점 6)에서

$$\varphi_{10}^{(0)} = -0.03345\frac{Pl^2}{EI_0} \quad \varphi_{12}^{(0)} = 0,\ \varphi_{21}^{(0)} = 0,\ \varphi_{23}^{(0)} = 0$$

이므로

$$M_1 = -0.1124\,Pl, \qquad M_2 = 0.0474\,Pl$$

가 된다.

점 a의 휨 모멘트는

$$M_a = (1/4 - 0.1124/2)Pl = 0.1938\,Pl$$

지점 반력 및 전단력은

$$V_0 = (0.5 - 0.1124)P = 0.3876P$$

$$V_1 = \{0.5 + 0.1124 + (0.1124 + 0.0474)/1.25\}P = 0.7403P$$

$$V_2 = \{-(0.1124 + 0.0474)/1.25 - 0.0474\}P = -0.1752P$$

$$V_3 = 0.0474P$$

$$S_0 = (0.5 - 0.1124)P = 0.3876P = S_a{}^l$$

$$S_a{}^r = -(0.5 + 0.1124)P = -0.6124P = S_1{}^l$$

$$S_1{}^r = 0.1279P = S_2{}^l \qquad S_2{}^r = -0.0474P = S_3$$

(3) 중앙 경간에 집중 하중을 받는 연속 거더 (그림 3 (5))

1) 등단면

식 (3.7)′에서

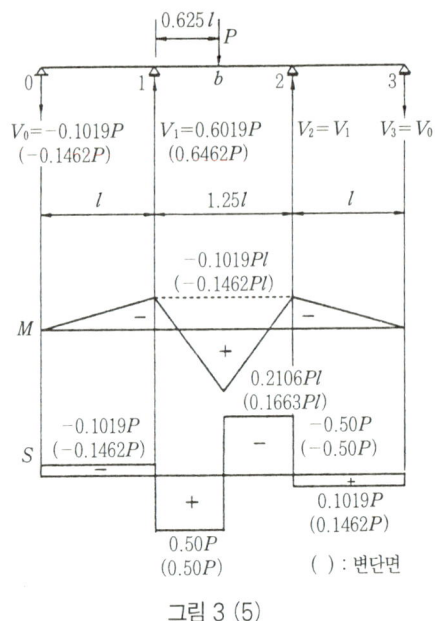

그림 3 (5)

$$2M_1(l_1+l_2)+M_2 l_2 = 6EI(\varphi_{10}^{(0)}-\varphi_{12}^{(0)})$$

$$\varphi_{10}^{(0)}=0, \quad \varphi_{12}^{(0)}=\frac{P(1.25 l)^2}{16EI}, \quad M_1=M_2$$

이므로 $M_1=-0.1019 Pl$이 된다. 또 $M_b=(1.25/4-0.1019)Pl=0.2106 Pl$, $V_0=-0.1019 P=V_3$, $V_1=(0.1019+0.5)P=0.6019 P=V_2$, $S_0=-0.1019 P=S_1^l$, $S_1^r=0.5 P=S_b^l$, $S_b^r=-0.5 P=S_2^l$, $S_2^r=0.1019 P=S_3$

2) 변단면 ($\nu=0.2$)

식 (3.10)에서

$$M_1(\overline{a}_{10}l_1+\overline{a}_{12}l_2)+M_2(\overline{b}_{12}l_2)=EI_0(\varphi_{10}^{(0)}-\varphi_{12}^{(0)})$$

표 4.1 ($\nu=0.2$)에서

$$\overline{a}_{10}=0.1288, \quad \overline{a}_{12}=0.1863, \quad \overline{b}_{12}=0.1219$$

표 4.2(b) ($\nu=0.2$ 하중점 6)에서

$$\varphi_{12}^{(0)}=0.04809\frac{P(1.25l)^2}{EI_0}=0.07514\frac{Pl^2}{EI_0}$$

또, $M_1=M_2$이므로 $M_1=-0.1462 Pl$이 된다.

$$M_b=(1.25/4-0.1462)Pl=0.1663 Pl$$

$$V_0 = -0.1462\,P = V_3 \qquad V_1 = (0.1462 + 0.5)\,P = 0.6462\,P = V_2$$
$$S_0 = -0.1462\,P = S_1^l \qquad S_1^r = 0.5\,P = S_b^l \qquad S_b^r = -0.5\,P = S_2^l$$
$$S_2^r = 0.1462\,P = S_3$$

3.3 탄성 지점에 지지된 연속 거더의 지점 침하의 영향

3.3.1 5련 모멘트 식

연속 거더가 스프링 상수(spring constant)의 작은 지점에 지지되어 지점의 탄성 침하의 영향이 클 경우에는 그것을 고려하여 계산해야 한다. 그림 3.5에 나타낸 바와 같이 c인 스프링 상수(단위 길이를 변형시키는 데 필요한 힘)를 가진 탄성 지점상의 연속 거더에서 이것을 각 지점에서 절단하여 정정 기본계(단순 거더)로 한다.

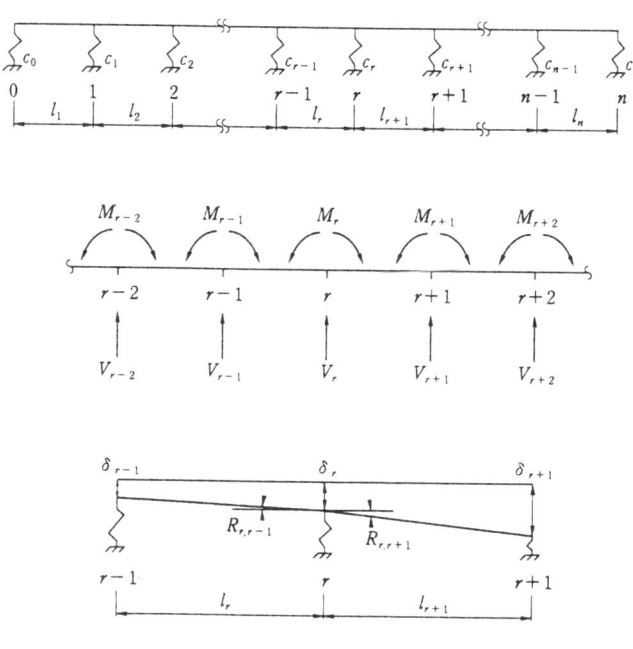

그림 3.5 탄성 지점에 지지된 연속 거더

(1) 등단면 연속 거더

지점의 탄성 침하가 없는 경우에는 앞에서 기술한 바와 같이 식 (3.7)에 나타낸 3련 모멘트 식이 된다.

$$M_{r-1}l_r + 2M_r(l_r + l_{r+1}) + M_{r+1}l_{r+1}$$
$$= 6EI(\varphi_{r,r-1}^{(0)} - \varphi_{r,r+1}^{(0)} + R_{r,r-1} - R_{r,r+1}) \qquad \text{(前出 3.7)}$$

이때에 R은 지점의 부등 침하로 인한 부재 회전각이며, 지점의 침하가 없는 경우에는 $R=0$가 된다. 한편, 탄성 지점에 지지된 연속 거더의 경우에는 R은 다음과 같다.

$$R_{r,r-1} = \frac{\delta_r - \delta_{r-1}}{l_r}, \qquad R_{r,r+1} = \frac{\delta_{r+1} - \delta_r}{l_{r+1}} \qquad (3.16)$$

이때,

$$\delta_{r-1} = \frac{1}{c_{r-1}} V_{r-1} \qquad \delta_r = \frac{1}{c_r} V_r \qquad \delta_{r+1} = \frac{1}{c_{r+1}} V_{r+1} \qquad (3.17)$$

이며, 또 지점 반력 V는

$$\left.\begin{aligned} V_{r-1} &= \frac{1}{l_{r-1}}(M_{r-2} - M_{r-1}) - \frac{1}{l_r}(M_{r-1} - M_r) + V_{r-1}^{(0)} \\ V_r &= \frac{1}{l_r}(M_{r-1} - M_r) - \frac{1}{l_{r+1}}(M_r - M_{r+1}) + V_r^{(0)} \\ V_{r+1} &= \frac{1}{l_{r+1}}(M_r - M_{r+1}) - \frac{1}{l_{r+1}}(M_{r+1} - M_{r+2}) + V_{r+1}^{(0)} \end{aligned}\right\} \qquad (3.18)$$

이 된다. 이때 $V^{(0)}$은 정정 기본계(단순 거더)에 대한 하중으로 인한 지점 반력이다. 식 (3.17) 및 식 (3.18)을 식 (3.16)에 대입하여 정리하면 R은 다음과 같다.

$$\left.\begin{aligned} R_{r,r-1} = &-\frac{1}{c_{r-1}l_{r-1}l_r} M_{r-2} \\ &+ \left(\frac{1}{c_{r-1}l_{r-1}l_r} + \frac{1}{c_{r-1}(l_r)^2} + \frac{1}{c_r(l_r)^2}\right) M_{r-1} \\ &- \left(\frac{1}{c_{r-1}(l_r)^2} + \frac{1}{c_r(l_r)^2} + \frac{1}{c_r l_r l_{r+1}}\right) M_r \\ &+ \frac{1}{c_r l_r l_{r+1}} M_{r+1} + \frac{V_r^{(0)}}{c_r l_r} - \frac{V_{r-1}^{(0)}}{c_{r-1}l_r} \\ R_{r,r+1} = &-\frac{1}{c_r l_r l_{r+1}} M_{r-1} \\ &+ \left(\frac{1}{c_r l_r l_{r+1}} + \frac{1}{c_r(l_{r+1})^2} + \frac{1}{c_{r+1}(l_{r+1})^2}\right) M_r \\ &- \left(\frac{1}{c_r(l_{r+1})^2} + \frac{1}{c_{r+1}(l_{r+1})^2} + \frac{1}{c_{r+1}l_{r+1}l_{r+2}}\right) M_{r+1} \\ &+ \frac{1}{c_{r+1}l_{r+1}l_{r+2}} M_{r+2} + \frac{V_{r+1}^{(0)}}{c_{r+1}l_{r+1}} - \frac{V_r^{(0)}}{c_r l_{r+1}} \end{aligned}\right\} \qquad (3.19)$$

이 R을 식 (3.7)에 대입하면 다음의 5련 모멘트 식을 구할 수 있다.

$$M_{r-2}\frac{6EI}{c_{r-1}l_{r-1}l_r} + M_{r-1}\left\{l_r - 6EI\left(\frac{1}{c_{r-1}l_{r-1}l_r} + \frac{1}{c_{r-1}(l_r)^2}\right.\right.$$
$$\left.\left. + \frac{1}{c_r(l_r)^2} + \frac{1}{c_r l_r l_{r+1}}\right)\right\}$$
$$+ M_r\left\{2(l_r + l_{r+1}) + 6EI\left(\frac{1}{c_{r-1}(l_r)^2} + \frac{1}{c_r(l_r)^2}\right.\right.$$
$$\left.\left. + \frac{2}{c_r l_r l_{r+1}} + \frac{1}{c_r(l_{r+1})^2} + \frac{1}{c_{r+1}(l_{r+1})^2}\right)\right\}$$
$$+ M_{r+1}\left\{l_{r+1} - 6EI\left(\frac{1}{c_r l_r l_{r+1}} + \frac{1}{c_r(l_{r+1})^2}\right.\right.$$
$$\left.\left. + \frac{1}{c_{r+1}(l_{r+1})^2} + \frac{1}{c_{r+1}l_{r+1}l_{r+2}}\right)\right\} + M_{r+2}\frac{6EI}{c_{r+1}l_{r+1}l_{r+2}}$$
$$= 6EI\left(\varphi_{r,r-1}^{(0)} - \varphi_{r,r+1}^{(0)} - \frac{V_{r-1}^{(0)}}{c_{r-1}l_r} + \frac{V_r^{(0)}}{c_r l_r} + \frac{V_r^{(0)}}{c_r l_{r+1}} - \frac{V_{r+1}^{(0)}}{c_{r+1}l_{r+1}}\right) \quad (3.20)$$

등경간이고 또한 모든 스프링 상수가 같은 경우는 $l_{r-1} = \cdots = l_{r+2} = l$, $c_{r-1} = c_r = c_{r+1} = c$ 가 되므로

$$\left.\begin{array}{l} \beta M_{r-2} + (1-4\beta)M_{r-1} + 2(2+3\beta)M_r + (1-4\beta)M_{r+1} + \beta M_{r+2} \\[6pt] \quad = \dfrac{6EI}{l}(\varphi_{r,r-1}^{(0)} - \varphi_{r,r+1}^{(0)}) - \beta l(V_{r-1}^{(0)} - 2V_r^{(0)} + V_{r+1}^{(0)}) \\[6pt] \text{다만, } \beta = \dfrac{6EI}{cl^3} \end{array}\right\} \quad (3.21)$$

이 5련 모멘트 식은 중간 지점 ($r \sim (n-1)$)의 수만 성립하고, 이 연립 방정식을 풀면 모든 부정정 휨 모멘트는 구할 수 있다.

(2) 변단면 연속 거더

앞에서 나타낸 변단면 연속 거더의 3련 모멘트 식 (3.10)에서 각 경간의 기준 단면 2차 모멘트 I_0가 같은 경우에는 다음과 같다.

$$M_{r-1}\overline{b}_{r,r-1}l_r + M_r(\overline{a}_{r,r-1}l_r + \overline{a}_{r,r+1}l_{r+1}) + M_{r+1}\overline{b}_{r,r+1}l_{r+1}$$
$$= EI_0(\varphi_{r,r-1}^{(0)} - \varphi_{r,r+1}^{(0)} + R_{r,r-1} - R_{r,r+1}) \quad (3.10)'$$

여기에 식 (3.19)의 R을 대입하여 정리하면 다음과 같은 5련 모멘트 식이 된다.

$$M_{r-2}\frac{EI_0}{c_{r-1}l_{r-1}l_r} + M_{r-1}\left\{\overline{b}_{r,r-1}l_r - EI_0\left(\frac{1}{c_{r-1}l_{r-1}l_r} + \frac{1}{c_{r-1}(l_r)^2}\right.\right.$$
$$\left.\left. + \frac{1}{c_r(l_r)^2} + \frac{1}{c_rl_rl_{r+1}}\right)\right\}$$
$$+ M_r\left\{\overline{a}_{r,r-1}l_r + \overline{a}_{r,r+1}l_{r+1} + EI_0\left(\frac{1}{c_{r-1}(l_r)^2} + \frac{1}{c_r(l_r)^2}\right.\right.$$
$$\left.\left. + \frac{2}{c_rl_rl_{r+1}} + \frac{1}{c_r(l_{r+1})^2} + \frac{1}{c_{r+1}(l_{r+1})^2}\right)\right\}$$
$$+ M_{r+1}\left\{\overline{b}_{r,r+1}l_{r+1} - EI_0\left(\frac{1}{c_rl_rl_{r+1}} + \frac{1}{c_r(l_{r+1})^2} + \frac{1}{c_{r+1}(l_{r+1})^2}\right.\right.$$
$$\left.\left. + \frac{1}{c_{r+1}l_{r+1}l_{r+2}}\right)\right\} + M_{r+2}\frac{EI_0}{c_{r+1}l_{r+1}l_{r+2}}$$
$$= EI_0\left(\varphi_{r,r-1}^{(0)} - \varphi_{r,r+1}^{(0)} - \frac{V_{r-1}^{(0)}}{c_{r-1}l_r} + \frac{V_r^{(0)}}{c_rl_r} + \frac{V_r^{(0)}}{c_rl_{r+1}} - \frac{V_{r+1}^{(0)}}{c_{r+1}l_{r+1}}\right) \quad (3.22)$$

3.3.2 탄성 지점에 지지된 연속 거더의 계산 예

그림 3 (6)에 나타낸 등단면 연속 거더에서 $q=24\text{tf/m}$, $l=30\text{m}$, $E=2\times10^6\text{tf/m}^2$, $I=2.25\text{m}^4$, 스프링 상수 $c=100\text{tf/cm}$ ($1\times10^4\text{tf/m}$) 일 때 지점 휨 모멘트 및 경간 중앙점 a 와 b의 휨 모멘트, 지점 A와 B의 반력을 구한다.

식 (3.21)에서
$$\beta = \frac{6EI}{cl^3} = \frac{6\times2\times10^6\times2.25}{1\times10^4\times30^3} = 0.1$$

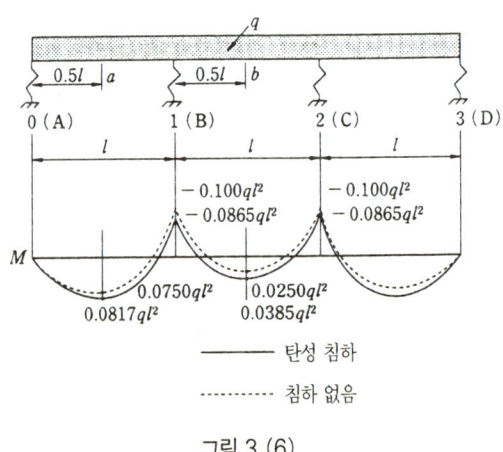

그림 3 (6)

$r=1$로 놓고

$$(1-4\beta)M_0 + 2(2+3\beta)M_1 + (1-4\beta)M_2 + \beta M_3$$
$$= \frac{6EI}{l}(\varphi_{10}^{(0)} - \varphi_{12}^{(0)}) - \beta l(V_0^{(0)} - 2V_1^{(0)} + V_2^{(0)})$$

$$\varphi_{10}^{(0)} = -\varphi_{12}^{(0)} = -\frac{ql^3}{24EI} \quad V_0^{(0)} = 0.5ql, \quad V_1^{(0)} = V_2^{(0)} = ql$$

$M_0 = M_3 = 0$, $M_1 = M_2$이므로

$$2(2+0.3)M_1 + (1-0.4)M_1 = \frac{6EI}{l}\left(-\frac{2ql^3}{24EI}\right) - 0.1l(0.5 - 2 + 1)ql$$

$$5.2M_1 = -0.45ql^2$$

$\therefore M_B(=M_1) = -0.0865ql^2 = -1,868\,\text{tf} \cdot \text{m}\,(-0.100ql^2)$

$M_a = ql^2/8 + M_B/2 = (0.125 - 0.0433)ql^2 = 0.0817ql^2$
$\quad = 1,765\,\text{tf} \cdot \text{m}\,(0.0750ql^2)$

$M_b = ql^2/8 + M_B = (0.125 - 0.0865)ql^2 = 0.0385ql^2 = 832\,\text{tf} \cdot \text{m}(0.0250ql^2)$

$V_A(=V_0) = 0.5ql + M_B/l = (0.5 - 0.0865)ql = 0.4135ql$
$\quad = 298\,\text{tf}\,(0.400\,ql)$

$V_B(=V_1) = ql - M_B/l = (1.0 + 0.0865)ql = 1.0865ql$
$\quad = 782\,\text{tf}\,(1.100\,ql)$

비교하기 위해 침하하지 않은 연속 거더의 값을 ( ) 내에 나타낸다. 이와 같이 단싱 침하가 있는 연속 거더의 지점 휨 모멘트는 침하하지 않은 연속 거더에 비해서 작아진다는 것을 알 수 있다.

3.4 변형

3.4.1 변형의 계산

부정정 휨 모멘트가 구해지면 연속 거더의 경간 l_r의 임의점 i의 변형 δ_i는 다음과 같이 계산할 수 있다. 그림 3.6에 나타낸 정정 기본계(단순 거더)에서 하중으로 인한 점 i의 변형을 $\delta_i^{(0)}$, $M_{r-1}=1$ 및 $M_r=1$이 되는 변형을 각각 $\delta_{i,\,r-1}$, $\delta_{i,\,r}$로 하면 연속 거더의 변형은 다음과 같다.

$$\delta_i = \delta_i^{(0)} + \delta_{i,\,r-1}M_{r-1} + \delta_{i,\,r}M_r \tag{3.23}$$

$\delta_i^{(0)}$, $\delta_{i,\,r-1}$ 및 $\delta_{i,\,r}$ 구하는 법에 대해서는 앞의 제2장에서 기술한 바 있다. 또, 연속 거더

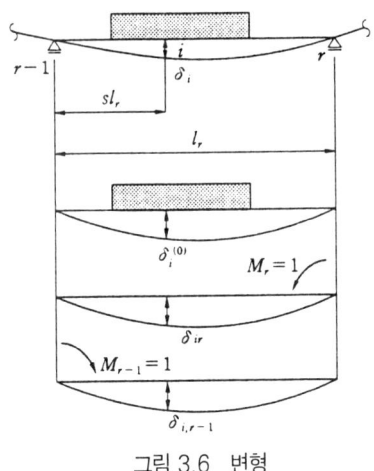

그림 3.6 변형

경간 중앙점의 변형 영향선 계산에 필요한 정정 기본계(단순 거더)의 변형 값을 표 3.1 및 표 3.2에 나타낸다. 이것을 사용하여 식 (3.23)에서 구한 연속 거더의 변형 영향선의 일부를 부록으로 정리해 두었다. 변형 계산에 이용하면 편리할 것이다.

표 3.1 단위 지점 휨 모멘트에 따른 지간 중앙점의 변형

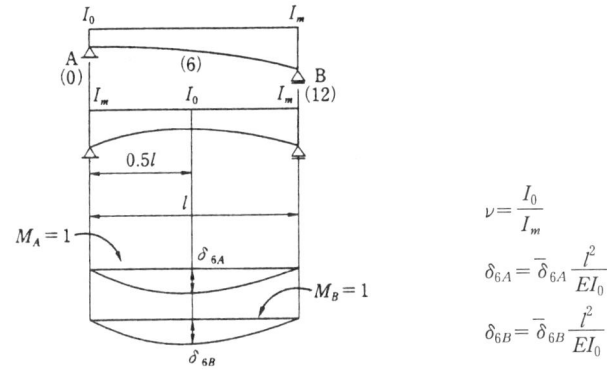

$$\nu = \frac{I_0}{I_m}$$

$$\delta_{6A} = \overline{\delta}_{6A} \frac{l^2}{EI_0}$$

$$\delta_{6B} = \overline{\delta}_{6B} \frac{l^2}{EI_0}$$

ν	거더 높이가 한쪽으로 포물선 변화		거더 높이가 양쪽으로 포물선 변화	
	$\overline{\delta}_{6A} \times 10^5$	$\overline{\delta}_{6B} \times 10^5$	$\overline{\delta}_{6A} \times 10^5$	$\overline{\delta}_{6B} \times 10^5$
0.05	3,089	1,879	3,864	3,864
0.08	3,485	2,294	4,159	4,159
0.10	3,687	2,518	4,308	4,308
0.12	3,857	2,716	4,434	4,434
0.14	4,006	2,893	4,544	4,544
0.16	4,138	3,056	4,641	4,641
0.18	4,256	3,205	4,729	4,729
0.20	4,365	3,345	4,809	4,809
0.25	4,600	3,657	4,984	4,984
0.30	4,799	3,932	5,132	5,132
0.35	4,972	4,178	5,261	5,261
1.0	6,250	6,250	6,250	6,250

3.4 변형

표 3.2 (a) 단위 집중 하중에 따른 지간 중앙점의 변형 (거더 높이가 한쪽 방향으로 변화할 때)

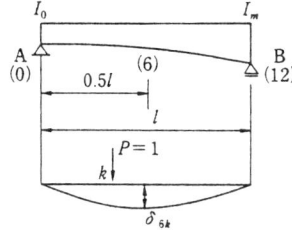

$$\nu = \frac{I_0}{I_m}$$

$$\delta_{6k} = \overline{\delta}_{6k} \frac{l^3}{EI_0}$$

$\overline{\delta}_{6k} \times 10^6$의 값

ν	재하점 (12 등분점)										
	1	2	3	4	5	6	7	8	9	10	11
0.05	2,526	4,779	6,535	7,658	8,103	7,888	7,109	5,957	4,590	3,106	1,563
0.08	2,856	5,437	7,501	8,889	9,517	9,369	8,523	7,194	5,572	3,783	1,907
0.10	3,023	5,770	7,993	9,519	10,246	10,141	9,268	7,852	6,098	4,147	2,092
0.12	3,165	6,053	8,411	10,056	10,871	10,805	9,913	8,424	6,558	4,467	2,256
0.14	3,289	6,300	8,776	10,525	11,418	11,391	10,484	8,934	6,969	4,754	2,403
0.16	3,399	6,519	9,100	10,943	11,908	11,916	10,999	9,395	7,343	5,016	2,537
0.18	3,498	6,717	9,393	11,321	12,351	12,393	11,469	9,818	7,686	5,256	2,660
0.20	3,588	6,897	9,660	11,666	12,757	12,831	11,901	10,208	8,004	5,480	2,775
0.25	3,784	7,288	10,240	12,418	13,645	13,793	12,856	11,074	8,713	5,981	3,033
0.30	3,950	7,619	10,731	13,055	14,399	14,615	13,676	11,823	9,330	6,418	3,260
0.35	4,093	7,906	11,157	13,609	15,056	15,334	14,397	12,485	9,878	6,808	3,462
1.0	5,160	10,031	14,323	17,747	20,014	20,833	20,014	17,747	14,323	10,031	5,160

표 3.2 (b) 단위 집중 하중에 따른 지간 중앙점의 변형 (거더 높이가 양쪽 방향으로 변화할 때)

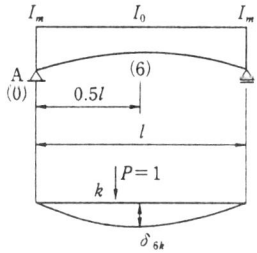

$$\nu = \frac{I_0}{I_m}$$

$$\delta_{6k} = \overline{\delta}_{6k} \frac{l^3}{EI_0}$$

$\overline{\delta}_{6k} \times 10^6$의 값

ν	재하점 (12 등분점)										
	1	2	3	4	5	6	7	8	9	10	11
0.05	3,215	6,403	9,472	12,226	14,281	15,082	14,281	12,226	9,472	6,403	3,215
0.08	3,460	6,877	10,136	13,011	15,110	15,915	15,110	13,011	10,136	6,877	3,460
0.10	3,582	7,114	10,464	13,395	15,513	16,320	15,513	13,395	10,464	7,114	3,582
0.12	3,686	7,313	10,738	13,714	15,847	16,655	15,847	13,714	10,738	7,313	3,686
0.14	3,776	7,486	10,975	13,987	16,133	16,942	16,133	13,987	10,975	7,486	3,776
0.16	3,856	7,638	11,182	14,227	16,383	17,193	16,383	14,227	11,182	7,638	3,856
0.18	3,928	7,775	11,368	14,440	16,605	17,415	16,605	14,440	11,368	7,775	3,928
0.20	3,994	7,899	11,536	14,632	16,805	17,616	16,805	14,632	11,536	7,899	3,994
0.25	4,137	8,168	11,898	15,044	17,232	18,045	17,232	15,044	11,898	8,168	4,137
0.30	4,258	8,395	12,199	15,386	17,586	18,400	17,586	15,386	12,199	8,395	4,258
0.35	4,363	8,590	12,459	15,678	17,888	18,703	17,888	15,678	12,459	8,590	4,363
1.0	5,160	10,031	14,323	17,747	20,014	20,833	20,014	17,747	14,323	10,031	5,160

3.4.2 변형 계산의 예

그림 3 (7)에 나타낸 연속 거더의 경간 중앙점 a, b 및 c의 변형을 구한다.

(1) 등분포 하중을 받는 연속 거더 (그림 3 (8))

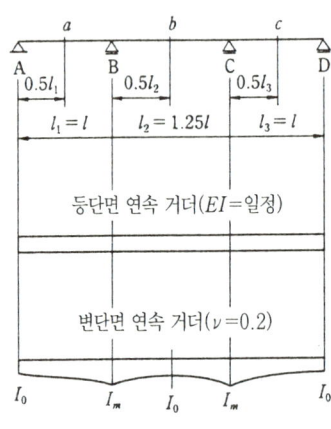

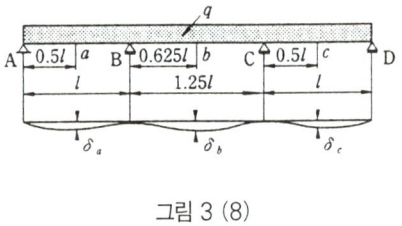

그림 3 (8)

그림 3 (7)

1) 등단면

$$\delta_a = \delta_a^{(0)} + \delta_{aB} M_B$$

$$\delta_a^{(0)} = \frac{5ql^4}{384EI} \qquad \delta_{aB} = 0.0625 \frac{l^2}{EI} \qquad (\text{표 3.1 참조}) \qquad (1)$$

$M_B = -0.1284 ql^2$ (3.2.2항 참조) 이므로 식 (1)에서,

$\delta_a = \delta_c = 0.050 \times 10^{-1} ql^4/EI$가 된다.

$$\delta_b = \delta_b^{(0)} + \delta_{bB} M_B + \delta_{bC} M_C$$

$$\delta_b^{(0)} = \frac{5q(1.25\,l)^4}{384EI} \qquad \delta_{bB} = \delta_{bC} = 0.0625 \frac{(1.25\,l)^2}{EI} \qquad (2)$$

$M_B = M_C = -0.1284 ql^2$이므로 식 (2)에서 $\delta_b = 0.0671 \times 10^{-1} ql^4/EI$가 된다.

부록의 변형 영향선($\nu=1$, $l_1:l_2:l_3=1:1.25:1$)을 사용하여 구해 보자. 이 영향선은 단위 집중 하중 $P=1$이 각 경간의 12 등분점에 이동 재하할 때의 경간 중앙점의 변형을 나타낸다. 이 예제는 등분포 하중이므로 영향선 면적을 이용하면, 곧

$$\delta_a = (\delta_6) = 0.0500 \times 10^{-1} q l^4 / EI = \delta_C$$

$$\delta_b = (\delta_{18}) = 0.0671 \times 10^{-1} q l^4 / EI$$

를 구할 수 있다.

2) 변단면 ($\nu = 0.2$)

$$\delta_a^{(0)} = 0.00803 \, q l^4 / EI_0 \quad (2.1.4항 참조)$$

$$\delta_{aB} = 0.03345 \, l^2 / EI_0 \quad (표\ 3.1\ 참조)$$

$$M_B = M_C = -0.1579 \, q l^2 \quad (3.2.2항 참조)$$

식 (1)에서 $\delta_a = \delta_C = 0.0274 \times 10^{-1} q l^4 / EI_0$

$$\delta_b^{(0)} = 0.01017 (1.25 l)^4 / EI_0 \quad (2.1.4항 참조)$$

$$\delta_{bB} = \delta_{bC} = 0.04809 (1.25 l)^2 / EI_0 \quad (표\ 3.1\ 참조)$$

식 (2)에서 $\delta_b = 0.0231 \times 10^{-1} q l^4 / EI_0$

영향선($\nu = 0.2$, $l_1 : l_2 : l_3 = 1 : 1.25 : 1$)을 이용하면

$$\delta_a = (\delta_6) = 0.0274 \times 10^{-1} q l^4 / EI_0$$

$$\delta_b = (\delta_{18}) = 0.0231 \times 10^{-1} q l^4 / EI_0$$

(2) 측경간에 집중 하중을 받는 연속 거더 (그림 3 (9))

1) 등단면

$$\delta_a^{(0)} = \frac{P l^3}{48 EI} \qquad \delta_{aB} = 0.0625 \, l^2 / EI$$

$$\delta_b^{(0)} = 0 \qquad \delta_{bB} = \delta_{CB} = 0.0625 (1.25 l)^2 / EI$$

$$M_B = -0.0903 \, Pl \qquad M_C = 0.0251 Pl \quad (3.2.2항 참조)$$

식 (1)에서 $\delta_a = 0.1519 \times 10^{-1} P l^3 / EI$

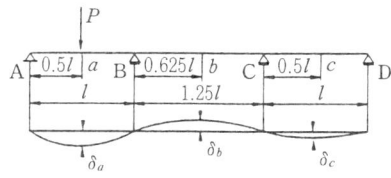

그림 3 (9)

식 (2)에서 $\delta_b = -0.0637 \times 10^{-1} Pl^3/EI$

또,
$$\delta_c = \delta_c^{(0)} + \delta_{cC} M_C \qquad (3)$$

$\delta_c^{(0)} = 0$, $\delta_{cC} = 0.0625\, l^2/EI$ 이므로 $\delta_c = 0.0157 \times 10^{-1} Pl/EI$가 된다.

영향선을 사용하면 다음과 같이 바로 변형을 구할 수 있다.

$\delta_a = 0.1519 \times 10^{-1} Pl^3/EI \qquad \delta_b = -0.0637 \times 10^{-1} Pl^3/EI$

$\delta_c = 0.0157 \times 10^{-1} Pl^3/EI$

2) 변단면 ($\nu = 0.2$)

$\delta_a^{(0)} = 0.01283\, Pl^3/EI_0 \quad$ (2.1.4항 참조) $\quad \delta_{aB} = 0.03345\, l^2/EI_0$

$\delta_b^{(0)} = 0 \qquad \delta_{bB} = \delta_{bC} = 0.04809(1.25l)^2/EI_0$

$\delta_c^{(0)} = 0 \qquad \delta_{cC} = 0.03345\, l^2/EI_0$

$M_B = -0.1124\, Pl$, $M_C = 0.0474\, Pl$ 이므로

식 (1)에서 $\quad \delta_a = 0.0907 \times 10^{-1} Pl^3/EI_0$

식 (2)에서 $\quad \delta_b = -0.0489 \times 10^{-1} Pl^3/EI_0$

식 (3)에서 $\quad \delta_c = 0.0158 \times 10^{-1} Pl^3/EI_0$

영향선을 사용하면 다음과 같이 바로 변형을 구할 수 있다.

$\delta_a = 0.0907 \times 10^{-1} Pl^3/EI_0 \quad \delta_b = -0.0489 \times 10^{-1} Pl^3/EI_0$

$\delta_c = 0.0158 \times 10^{-1} Pl^3/EI_0$

(3) 중앙 경간에 집중 하중을 받는 연속 거더 (그림 3 (10))

1) 등단면

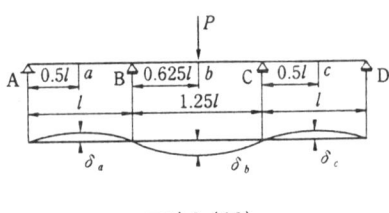

그림 3 (10)

$$\delta_a{}^{(0)}=0 \qquad \delta_{aB}=0.0625\,l^2/EI$$

$$\delta_b{}^{(0)}=\frac{P(1.25\,l)^3}{48EI} \qquad \delta_{bB}=\delta_{bC}=0.0625(1.25\,l)^2/EI$$

$M_B=M_C=-0.1019\,Pl$ 이므로

식 (1)에서 $\quad \delta_a=\delta_c=-0.0637\times10^{-1}Pl^3/EI$

식 (2)에서 $\quad \delta_b=0.2079\times10^{-1}Pl^3/EI$

영향선을 사용하면 다음과 같이 바로 변형을 구할 수 있다.

$$\delta_a=-0.0637\times10^{-1}Pl^3/EI=\delta_c \quad \delta_b=0.2079\times10^{-1}Pl^3/EI$$

2) 변단면 ($\nu=0.2$)

$$\delta_a{}^{(0)}=0 \qquad \delta_{aB}=0.03345\,l^2/EI_0$$

$$\delta_b{}^{(0)}=0.01762(1.25\,l)^3 P/EI_0 \qquad \delta_{bB}=\delta_{bC}=0.04809(1.25\,l)^2/EI_0$$

$M_B=M_C=-0.1462\,Pl$ 이므로

식 (1)에서 $\quad \delta_a=\delta_c=-0.0489\times10^{-1}Pl^3/EI_0$

식 (2)에서 $\quad \delta_b=0.1244\times10^{-1}Pl^3/EI_0$

영향선을 사용하면 다음과 같이 바로 변형을 구할 수 있다.

$$\delta_a=-0.0489\times10^{-1}Pl^3/EI_0=\delta_c$$

$$\delta_b=0.1244\times10^{-1}Pl^3/EI_0$$

제4장 연속 거더의 단면력 및 지점 반력의 영향선

4.1 일반

  영향선이란 단위 집중 하중($P=1$)이 이동함으로써 단면력 또는 지점 반력이 어떻게 변화하는가를 나타낸 선도(線圖)이며, 설계에 대한 이동 하중(활하중)으로 인한 단면력이나 지점 반력의 최대값, 최소값을 구할 때에 필요하다.

  그림 4.1은 3경간 연속 거더의 지점 반력 및 휨 모멘트의 영향선을 나타낸 것인데, 예를 들면 이동 하중이 분포 하중과 집중 하중의 경우 지점 A의 반력이 최대가 되는 재하 상태를 그림으로 나타내게 된다. 이와 같이 영향선은 연속 거더의 설계시에 중요한 것이다. 연속 거더의 단면력 및 지점 반력의 영향선을 구하기 위해서는 단면 지점 휨 모멘트 및 단위 집중 하중으로 인한 단순 거더의 변형각을 구해야 한다. 이 변형각은 제2장 지점 변형각의 계산식에서 $M_1=1$, $M_2=1$, $P=1$로 놓음으로써 구할 수 있다.

  등단면 및 거더 높이가 전체 길이에 걸쳐서 포물선으로 변화하는 단순 거더에 대한 계산 결과를 표 4.1 및 표 4.2에 나타낸다. 또, 거더 높이가 불규칙하게 변화할 때, 또는 거더 높이가 직선과 포물선이 조합된 경우에는 2.2절에서 기술한 모어의 정리를 사용하여 쉽게 구할 수 있다. 다음에 3경간 연속 거더를 예로 하여 영향선을 구하는 법에 대해서 기술한다. 다만, 연속 거더 지점의 부등 침하는 없는 것으로 한다.

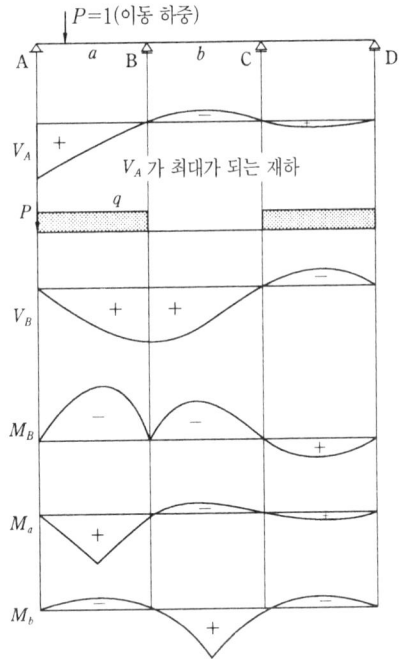

그림 4.1 지점 반력 및 휨 모멘트의 영향선

표 4.1 단위 지점 휨 모멘트에 따른 지점 변형각

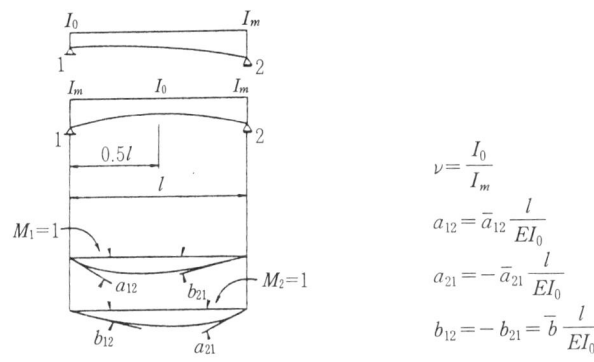

$$\nu = \frac{I_0}{I_m}$$

$$a_{12} = \bar{a}_{12} \frac{l}{EI_0}$$

$$a_{21} = -\bar{a}_{21} \frac{l}{EI_0}$$

$$b_{12} = -b_{21} = \bar{b} \frac{l}{EI_0}$$

ν	거더 높이가 한쪽 방향으로 변화			양쪽 방향으로 변화	
	$\bar{a}_{12}$	$\bar{a}_{21}$	$\bar{b}$	$\bar{a}_{12}$	$\bar{b}$
0.05	0.2413	0.0582	0.0672	0.1233	0.0942
0.08	0.2546	0.0760	0.0781	0.1407	0.1027
0.10	0.2611	0.0864	0.0835	0.1502	0.1070
0.12	0.2665	0.0959	0.0882	0.1587	0.1107
0.14	0.2711	0.1048	0.0924	0.1664	0.1140
0.16	0.2751	0.1132	0.0962	0.1735	0.1169
0.18	0.2786	0.1212	0.0997	0.1801	0.1195
0.20	0.2819	0.1288	0.1029	0.1863	0.1219
0.25	0.2887	0.1467	0.1100	0.2005	0.1272
0.30	0.2944	0.1632	0.1162	0.2133	0.1317
0.35	0.2992	0.1787	0.1217	0.2250	0.1356
1.0	0.3333	0.3333	0.1667	0.3333	0.1667

표 4.2 (a) 단위 집중 하중에 따른 지점 변형각(거더 높이가 한쪽 방향으로 변화할 때)

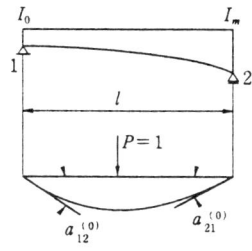

$$\nu = \frac{I_0}{I_m}$$

$$a_{12}^{(0)} = \overline{a}_{12}^{(0)} \frac{l^2}{EI_0}$$

$$a_{21}^{(0)} = \overline{a}_{21}^{(0)} \frac{l^2}{EI_0}$$

위쪽 $\overline{a}_{12}^{(0)}$

아래쪽 $\overline{a}_{21}^{(0)}$

ν	재하점 (12 등분점)										
	1	2	3	4	5	6	7	8	9	10	11
0.05	0.01675	0.02739	0.03300	0.03476	0.03376	0.03089	0.02681	0.02199	0.01674	0.01125	0.00564
	0.00555	0.01056	0.01458	0.01733	0.01872	0.01879	0.01768	0.01554	0.01256	0.00889	0.00466
0.08	0.01785	0.02955	0.03605	0.03844	0.03774	0.03485	0.03048	0.02513	0.01920	0.01294	0.00650
	0.00641	0.01227	0.01710	0.02058	0.02254	0.02294	0.02188	0.01948	0.01593	0.01140	0.00604
0.10	0.01839	0.03060	0.03754	0.04026	0.03974	0.03687	0.03236	0.02676	0.02049	0.01382	0.00695
	0.00686	0.01318	0.01844	0.02231	0.02458	0.02518	0.02417	0.02166	0.01782	0.01282	0.00683
0.12	0.01884	0.03148	0.03879	0.04178	0.04142	0.03857	0.03396	0.02815	0.02160	0.01459	0.00734
	0.00725	0.01396	0.01960	0.02381	0.02637	0.02716	0.02621	0.02362	0.01953	0.01412	0.00755
0.14	0.01922	0.03222	0.03986	0.04310	0.04288	0.04006	0.03537	0.02938	0.02258	0.01527	0.00768
	0.00760	0.01465	0.02063	0.02515	0.02797	0.02893	0.02805	0.02539	0.02109	0.01531	0.00822
0.16	0.01955	0.03288	0.04080	0.04425	0.04416	0.04138	0.03662	0.03049	0.02346	0.01588	0.00800
	0.00792	0.01528	0.02156	0.02637	0.02942	0.03056	0.02974	0.02703	0.02254	0.01643	0.00885
0.18	0.01985	0.03346	0.04163	0.04529	0.04532	0.04256	0.03775	0.03149	0.02426	0.01644	0.00828
	0.00821	0.01586	0.02242	0.02749	0.03076	0.03205	0.03131	0.02855	0.02390	0.01747	0.00944
0.20	0.02011	0.03399	0.04239	0.04622	0.04637	0.04365	0.03879	0.03240	0.02500	0.01696	0.00855
	0.00847	0.01639	0.02321	0.02852	0.03200	0.03345	0.03277	0.02999	0.02518	0.01847	0.01001
0.25	0.02068	0.03511	0.04401	0.04824	0.04864	0.04600	0.04106	0.03443	0.02664	0.01810	0.00913
	0.00906	0.01757	0.02497	0.03083	0.03478	0.03657	0.03608	0.03324	0.02810	0.02075	0.01133
0.30	0.02116	0.03604	0.04535	0.04992	0.05054	0.04799	0.04299	0.03615	0.02804	0.01909	0.00965
	0.00958	0.01860	0.02651	0.03283	0.03721	0.03932	0.03899	0.03613	0.03072	0.02282	0.01253
0.35	0.02156	0.03683	0.04651	0.05136	0.05218	0.04972	0.04467	0.03767	0.02928	0.01997	0.01010
	0.01004	0.01952	0.02787	0.03462	0.03937	0.04178	0.04162	0.03875	0.03312	0.02473	0.01365
1.0	0.02440	0.04244	0.05469	0.06173	0.06414	0.06250	0.05739	0.04938	0.03906	0.02701	0.01379
	0.01379	0.02701	0.03906	0.04938	0.05739	0.06250	0.06414	0.06173	0.05469	0.04244	0.02440

표 4.2 (b) 단위 집중 하중에 따른 지점 변형각(거더 높이가 양쪽 방향으로 변화할 때)

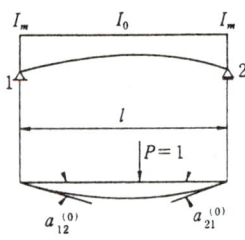

$$\nu = \frac{I_0}{I_m}$$

$$a_{12}^{(0)} = \overline{a}_{12}^{(0)} \frac{l^2}{EI_0}$$

$$a_{21}^{(0)} = \overline{a}_{21}^{(0)} \frac{l^2}{EI_0}$$

위쪽 $\overline{a}_{12}^{(0)}$
아래쪽 $\overline{a}_{21}^{(0)}$

ν	재하점 (12 등분점)										
	1	2	3	4	5	6	7	8	9	10	11
0.05	0.01006	0.01952	0.02788	0.03444	0.03827	0.03864	0.03563	0.03010	0.02318	0.01563	0.00784
	0.00784	0.01563	0.02318	0.03010	0.03563	0.03864	0.03827	0.03444	0.02788	0.01952	0.01006
0.08	0.01139	0.02188	0.03089	0.03768	0.04143	0.04159	0.03863	0.03253	0.02515	0.01701	0.00855
	0.00855	0.01701	0.02515	0.03253	0.03863	0.04159	0.04143	0.03768	0.03089	0.02188	0.01139
0.10	0.01211	0.02313	0.03244	0.03933	0.04302	0.04308	0.03973	0.03375	0.02615	0.01771	0.00890
	0.00890	0.01771	0.02615	0.03375	0.03973	0.04308	0.04302	0.03933	0.03244	0.02313	0.01211
0.12	0.01274	0.02421	0.03378	0.04073	0.04437	0.04434	0.04089	0.03478	0.02699	0.01830	0.00921
	0.00921	0.01830	0.02699	0.03478	0.04089	0.04434	0.04437	0.04073	0.03378	0.02421	0.01274
0.14	0.01330	0.02517	0.03496	0.04196	0.04555	0.04544	0.04189	0.03568	0.02773	0.01882	0.00948
	0.00948	0.01882	0.02773	0.03568	0.04189	0.04544	0.04555	0.04196	0.03496	0.02517	0.01330
0.16	0.01382	0.02604	0.03602	0.04306	0.04660	0.04641	0.04279	0.03647	0.02838	0.01928	0.00972
	0.00972	0.01928	0.02838	0.03647	0.04279	0.04641	0.04660	0.04306	0.03602	0.02604	0.01382
0.18	0.01430	0.02684	0.03698	0.04406	0.04755	0.04729	0.04359	0.03718	0.02896	0.01970	0.00993
	0.00993	0.01970	0.02896	0.03718	0.04359	0.04729	0.04755	0.04406	0.03698	0.02684	0.01430
0.20	0.01474	0.02758	0.03786	0.04497	0.04842	0.04809	0.04432	0.03783	0.02950	0.02008	0.01013
	0.01013	0.02008	0.02950	0.03783	0.04432	0.04809	0.04842	0.04497	0.03786	0.02758	0.01474
0.25	0.01575	0.02923	0.03981	0.04696	0.05031	0.04984	0.04592	0.03925	0.03067	0.02092	0.01056
	0.01056	0.02092	0.03067	0.03925	0.04592	0.04984	0.05031	0.04696	0.03981	0.02923	0.01575
0.30	0.01664	0.03066	0.04149	0.04866	0.05192	0.05132	0.04727	0.04045	0.03166	0.02163	0.01094
	0.01094	0.02163	0.03166	0.04045	0.04727	0.05132	0.05192	0.04866	0.04149	0.03066	0.01664
0.35	0.01744	0.03194	0.04297	0.05015	0.05333	0.05261	0.04845	0.04149	0.03252	0.02225	0.01126
	0.01126	0.02225	0.03252	0.04149	0.04845	0.05261	0.05333	0.05015	0.04297	0.03194	0.01744
1.0	0.02440	0.04244	0.05469	0.06173	0.06414	0.06250	0.05739	0.04938	0.03906	0.02701	0.01379
	0.01379	0.02701	0.03906	0.04938	0.05739	0.06250	0.06414	0.06173	0.05469	0.04244	0.02440

4.2 등단면 연속 거더의 영향선

영향선의 종거(縱距)는 연속 거더의 각 경간인 8~12 등분점에 대해서 구하는 것이 일반적이다. 여기서는 3경간 연속 거더(그림 4.2)의 영향선을 각 경간의 12등분점에 대해서 구하기로 한다. 식 (3.7)′에서 $\varphi^{(0)}$ 대신에 $a^{(0)}$으로 놓으면 중간 지점 1 및 2에 대해서 다음 식을 구할 수 있다.

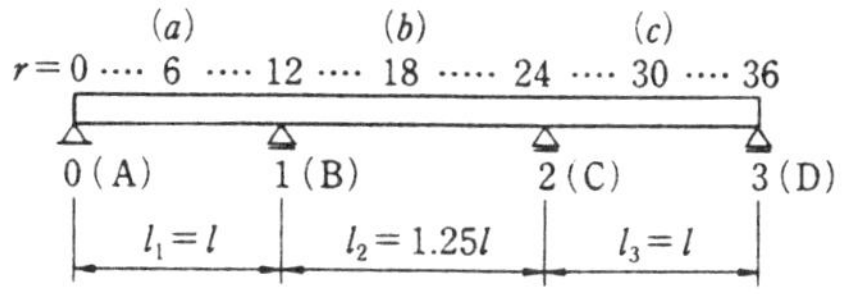

그림 4.2 등단면 연속 거더

$$\left.\begin{array}{l} 2M_1(l_1+l_2) + M_2 l_2 = 6EI(a_{10}^{(0)} - a_{12}^{(0)}) \\ M_1 l_1 + 2M_2(l_2+l_3) = 6EI(a_{21}^{(0)} - a_{23}^{(0)}) \end{array}\right\} \quad (4.1)$$

이때, $a^{(0)}$은 단위 집중 하중에 따른 단순 거더의 지점 변형각이며,

$$\left.\begin{array}{ll} a_{10}^{(0)} = -\bar{a}_{10}^{(0)} \dfrac{l^2}{EI} & a_{12}^{(0)} = \bar{a}_{12}^{(0)} \dfrac{(1.25l)^2}{EI} \\ a_{21}^{(0)} = -\bar{a}_{21}^{(0)} \dfrac{(1.25l)^2}{EI} & a_{23}^{(0)} = \bar{a}_{23}^{(0)} \dfrac{l^2}{EI} \end{array}\right\} \quad (4.2)$$

그 값에 대해서는 표 4.2에 나타낸다. $a_1^{(0)} = a_{10}^{(0)} - a_{12}^{(0)}$, $a_2^{(0)} = a_{21}^{(0)} - a_{23}^{(0)}$으로 하고, 또 $l_1=l$, $l_2=1.25l$, $l_3=l$이므로 식 (4.1)을 매트릭스로 나타내면 다음과 같다.

$$\begin{bmatrix} 4.5 & 1.25 \\ 1.25 & 4.5 \end{bmatrix} \begin{Bmatrix} M_1 \\ M_2 \end{Bmatrix} = \frac{6EI}{l} \begin{Bmatrix} a_1^{(0)} \\ a_2^{(0)} \end{Bmatrix} \quad (4.3)$$

$\begin{bmatrix} a & b \\ c & d \end{bmatrix}$의 역매트릭스는 $\begin{bmatrix} a & b \\ c & d \end{bmatrix}^{-1} = \dfrac{1}{ad-bc} \begin{bmatrix} d & -b \\ -c & a \end{bmatrix}$이므로

$$\begin{Bmatrix} M_1 \\ M_2 \end{Bmatrix} = \frac{6EI}{l} \begin{bmatrix} 4.5 & 1.25 \\ 1.25 & 4.5 \end{bmatrix}^{-1} \begin{Bmatrix} a_1^{(0)} \\ a_2^{(0)} \end{Bmatrix}$$

$$= \frac{6EI}{l} \begin{bmatrix} 0.2408 & -0.0669 \\ -0.0669 & 0.2408 \end{bmatrix} \begin{Bmatrix} a_1^{(0)} \\ a_2^{(0)} \end{Bmatrix} \quad (4.4)$$

따라서 부정정 휨 모멘트 $M_1(M_B)$ 및 $M_2(M_C)$는

$$M_B = \frac{6EI}{l}(0.2408\,a_1^{(0)} - 0.0669\,a_2^{(0)})$$
$$M_C = \frac{6EI}{l}(-0.0669\,a_1^{(0)} + 0.2408\,a_2^{(0)})$$
(4.5)

즉,

$$M_B = -1.445\,l(\overline{a}_{10}^{(0)} + 1.5625\,\overline{a}_{12}^{(0)}) + 0.4014\,l(1.5625\,\overline{a}_{21}^{(0)} + \overline{a}_{23}^{(0)})$$
$$M_C = 0.4014\,l(\overline{a}_{10}^{(0)} + 1.5625\,\overline{a}_{12}^{(0)}) - 1.445\,l(1.5625\,\overline{a}_{21}^{(0)} + \overline{a}_{23}^{(0)})$$
(4.6)

표 4.2 ($\nu=1$)를 사용하여 식 (4.6)에서 M_B 및 M_C의 영향선을 표 4.3과 같이 쉽게 구할 수 있다. 또, 경간의 12등분점의 휨 모멘트, 전단력 및 지점 반력의 영향선을 표 4.4에 나타낸다. 이것은 3.2.2항의 예제에서 $P=1$로 놓음으로써 계산 방법을 이해할 수 있을 것이다.

표 4.3 등단면 3경간 연속 거더의 M_B 및 M_C의 영향선 종거

하중점	$\overline{a}_{10}^{(0)} \times 10^5$	$\overline{a}_{12}^{(0)} \times 10^5$	$\overline{a}_{21}^{(0)} \times 10^5$	$\overline{a}_{23}^{(0)} \times 10^5$	M_B/l	M_C/l
0(A)	0	0	0	0	0	0
1	1,379	0	0	0	−0.0199	0.0055
2	2,701	0	0	0	−0.0390	0.0108
3	3,906	0	0	0	−0.0564	0.0157
4	4,938	0	0	0	−0.0713	0.0198
5	5,739	0	0	0	−0.0829	0.0230
6	6,250	0	0	0	−0.0903	0.0251
7	6,414	0	0	0	−0.0927	0.0257
8	6,173	0	0	0	−0.0892	0.0248
9	5,469	0	0	0	−0.0790	0.0219
10	4,244	0	0	0	−0.0613	0.0170
11	2,440	0	0	0	−0.0353	0.0098
12(B)	0	0	0	0	0	0
13	0	2,440	1,379	0	−0.0464	−0.0158
14	0	4,244	2,701	0	−0.0789	−0.0344
15	0	5,469	3,906	0	−0.0990	−0.0539
16	0	6,173	4,938	0	−0.1084	−0.0728
17	0	6,414	5,739	0	−0.1088	−0.0893
18	0	6,250	6,250	0	−0.1019	−0.1019
19	0	5,739	6,414	0	−0.0893	−0.1088
20	0	4,983	6,173	0	−0.0728	−0.1084
21	0	3,906	5,469	0	−0.0539	−0.0990
22	0	2,701	4,244	0	−0.0344	−0.0789
23	0	1,379	2,440	0	−0.0158	−0.0464
24(C)	0	0	0	0	0	0
25	0	0	0	2,440	0.0098	−0.0353
26	0	0	0	4,244	0.0170	−0.0613
27	0	0	0	5,469	0.0219	−0.0790
28	0	0	0	6,173	0.0248	−0.0892
29	0	0	0	6,414	0.0257	−0.0927
30	0	0	0	6,250	0.0251	−0.0903
31	0	0	0	5,739	0.0230	−0.0829
32	0	0	0	4,938	0.0198	−0.0713
33	0	0	0	3,906	0.0157	−0.0564
34	0	0	0	2,701	0.0108	−0.0390
35	0	0	0	1,379	0.0055	−0.0199
36(D)	0	0	0	0	0	0

4.3 변단면 연속 거더의 영향선

그림 4.3과 같이 거더의 높이가 포물선 변화($\nu=0.2$)하는 변단면 연속 거더의 영향선을 구해 보자. 다만, 각 경간의 기준 단면 2차 모멘트는 같은 것으로 본다. 식 (3.10)에서 단위 집중 하중에 대한 지점 변형각을 $\varphi^{(0)}$ 대신에 $a^{(0)}$로 놓으면 다음과 같다.

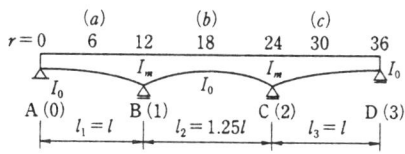

그림 4.3 변단면 연속 거더

$$\left.\begin{array}{ll} r=1 \text{로 놓고} & M_1(\overline{a}_{10}l_1+\overline{a}_{12}l_2)+M_2(\overline{b}_{12}l_2)=EI_0(a_{10}^{(0)}-a_{12}^{(0)}) \\ r=2 \text{로 놓고} & M_1(\overline{b}_{21}l_2)+M_2(\overline{a}_{21}l_2+\overline{a}_{23}l_3)=EI_0(a_{21}^{(0)}-a_{23}^{(0)}) \end{array}\right\} \quad (4.7)$$

$l_1=l$, $l_2=1.25l$, $l_3=l$이므로 식 (4.7)은

$$\left.\begin{array}{l} M_1(\overline{a}_{10}+1.25\overline{a}_{12})+M_2(1.25\overline{b}_{12})=\dfrac{EI_0}{l}(a_{10}^{(0)}-a_{12}^{(0)}) \\ M_1(1.25\overline{b}_{21})+M_2(1.25\overline{a}_{21}+\overline{a}_{23})=\dfrac{EI_0}{l}(a_{21}^{(0)}-a_{23}^{(0)}) \end{array}\right\} \quad (4.8)$$

이 된다. 표 4.1 ($\nu=0.2$)에서 $\overline{a}_{10}=\overline{a}_{23}=0.1288$, $\overline{a}_{12}=\overline{a}_{21}=0.1863$, $\overline{b}_{12}=\overline{b}_{21}=0.1219$이므로 식 (4.8)은 다음과 같다.

$$\left.\begin{array}{l} \begin{bmatrix} 0.3617 & 0.1524 \\ 0.1524 & 0.3617 \end{bmatrix} \begin{Bmatrix} M_1 \\ M_2 \end{Bmatrix} = \dfrac{EI_0}{l} \begin{Bmatrix} a_1^{(0)} \\ a_2^{(0)} \end{Bmatrix} \\ \text{다만,} \quad a_1^{(0)}=a_{10}^{(0)}-a_{12}^{(0)}, \quad a_2^{(0)}=a_{21}^{(0)}-a_{23}^{(0)} \end{array}\right\} \quad (4.9)$$

따라서

$$\begin{aligned} \begin{Bmatrix} M_1 \\ M_2 \end{Bmatrix} &= \dfrac{EI_0}{l} \begin{bmatrix} 0.3617 & 0.1524 \\ 0.1524 & 0.3617 \end{bmatrix}^{-1} \begin{Bmatrix} a_1^{(0)} \\ a_2^{(0)} \end{Bmatrix} \\ &= \dfrac{EI_0}{l} \begin{bmatrix} 3.361 & -1.416 \\ -1.416 & 3.361 \end{bmatrix} \begin{Bmatrix} a_1^{(0)} \\ a_2^{(0)} \end{Bmatrix} \end{aligned} \quad (4.10)$$

표 4.4 단면력 및 지점 휨 모멘트

하중점	1	2	3	4	5	6	7	8	9	10	11
0	0.0000	0.0000	0.0000	0.0000	0.0000	0.0000	0.0000	0.0000	0.0000	0.0000	0.0000
1	0.0747	0.0661	0.0575	0.0489	0.0403	0.0317	0.0231	0.0145	0.0059	−0.0027	−0.0113
2	0.0662	0.1324	0.1152	0.0981	0.0810	0.0638	0.0467	0.0295	0.0124	−0.0047	−0.0219
3	0.0578	0.1156	0.1734	0.1479	0.1223	0.0968	0.0712	0.0457	0.0202	−0.0054	−0.0309
4	0.0496	0.0992	0.1488	0.1984	0.1647	0.1310	0.0973	0.0635	0.0298	−0.0039	−0.0376
5	0.0417	0.0834	0.1251	0.1668	0.2085	0.1669	0.1252	0.0836	0.0420	0.0003	−0.0413
6	0.0341	0.0683	0.1024	0.1366	0.1707	0.2049	0.1557	0.1065	0.0573	0.0081	−0.0411
7	0.0270	0.0540	0.0810	0.1080	0.1350	0.1620	0.1890	0.1327	0.0763	0.0200	−0.0363
8	0.0203	0.0407	0.0610	0.0814	0.1017	0.1221	0.1424	0.1628	0.0998	0.0368	−0.0262
9	0.0142	0.0285	0.0427	0.0570	0.0712	0.0855	0.0997	0.1140	0.1282	0.0592	−0.0099
10	0.0088	0.0176	0.0263	0.0351	0.0439	0.0527	0.0615	0.0702	0.0790	0.0878	0.0132
11	0.0040	0.0080	0.0120	0.0160	0.0200	0.0240	0.0280	0.0321	0.0361	0.0401	0.0441
12	0.0000	0.0000	0.0000	0.0000	0.0000	0.0000	0.0000	0.0000	0.0000	0.0000	0.0000
13	−0.0039	−0.0077	−0.0116	−0.0155	−0.0193	−0.0232	−0.0271	−0.0310	−0.0348	−0.0387	−0.0426
14	−0.0066	−0.0131	−0.0197	−0.0263	−0.0329	−0.0394	−0.0460	−0.0526	−0.0592	−0.0657	−0.0723
15	−0.0082	−0.0165	−0.0247	−0.0330	−0.0412	−0.0495	−0.0577	−0.0660	−0.0742	−0.0825	−0.0907
16	−0.0090	−0.0181	−0.0271	−0.0361	−0.0452	−0.0542	−0.0632	−0.0723	−0.0813	−0.0903	−0.0994
17	−0.0091	−0.0181	−0.0272	−0.0363	−0.0453	−0.0544	−0.0635	−0.0725	−0.0816	−0.0907	−0.0997
18	−0.0085	−0.0170	−0.0255	−0.0340	−0.0425	−0.0510	−0.0594	−0.0679	−0.0764	−0.0849	−0.0934
19	−0.0074	−0.0149	−0.0223	−0.0298	−0.0372	−0.0447	−0.0521	−0.0596	−0.0670	−0.0744	−0.0819
20	−0.0061	−0.0121	−0.0182	−0.0243	−0.0303	−0.0364	−0.0425	−0.0485	−0.0546	−0.0606	−0.0667
21	−0.0045	−0.0090	−0.0135	−0.0180	−0.0225	−0.0269	−0.0314	−0.0359	−0.0404	−0.0449	−0.0494
22	−0.0029	−0.0057	−0.0086	−0.0115	−0.0143	−0.0172	−0.0200	−0.0229	−0.0258	−0.0286	−0.0315
23	−0.0013	−0.0026	−0.0040	−0.0053	−0.0066	−0.0079	−0.0092	−0.0106	−0.0119	−0.0132	−0.0145
24	0.0000	0.0000	0.0000	0.0000	0.0000	0.0000	0.0000	0.0000	0.0000	0.0000	0.0000
25	0.0008	0.0016	0.0024	0.0033	0.0041	0.0049	0.0057	0.0065	0.0073	0.0082	0.0090
26	0.0014	0.0028	0.0043	0.0057	0.0071	0.0085	0.0099	0.0114	0.0128	0.0142	0.0156
27	0.0018	0.0037	0.0055	0.0073	0.0091	0.0110	0.0128	0.0146	0.0165	0.0183	0.0201
28	0.0021	0.0041	0.0062	0.0083	0.0103	0.0124	0.0145	0.0165	0.0186	0.0206	0.0227
29	0.0021	0.0043	0.0064	0.0086	0.0107	0.0129	0.0150	0.0172	0.0193	0.0215	0.0236
30	0.0021	0.0042	0.0063	0.0084	0.0105	0.0125	0.0146	0.0167	0.0188	0.0209	0.0230
31	0.0019	0.0038	0.0058	0.0077	0.0096	0.0115	0.0134	0.0154	0.0173	0.0192	0.0211
32	0.0017	0.0033	0.0050	0.0066	0.0083	0.0099	0.0116	0.0132	0.0149	0.0165	0.0182
33	0.0013	0.0026	0.0039	0.0052	0.0065	0.0078	0.0091	0.0105	0.0118	0.0131	0.0144
34	0.0009	0.0018	0.0027	0.0036	0.0045	0.0054	0.0063	0.0072	0.0081	0.0090	0.0099
35	0.0005	0.0009	0.0014	0.0018	0.0023	0.0028	0.0032	0.0037	0.0042	0.0046	0.0051
36	0.0000	0.0000	0.0000	0.0000	0.0000	0.0000	0.0000	0.0000	0.0000	0.0000	0.0000

$\times l_1$

영향선 면적	1	2	3	4	5	6	7	8	9	10	11
제1 스팬	0.0332	0.0594	0.0787	0.0910	0.0965	0.0949	0.0865	0.0710	0.0486	0.0193	−0.0169
제2 스팬	−0.0071	−0.0141	−0.0212	−0.0283	−0.0354	−0.0425	−0.0495	−0.0566	−0.0637	−0.0708	−0.0778
제3 스팬	0.0014	0.0028	0.0042	0.0056	0.0070	0.0084	0.0097	0.0112	0.0126	0.0139	0.0153
전체 스팬	0.0275	0.0481	0.0616	0.0683	0.0681	0.0608	0.0467	0.0255	−0.0025	−0.0375	−0.0794

$\times l_1^2$

4.3 변단면 연속 거더의 영향선

반력의 영향선(등단면) $\nu=1.0$ $l_1:l_2:l_3=1:1.25:1$

							전 단 력		반 력	
12	13	14	15	16	17	18	S_B^l	S_B^r	V_A	V_B
0.0000	0.0000	0.0000	0.0000	0.0000	0.0000	0.0000	0.0000	0.0000	1.0000	0.0000
−0.0199	−0.0178	−0.0157	−0.0136	−0.0114	−0.0093	−0.0072	−0.1033	0.0204	0.8967	0.1236
−0.0390	−0.0349	−0.0307	−0.0266	−0.0224	−0.0182	−0.0141	−0.2057	0.0399	0.7943	0.2456
−0.0564	−0.0504	−0.0444	−0.0384	−0.0324	−0.0264	−0.0204	−0.3064	0.0577	0.6936	0.3641
−0.0713	−0.0638	−0.0562	−0.0486	−0.0410	−0.0334	−0.0258	−0.4047	0.0729	0.5953	0.4776
−0.0829	−0.0741	−0.0653	−0.0564	−0.0476	−0.0388	−0.0299	−0.4996	0.0848	0.5004	0.5843
−0.0903	−0.0807	−0.0711	−0.0615	−0.0518	−0.0422	−0.0326	−0.5903	0.0923	0.4097	0.6826
−0.0927	−0.0828	−0.0729	−0.0631	−0.0532	−0.0433	−0.0335	−0.6760	0.0947	0.3240	0.7707
−0.0892	−0.0797	−0.0702	−0.0607	−0.0512	−0.0417	−0.0322	−0.7559	0.0912	0.2441	0.8470
−0.0790	−0.0706	−0.0622	−0.0538	−0.0454	−0.0369	−0.0285	−0.8290	0.0808	0.1710	0.9098
−0.0613	−0.0548	−0.0483	−0.0417	−0.0352	−0.0287	−0.0221	−0.8946	0.0627	0.1054	0.9573
−0.0353	−0.0315	−0.0277	−0.0240	−0.0202	−0.0165	−0.0127	−0.9519	0.0360	0.0481	0.9880
0.0000	0.0000	0.0000	0.0000	0.0000	0.0000	0.0000	−1.0000	1.0000	0.0000	1.0000
−0.0464	0.0516	0.0455	0.0393	0.0332	0.0271	0.0209	−0.0464	0.9412	−0.0464	0.9876
−0.0789	0.0116	0.1022	0.0885	0.0749	0.0612	0.0476	−0.0789	0.8689	−0.0789	0.9478
−0.0990	−0.0171	0.0648	0.1467	0.1244	0.1021	0.0798	−0.0990	0.7861	−0.0990	0.8850
−0.1084	−0.0360	0.0364	0.1089	0.1813	0.1495	0.1178	−0.1084	0.6952	−0.1084	0.8035
−0.1088	−0.0464	0.0160	0.0784	0.1407	0.2031	0.1613	−0.1088	0.5989	−0.1088	0.7077
−0.1019	−0.0498	0.0023	0.0543	0.1064	0.1585	0.2106	−0.1019	0.5000	−0.1019	0.6019
−0.0893	−0.0476	−0.0058	0.0360	0.0778	0.1196	0.1613	−0.0893	0.4011	−0.0893	0.4904
−0.0728	−0.0410	−0.0093	0.0225	0.0542	0.0860	0.1178	−0.0728	0.3048	−0.0728	0.3776
−0.0539	−0.0316	−0.0093	0.0130	0.0353	0.0575	0.0798	−0.0539	0.2139	−0.0539	0.2678
−0.0344	−0.0207	−0.0071	0.0066	0.0203	0.0339	0.0476	−0.0344	0.1311	−0.0344	0.1654
−0.0158	−0.0097	−0.0036	0.0026	0.0087	0.0148	0.0209	−0.0158	0.0588	−0.0158	0.0747
0.0000	0.0000	0.0000	0.0000	0.0000	0.0000	0.0000	0.0000	0.0000	0.0000	0.0000
0.0098	0.0060	0.0023	−0.0015	−0.0052	−0.0090	−0.0127	0.0098	−0.0360	0.0098	−0.0458
0.0170	0.0105	0.0040	−0.0026	−0.0091	−0.0156	−0.0221	0.0170	−0.0627	0.0170	−0.0797
0.0219	0.0135	0.0051	−0.0033	−0.0117	−0.0201	−0.0285	0.0219	−0.0808	0.0219	−0.1027
0.0248	0.0153	0.0058	−0.0037	−0.0132	−0.0227	−0.0322	0.0248	−0.0912	0.0248	−0.1159
0.0257	0.0159	0.0060	−0.0039	−0.0137	−0.0236	−0.0335	0.0257	−0.0947	0.0257	−0.1205
0.0251	0.0155	0.0059	−0.0038	−0.0134	−0.0230	−0.0326	0.0251	−0.0923	0.0251	−0.1174
0.0230	0.0142	0.0054	−0.0035	−0.0123	−0.0211	−0.0299	0.0230	−0.0848	0.0230	−0.1078
0.0198	0.0122	0.0046	−0.0030	−0.0106	−0.0182	−0.0258	0.0198	−0.0729	0.0198	−0.0928
0.0157	0.0097	0.0037	−0.0024	−0.0084	−0.0144	−0.0204	0.0157	−0.0577	0.0157	−0.0734
0.0108	0.0067	0.0025	−0.0016	−0.0058	−0.0099	−0.0141	0.0108	−0.0399	0.0108	−0.0507
0.0055	0.0034	0.0013	−0.0008	−0.0030	−0.0051	−0.0072	0.0055	−0.0204	0.0055	−0.0259
0.0000	0.0000	0.0000	0.0000	0.0000	0.0000	0.0000	0.0000	−0.0000	0.0000	0.0000

$\times 1$

−0.0602	−0.0538	−0.0474	−0.0410	−0.0346	−0.0281	−0.0217	−0.5602	0.0615	0.4398	0.6217
−0.0849	−0.0253	0.0236	0.0616	0.0887	0.1049	0.1104	−0.0849	0.6250	−0.0849	0.7099
0.0167	0.0103	0.0039	−0.0025	−0.0089	−0.0153	−0.0217	0.0167	−0.0615	0.0167	−0.0783
−0.1284	−0.0688	−0.0199	0.0181	0.0452	0.0615	0.0669	−0.6284	0.6250	0.3716	1.2534

$\times l_1$

이므로 부정정 휨 모멘트 $M_1(M_B)$ 및 $M_2(M_C)$는 다음과 같다.

$$\left.\begin{array}{l}M_B = \dfrac{EI_0}{l}(3.361\,a_1^{(0)} - 1.416\,a_2^{(0)}) \\ M_C = \dfrac{EI_0}{l}(-1.416\,a_1^{(0)} + 3.361\,a_2^{(0)})\end{array}\right\} \quad (4.11)$$

$a^{(0)}$는 식 (4.9)와 같으므로 식 (4.11)은 다음과 같다.

$$\left.\begin{array}{l}M_B = -3.361\,l\,(\overline{a}_{10}^{(0)} + 1.5625\,\overline{a}_{12}^{(0)}) \\ \qquad + 1.416\,l\,(1.5625\,\overline{a}_{21}^{(0)} + \overline{a}_{23}^{(0)}) \\ M_C = 1.416\,l\,(\overline{a}_{10}^{(0)} + 1.5625\,\overline{a}_{12}^{(0)}) \\ \qquad - 3.361\,l\,(1.5625\,\overline{a}_{21}^{(0)} + \overline{a}_{23}^{(0)})\end{array}\right\} \quad (4.12)$$

$\overline{a}^{(0)}$는 표 4.2 ($\nu=0.2$)에 나타낸 것으로 식 (4.12)에서 M_B 및 M_C는 표 4.5와 같다. 표 4.6은 경간 12등분점에 대한 휨 모멘트, 전단력 및 지점 반력의 영향선을 나타낸 것이다.

4.4 영향선에 따른 단면력 및 지점 반력의 계산 예

단면력 및 지점 반력의 영향선을 도시하면 그림 4 (1)과 같다. 앞 3.2.2항의 예제 (1)~(3)에 대해서 영향선을 사용하여 계산해 보자. 등단면 연속 거더의 계산에는 표 4.4를 또 변단면 연속 거더의 계산에는 표 4.6을 사용한다.

(1) 등분포 하중을 받는 연속 거더(그림 4 (2))

1) 등단면

등분포 하중에 대해서는 영향선 면적을 이용하면 된다.

ⅰ) 휨 모멘트

격점 6 : $M_a = 0.0608\,ql^2$ 격점 12 : $M_B = -0.1284\,ql^2 = M_C$

격점 18 : $M_b = 0.0669\,ql^2$

ⅱ) 지점 반력

$V_A = V_D = 0.3716\,ql$ $V_B = V_C = 1.2534\,ql$

ⅲ) 전단력

$S_A = 0.3716\,ql = -S_D$ $S_B^{\,l} = -0.6284\,ql = -S_C^{\,r}$

$S_B^{\,r} = 0.6250\,ql = -S_C^{\,l}$

표 4.5 변단면 3경간 연속 거더의 M_B 및 M_C의 영향선 종거

하중점	$\bar{a}_{10}^{(0)} \times 10^5$	$\bar{a}_{12}^{(0)} \times 10^5$	$\bar{a}_{21}^{(0)} \times 10^5$	$\bar{a}_{23}^{(0)} \times 10^5$	M_B/l	M_C/l
0(A)	0	0	0	0	0	0
1	847	0	0	0	-0.0285	0.0120
2	1,639	0	0	0	-0.0551	0.0232
3	2,321	0	0	0	-0.0780	0.0329
4	2,852	0	0	0	-0.0959	0.0404
5	3,200	0	0	0	-0.1076	0.0453
6	3,345	0	0	0	-0.1124	0.0474
7	3,277	0	0	0	-0.1102	0.0464
8	2,999	0	0	0	-0.1008	0.0425
9	2,518	0	0	0	-0.0846	0.0357
10	1,847	0	0	0	-0.0621	0.0262
11	1,001	0	0	0	-0.0336	0.0142
12(B)	0	0	0	0	0	0
13	0	1,474	1,013	0	-0.0550	-0.0206
14	0	2,758	2,008	0	-0.1004	-0.0444
15	0	3,786	2,950	0	-0.1336	-0.0712
16	0	4,497	3,783	0	-0.1525	-0.0992
17	0	4,842	4,432	0	-0.1562	-0.1256
18	0	4,809	4,809	0	-0.1462	-0.1462
19	0	4,432	4,842	0	-0.1256	-0.1562
20	0	3,783	4,497	0	-0.0992	-0.1525
21	0	2,950	3,786	0	-0.0712	-0.1336
22	0	2,008	2,758	0	-0.0444	-0.1004
23	0	1,013	1,474	0	-0.0206	-0.0550
24(C)	0	0	0	0	0	0
25	0	0	0	1,001	0.0142	-0.0336
26	0	0	0	1,847	0.0262	-0.0621
27	0	0	0	2,518	0.0357	-0.0846
28	0	0	0	2,999	0.0425	-0.1008
29	0	0	0	3,277	0.0464	-0.1102
30	0	0	0	3,345	0.0474	-0.1124
31	0	0	0	3,200	0.0453	-0.1076
32	0	0	0	2,852	0.0404	-0.0959
33	0	0	0	2,321	0.0329	-0.0780
34	0	0	0	1,639	0.0232	-0.0551
35	0	0	0	847	0.0120	-0.0285
36(D)	0	0	0	0	0	0

표 4.6 단면력 및 지점 반력의

하중점	휨 모멘트										
	1	2	3	4	5	6	7	8	9	10	11
0	0.0000	0.0000	0.0000	0.0000	0.0000	0.0000	0.0000	0.0000	0.0000	0.0000	0.0000
1	0.0740	0.0647	0.0554	0.0461	0.0367	0.0274	0.0181	0.0088	−0.0005	−0.0098	−0.0192
2	0.0649	0.1297	0.1112	0.0927	0.0743	0.0558	0.0373	0.0188	0.0003	−0.0181	−0.0366
3	0.0560	0.1120	0.1680	0.1407	0.1133	0.0860	0.0587	0.0313	0.0040	−0.0234	−0.0507
4	0.0476	0.0951	0.1427	0.1903	0.1545	0.1187	0.0830	0.0472	0.0114	−0.0243	−0.0601
5	0.0396	0.0793	0.1189	0.1586	0.1982	0.1545	0.1109	0.0672	0.0235	−0.0202	−0.0639
6	0.0323	0.0646	0.0969	0.1292	0.1615	0.1938	0.1427	0.0917	0.0407	0.0104	−0.0614
7	0.0255	0.0511	0.0766	0.1022	0.1277	0.1533	0.1788	0.1210	0.0632	0.0054	−0.0524
8	0.0194	0.0388	0.0581	0.0775	0.0969	0.1163	0.1356	0.1550	0.0911	0.0271	−0.0369
9	0.0138	0.0276	0.0413	0.0551	0.0689	0.0827	0.0965	0.1102	0.1240	0.0545	−0.0151
10	0.0087	0.0174	0.0261	0.0349	0.0436	0.0523	0.0610	0.0697	0.0784	0.0871	0.0125
11	0.0041	0.0083	0.0124	0.0166	0.0207	0.0248	0.0290	0.0331	0.0373	0.0414	0.0455
12	0.0000	0.0000	0.0000	0.0000	0.0000	0.0000	0.0000	0.0000	0.0000	0.0000	0.0000
13	−0.0046	−0.0092	−0.0138	−0.0183	−0.0229	−0.0275	−0.0321	−0.0367	−0.0413	−0.0458	−0.0504
14	−0.0084	−0.0167	−0.0251	−0.0335	−0.0418	−0.0502	−0.0586	−0.0670	−0.0753	−0.0837	−0.0921
15	−0.0111	−0.0223	−0.0334	−0.0445	−0.0557	−0.0668	−0.0779	−0.0891	−0.1002	−0.1113	−0.1224
16	−0.0127	−0.0254	−0.0381	−0.0508	−0.0635	−0.0762	−0.0890	−0.1017	−0.1144	−0.1271	−0.1398
17	−0.0130	−0.0260	−0.0391	−0.0521	−0.0651	−0.0781	−0.0911	−0.1042	−0.1172	−0.1302	−0.1432
18	−0.0122	−0.0244	−0.0365	−0.0487	−0.0609	−0.0731	−0.0853	−0.0974	−0.1096	−0.1218	−0.1340
19	−0.0105	−0.0209	−0.0314	−0.0419	−0.0524	−0.0628	−0.0733	−0.0838	−0.0942	−0.1047	−0.1152
20	−0.0083	−0.0165	−0.0248	−0.0331	−0.0413	−0.0496	−0.0579	−0.0661	−0.0744	−0.0827	−0.0909
21	−0.0059	−0.0119	−0.0178	−0.0237	−0.0297	−0.0356	−0.0415	−0.0474	−0.0534	−0.0593	−0.0652
22	−0.0037	−0.0074	−0.0111	−0.0148	−0.0185	−0.0222	−0.0259	−0.0296	−0.0333	−0.0370	−0.0407
23	−0.0017	−0.0034	−0.0051	−0.0069	−0.0086	−0.0103	−0.0120	−0.0137	−0.0154	−0.0172	−0.0189
24	0.0000	0.0000	0.0000	0.0000	0.0000	0.0000	0.0000	0.0000	0.0000	0.0000	0.0000
25	0.0012	0.0024	0.0035	0.0047	0.0059	0.0071	0.0083	0.0095	0.0106	0.0118	0.0130
26	0.0022	0.0044	0.0065	0.0087	0.0109	0.0131	0.0153	0.0174	0.0196	0.0218	0.0240
27	0.0030	0.0059	0.0089	0.0119	0.0149	0.0178	0.0208	0.0238	0.0267	0.0297	0.0327
28	0.0035	0.0071	0.0106	0.0142	0.0177	0.0212	0.0248	0.0283	0.0319	0.0354	0.0389
29	0.0039	0.0077	0.0116	0.0155	0.0193	0.0232	0.0271	0.0309	0.0348	0.0387	0.0425
30	0.0039	0.0079	0.0118	0.0158	0.0197	0.0237	0.0276	0.0316	0.0355	0.0395	0.0434
31	0.0038	0.0076	0.0113	0.0151	0.0189	0.0227	0.0264	0.0302	0.0340	0.0378	0.0415
32	0.0034	0.0067	0.0101	0.0135	0.0168	0.0202	0.0236	0.0269	0.0303	0.0337	0.0370
33	0.0027	0.0055	0.0082	0.0110	0.0137	0.0164	0.0192	0.0219	0.0247	0.0274	0.0301
34	0.0019	0.0039	0.0058	0.0077	0.0097	0.0116	0.0135	0.0155	0.0174	0.0193	0.0213
35	0.0010	0.0020	0.0030	0.0040	0.0050	0.0060	0.0070	0.0080	0.0090	0.0100	0.0110
36	0.0000	0.0000	0.0000	0.0000	0.0000	0.0000	0.0000	0.0000	0.0000	0.0000	0.0000

$\times l_1$

영향선 면적											
제1 스팬	0.0321	0.0573	0.0755	0.0868	0.0912	0.0886	0.0790	0.0625	0.0391	0.0087	−0.0286
제2 스팬	−0.0096	−0.0193	−0.0289	−0.0386	−0.0483	−0.0579	−0.0675	−0.0772	−0.0868	−0.0965	−0.1061
제3 스팬	0.0026	0.0051	0.0077	0.0102	0.0128	0.0153	0.0179	0.0205	0.0230	0.0256	0.0281
전체 스팬	0.0250	0.0431	0.0542	0.0585	0.0557	0.0460	0.0294	0.0058	−0.0247	−0.0622	−0.1066

$\times l_1^2$

4.4 영향선에 따른 단면력 및 지점 반력의 계산 예

영향선(변단면) $\nu=0.2$ $l_1:l_2:l_3=1:1.25:1$

							전 단 력		반 력	
12	13	14	15	16	17	18	S_B^l	S_B^r	V_A	V_B
0.0000	0.0000	0.0000	0.0000	0.0000	0.0000	0.0000	0.0000	0.0000	1.0000	0.0000
−0.0285	−0.0251	−0.0217	−0.0184	−0.0150	−0.0116	−0.0082	−0.1118	0.0324	0.8882	0.1442
−0.0551	−0.0486	−0.0420	−0.0355	−0.0290	−0.0225	−0.0159	−0.2218	0.0626	0.7782	0.2844
−0.0780	−0.0688	−0.0595	−0.0503	−0.0411	−0.0318	−0.0226	−0.3280	0.0887	0.6720	0.4167
−0.0959	−0.0845	−0.0732	−0.0618	−0.0505	−0.0391	−0.0277	−0.4292	0.1090	0.5708	0.5382
−0.1076	−0.0948	−0.0821	−0.0693	−0.0566	−0.0439	−0.0311	−0.5242	0.1223	0.4758	0.6465
−0.1124	−0.0991	−0.0858	−0.0725	−0.0592	−0.0459	−0.0325	−0.6124	0.1279	0.3876	0.7403
−0.1102	−0.0971	−0.0841	−0.0710	−0.0580	−0.0449	−0.0319	−0.6935	0.1253	0.3065	0.8187
−0.1008	−0.0889	−0.0769	−0.0650	−0.0531	−0.0411	−0.0292	−0.7675	0.1146	0.2325	0.8821
−0.0846	−0.0746	−0.0646	−0.0546	−0.0445	−0.0345	−0.0245	−0.8346	0.0962	0.1654	0.9309
−0.0621	−0.0547	−0.0474	−0.0400	−0.0327	−0.0253	−0.0180	−0.8954	0.0706	0.1046	0.9660
−0.0336	−0.0297	−0.0257	−0.0217	−0.0177	−0.0137	−0.0097	−0.9503	0.0383	0.0497	0.9886
0.0000	0.0000	0.0000	0.0000	0.0000	0.0000	0.0000	−1.0000	1.0000	0.0000	1.0000
−0.0550	0.0433	0.0375	0.0317	0.0259	0.0201	0.0143	−0.0550	0.9442	−0.0550	0.9992
−0.1004	−0.0090	0.0825	0.0698	0.0571	0.0444	0.0317	−0.1004	0.8781	−0.1004	0.9786
−0.1336	−0.0503	0.0331	0.1164	0.0956	0.0747	0.0539	−0.1336	0.7999	−0.1336	0.9335
−0.1525	−0.0786	−0.0047	0.0692	0.1431	0.1128	0.0825	−0.1525	0.7093	−0.1525	0.8618
−0.1562	−0.0929	−0.0296	0.0337	0.0970	0.1603	0.1195	−0.1562	0.6078	−0.1562	0.7641
−0.1462	−0.0941	−0.0420	0.0101	0.0622	0.1142	0.1663	−0.1462	0.5000	−0.1462	0.6462
−0.1256	−0.0848	−0.0439	−0.0031	0.0378	0.0786	0.1195	−0.1256	0.3922	−0.1256	0.5178
−0.0992	−0.0689	−0.0386	−0.0083	0.0219	0.0522	0.0825	−0.0992	0.2907	−0.0992	0.3899
−0.0712	−0.0503	−0.0295	−0.0086	0.0122	0.0330	0.0539	−0.0712	0.2001	−0.0712	0.2712
−0.0444	−0.0317	−0.0190	−0.0064	0.0063	0.0190	0.0317	−0.0444	0.1219	−0.0444	0.1663
−0.0206	−0.0148	−0.0090	−0.0032	0.0027	0.0085	0.0143	−0.0206	0.0558	−0.0206	0.0764
0.0000	0.0000	0.0000	0.0000	0.0000	0.0000	0.0000	0.0000	0.0000	0.0000	0.0000
0.0142	0.0102	0.0062	0.0022	−0.0018	−0.0058	−0.0097	0.0142	−0.0383	0.0142	−0.0524
0.0262	0.0188	0.0115	0.0041	−0.0033	−0.0106	−0.0180	0.0262	−0.0706	0.0262	−0.0968
0.0357	0.0256	0.0156	0.0056	−0.0044	−0.0145	−0.0245	0.0357	−0.0962	0.0357	−0.1319
0.0425	0.0305	0.0186	0.0067	−0.0053	−0.0172	−0.0292	0.0425	−0.1146	0.0425	−0.1571
0.0464	0.0334	0.0203	0.0073	−0.0058	−0.0188	−0.0319	0.0464	−0.1253	0.0464	−0.1717
0.0474	0.0341	0.0207	0.0074	−0.0059	−0.0192	−0.0325	0.0474	−0.1279	0.0474	−0.1752
0.0453	0.0326	0.0198	0.0071	−0.0056	−0.0184	−0.0311	0.0453	−0.1223	0.0453	−0.1676
0.0404	0.0290	0.0177	0.0063	−0.0050	−0.0164	−0.0277	0.0404	−0.1090	0.0404	−0.1494
0.0329	0.0236	0.0144	0.0051	−0.0041	−0.0133	−0.0226	0.0329	−0.0887	0.0329	−0.1216
0.0232	0.0167	0.0102	0.0036	−0.0029	−0.0094	−0.0159	0.0232	−0.0626	0.0232	−0.0859
0.0120	0.0086	0.0053	0.0019	−0.0015	−0.0049	−0.0082	0.0120	−0.0324	0.0120	−0.0444
0.0000	0.0000	0.0000	0.0000	0.0000	0.0000	0.0000	0.0000	0.0000	0.0000	0.0000

$\times 1$

−0.0729	−0.0642	−0.0556	−0.0470	−0.0384	−0.0297	−0.0211	−0.5728	0.0828	0.4272	0.6557
−0.1158	−0.0561	−0.0073	0.0307	0.0578	0.0740	0.0795	−0.1158	0.6250	−0.1158	0.7408
0.0307	0.0221	0.0134	0.0048	−0.0038	−0.0125	−0.0211	0.0307	−0.0828	0.0307	−0.1135
−0.1579	−0.0983	−0.0494	−0.0115	0.0157	0.0319	0.0374	−0.6579	0.6250	0.3421	1.2829

$\times l_1$

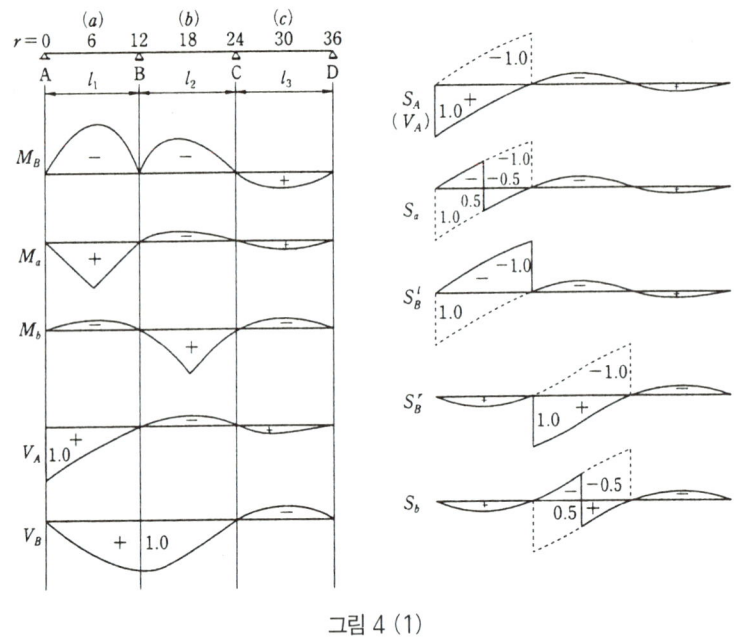

그림 4 (1)

그림 4 (2)

2) 변단면($\nu=0.2$)

 i) 휨 모멘트

격점 6 : $M_a=0.0460ql^2$ 격점 12 : $M_B=-0.1579ql^2$

격점 18 : $M_b=0.0374ql^2$

ii) 지점 반력

$V_A=V_D=0.3421ql$ $V_B=V_C=1.2829ql$

iii) 전단력

$S_A=0.3421ql=-S_D$ $S_B^l=-0.6578ql=-S_C^r$

$S_B^r=0.6250ql=-S_C^l$

(2) 측경간 집중 하중(재하점 6)을 받는 연속 거더(그림 4 (3))

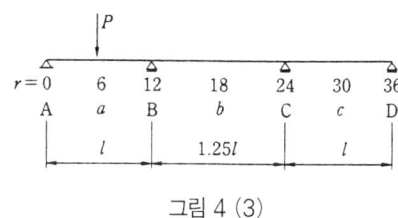

그림 4 (3)

1) 등단면

집중 하중에 대해서는 영향선 종거를 이용하면 된다.

i) 휨 모멘트

격점 6 : $M_a = 0.2049Pl$ 격점 12 : $M_B = -0.0903Pl$

격점 12 : $M_C = 0.0251Pl$ (대칭 구조이므로 하중점 30)

격점 18 : $M_b = -0.0362Pl$

ii) 지점 반력

$V_A = 0.4097P$ $V_B = 0.6826P$ $V_C = -0.1174P$

$V_D = 0.0251P$

iii) 전단력

$S_A = S_a^l = 0.4097P$ $S_a^r = S_B^l = -0.5903P$

$S_B^r = S_C^l = 0.0923P$ $S_C^r = S_D = -0.0251P$

2) 변단면 ($\nu = 0.2$)

i) 휨 모멘트

격점 6 : $M_a = 0.1938Pl$ 격점 12 : $M_B = -0.1124Pl$

격점 12 : $M_C = 0.0474Pl$ (대칭 구조이므로 하중점 30)

격점 18 : $M_b = -0.0325Pl$

ii) 지점 반력

$V_A = 0.3876P$ $V_B = 0.7403P$ $V_C = -0.1752P$

$V_D = 0.0474P$

iii) 전단력

$S_A = S_a^l = 0.3876P$ $S_a^r = S_B^l = -0.6124P$

$S_B^r = S_C^l = 0.1279P$ $S_C^r = S_D = -0.0474P$

(3) 중앙 경간에 집중 하중(재하점 18)을 받는 연속 거더(그림 4 (4))
1) 등단면

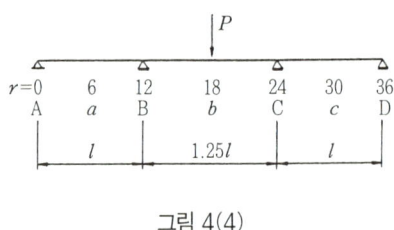

그림 4(4)

ⅰ) 휨 모멘트
  격점 6 : $M_a = -0.0510Pl$ 격점 12 : $M_B = M_C = -0.1019Pl$
  격점 18 : $M_b = 0.2106Pl$

ⅱ) 지점 반력
  $V_A = V_D = -0.1019P$ $V_B = V_C = 0.6019P$

ⅲ) 전단력
  $S_A = S_B{}^l = -0.1019P$ $S_B{}^r = S_b{}^l = 0.50P$
  $S_b{}^r = S_C{}^l = -0.50P$ $S_C{}^r = S_D = 0.1019P$

2) 변단면 ($\nu = 0.2$)

ⅰ) 휨 모멘트
  격점 6 : $M_a = -0.0731Pl$ 격점 12 : $M_B = M_C = -0.1462Pl$
  격점 18 : $M_b = 0.1663Pl$

ⅱ) 지점 반력
  $V_A = V_D = -0.1462P$ $V_B = V_C = 0.6462P$

ⅲ) 전단력
  $S_A = S_B{}^l = -0.1462P$ $S_B{}^r = S_b{}^l = 0.50P$
  $S_b{}^r = S_C{}^l = -0.50P$ $S_C{}^r = S_D = 0.1462P$

이상의 계산 결과는 3.2.2항의 계산 결과와 일치한다는 것을 알 수 있다.

(4) 부등 분포 하중을 받는 연속 거더

이제까지의 계산은 등분포 하중 또는 집중 하중을 대상으로 하였는데 변단면 연속 거더의 자중과 같은 경우는 부등 분포 하중이 된다. 여기서는 **그림 4 (5)**에 나타낸 연속 거더의 자중으로 인한 휨 모멘트 및 지점 반력을 구해 보자. 연속 거더 자중의 단위 체적 중량을 $2.4\text{tf}/\text{m}^3$으로 하고, 또 거더 높이는 포물선 변화를 하는 것으로 보고 그 ν를 구하면 $\nu = I_0/I_m = 1.0^3/1.71^3 = 0.2$가 된다. 임의의 위치의 분포 하중 q는 그 위치의 거더 단면적에 단위 체적 중량을 곱하면 구할 수 있다. 이 분포 하중 q를 등가인 집중 하중 Q로 바꿔 놓으면 앞에서 구한 변단면 연속 거더의 영향선(표 4.6)을 이용하여 휨 모멘트 및 지점 반력을 쉽게 구할 수 있다.

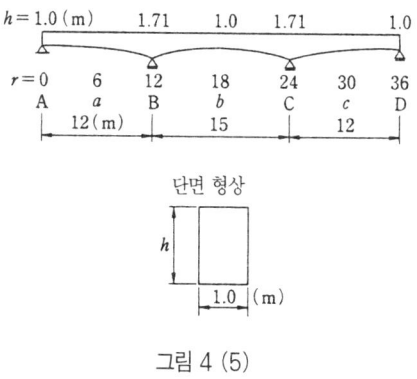

그림 4 (5)

분포 하중 q를 등가인 집중 하중 Q로 바꿔 놓는 데는 식 (2.33)에서 w 및 W 대신에 각각 q 및 Q로 놓으면 된다.

최초의 격점 : $Q_0 = (3.5q_0 + 3.0q_1 - 0.5q_2)\, \Delta x/12$

중간의 격점 : $Q_r = (q_{r-1} + 10q_r + q_{r+1})\, \Delta x/12$

최종의 격점 : $Q_n = (3.5q_n + 3.0q_{n-1} - 0.5q_{n-2})\, \Delta x/12$

표 4 (1)에는 각 경간 12등분점의 분포 하중 q 및 집중 하중 Q의 값을, 또 **표 4 (2)**에는 표 4.6의 영향선 종거 η과 휨 모멘트 및 지점 반력을 계산하기 위한 제수치를 나타낸다. 이로써 휨 모멘트 및 지점 반력을 구하면 다음과 같다.

$$M_a = l_1 \sum_{r=0}^{36} Q_r \cdot \eta_{6(r)} = 12 \times 1.73 = 20.8\,\text{tf}\cdot\text{m}$$

$$M_B = l_1 \sum_{r=0}^{36} Q_r \cdot \eta_{12(r)} = 12 \times (-5.23) = -62.8\,\text{tf}\cdot\text{m}$$

$$M_b = l_1 \sum_{r=0}^{36} Q_r \cdot \eta_{18(r)} = 12 \times 1.062 = 12.7\,\text{tf}\cdot\text{m}$$

$$V_A = \sum_{r=0}^{36} Q_r \cdot \eta_{A(r)} = 10.9 \text{tf} \qquad V_B = \sum_{r=0}^{36} Q_r \cdot \eta_{B(r)} = 47.0 \text{tf}$$

또, 임의의 격점 휨 모멘트, 전단력도 마찬가지로 하여 구할 수 있다.

표 4 (1) 12등분 격점의 분포 하중과 집중 하중의 계산 결과

측 경 간				중 앙 경 간			
격점 번호	거더 높이 (m)	분포 하중 q (tf/m)	집중 하중 Q (tf)	격점 번호	거더 높이 (m)	분포 하중 q (tf/m)	집중 하중 Q (tf)
0	1.0	2.400	1.201	12	1.710	4.104	2.451
1	1.005	2.412	2.414	13	1.493	3.583	4.489
2	1.020	2.448	2.450	14	1.316	3.158	3.957
3	1.044	2.506	2.508	15	1.177	2.825	3.541
4	1.079	2.590	2.592	16	1.079	2.590	3.247
5	1.123	2.695	2.697	17	1.020	2.448	3.070
6	1.177	2.825	2.827	18	1.0	2.400	3.010
7	1.242	2.981	2.983	19	1.020	2.448	3.070
8	1.316	3.158	3.160	20	1.079	2.590	3.247
9	1.399	3.358	3.360	21	1.177	2.825	3.541
10	1.493	3.583	3.585	22	1.316	3.158	3.957
11	1.597	3.833	3.835	23	1.493	3.583	4.489
12	1.710	4.104	2.006	24	1.710	4.104	2.451

표 4 (2) 휨 모멘트 및 지점 반력 계산용 영향선 종거

하중점	Q (tf)	휨 모멘트의 영향선			반력 영향선		하중점	Q (tf)	휨 모멘트의 영향선			반력 영향선	
		η_6	η_{12}	η_{18}	η_A	η_B			η_6	η_{12}	η_{18}	η_A	η_B
0	1.201	0	0	0	1.0	0	19	3.070	−0.0628	−0.1256	0.1195	−0.1256	0.5178
1	2.414	0.0274	−0.0285	−0.0082	0.8882	0.1442	20	3.247	−0.0496	−0.0992	0.0825	−0.0992	0.3899
2	2.450	0.0558	−0.0551	−0.0159	0.7782	0.2844	21	3.541	−0.0356	−0.0712	0.0539	−0.0712	0.2712
3	2.508	0.0860	−0.0780	−0.0226	0.6720	0.4167	22	3.957	−0.0222	−0.0444	0.0317	−0.0444	0.1663
4	2.592	0.1187	−0.0959	−0.0277	0.5708	0.5382	23	4.489	−0.0103	−0.0206	0.0143	−0.0206	0.0764
5	2.697	0.1545	−0.1076	−0.0311	0.4758	0.6465	24^l	2.451	0	0	0	0	0
6	2.827	0.1938	−0.1124	−0.0325	0.3876	0.7403	24^r	2.006	0	0	0	0	0
7	2.983	0.1533	−0.1102	−0.0319	0.3065	0.8187	25	3.835	0.0071	0.0142	−0.0097	0.0142	−0.0524
8	3.160	0.1163	−0.1008	−0.0292	0.2325	0.8821	26	3.585	0.0131	0.0262	−0.0180	0.0262	−0.0968
9	3.360	0.0827	−0.0846	−0.0245	0.1654	0.9309	27	3.360	0.0178	0.0357	−0.0245	0.0357	−0.1319
10	3.585	0.0523	−0.0621	−0.0180	0.1046	0.9660	28	3.160	0.0212	0.0425	−0.0292	0.0425	−0.1571
11	3.835	0.0248	−0.0336	−0.0097	0.0497	0.9886	29	2.983	0.0232	0.0464	−0.0319	0.0464	−0.1717
12^l	2.006	0	0	0	0	1.0	30	2.827	0.0237	0.0474	−0.0325	0.0474	−0.1752
12^r	2.451	0	0	0	0	1.0	31	2.697	0.0227	0.0453	−0.0311	0.0453	−0.1676
13	4.489	−0.0275	−0.0550	0.0143	−0.0550	0.9992	32	2.592	0.0202	0.0404	−0.0277	0.0404	−0.1494
14	3.957	−0.0502	−0.1004	0.0317	−0.1004	0.9786	33	2.508	0.0164	0.0329	−0.0226	0.0329	−0.1216
15	3.541	−0.0668	−0.1336	0.0539	−0.1336	0.9335	34	2.450	0.0116	0.0232	−0.0159	0.0232	−0.0859
16	3.247	−0.0762	−0.1525	0.0825	−0.1525	0.8618	35	2.414	0.0060	0.0120	−0.0082	0.0120	−0.0444
17	3.070	−0.0781	−0.1562	0.1195	−0.1562	0.7641	36	1.201	0	0	0	0	0
18	3.010	−0.0731	−0.1462	0.1663	−0.1462	0.6462							

제5장 PC 연속 거더의 부정정력의 계산

5.1 일반

프리스트레스트 콘크리트(이하, PC라고 한다) 연속 거더 구조에서는 프리스트레스력(긴장재에 따른 콘크리트 부재에 대한 압축력)으로 변형이 생겨 이것이 지점의 구속으로 강구조 또는 철근 콘크리트 구조에는 볼 수 없는 PC 특유의 부정정력이 발생한다. 또, 콘크리트 구조물에 대한 설계법이 종래의 허용 응력 설계법에서 직접적인 개개의 한계 상태를 대조 조사하는 한계 상태 설계법으로 이행함에 따른 단면력의 산정에는 매우 사세한 대응이 요구되게 되었다. 사용 상태에서 균열의 발생이 인정되는 부분(partial) PC에서는 하중으로 인한 균열로 부재의 강성이 저하하고, 단면력은 변동하게 되므로 그 영향이 커지는 경우에는 이것을 고려하여 단면력 산정을 해야 한다. 이 장에서는 이같은 문제에 대해서 기술한다.

또, 그 밖에 콘크리트 구조 특유의 크리프 및 건조 수축 문제에 대해서는 다른 전문 문헌을 참조하기 바란다.

5.2 프리스트레스력에 따른 부정정력의 계산

2경간 연속 거더의 중간 지점을 제외한 상태에서 긴장재가 직선적으로 배치되어 있는 경우를 생각해 보자. 이 긴장재가 거더 단면 도심보다 위쪽에 있는 경우에는 프리스트레스력 P에 따라 아래쪽에 변형을, 또 긴장재가 거더 단면 도심보다 아래쪽에 있는 경우에는 위쪽으로 휘어지게 된다. 그러나 이들의 변형은 중간 지점에 따라 구속되기 때문에 부정정력이 발생한다. 그림 5.1에 나타낸 바와 같은 등단면의 2경간 연속 거더의 부정정 반력을 구하면 앞에서 기술한 식 (1.1)에서 $\delta_1^{(0)} + \delta_1^{(X)} = 0$ 이므로 긴장재의 편심량을 e로 하면

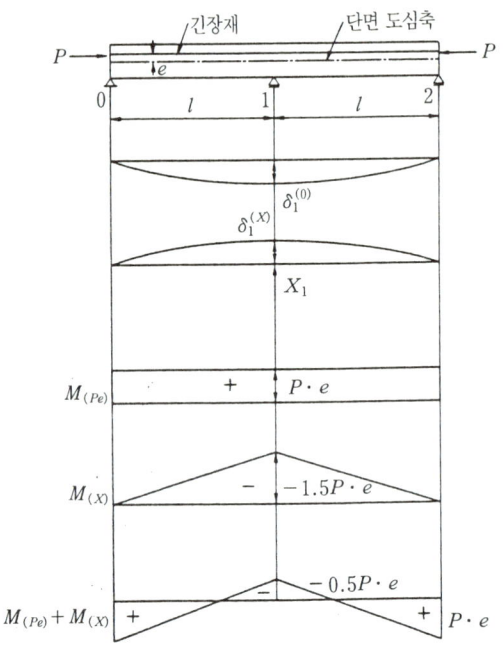

그림 5.1 프리스트레스력에 따른 부정정력(변형의 구속 조건)

$$\delta_1^{(0)} = \frac{P \cdot e(2l)^2}{8EI} = \frac{P \cdot el^2}{2EI}$$

$$\delta_1^{(X)} = -\frac{X_1(2l)^3}{48EI} = -\frac{X_1 l^3}{6EI}$$

이로써

$$X_1 = \frac{3P \cdot e}{l} \qquad M_{(X_1)} = -\frac{X_1(2l)}{4} = -1.5 P \cdot e$$

가 된다.

다음에 이 부정정력은 식 (1.4)에 나타낸 중간 지점 변형각의 연속 조건식으로도 간단히 구할 수 있다. 그림 5.2에 나타낸 바와 같이

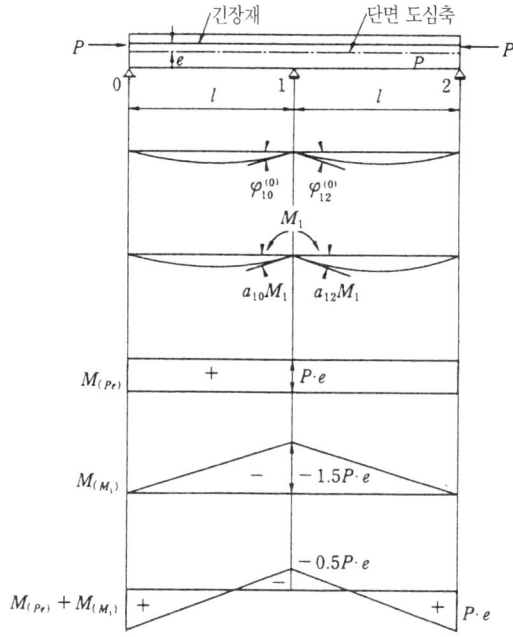

그림 5.2 프리스트레스력에 따른 부정정력(변형각의 연속 조건)

$$\varphi_{10}^{(0)} = -\frac{P \cdot el}{2EI} \qquad \varphi_{12}^{(0)} = \frac{P \cdot el}{2EI}$$

$$a_{10}M_1 = -\frac{M_1 l}{3EI} \qquad a_{12}M_1 = \frac{M_1 l}{3EI}$$

$$\varphi_{10}^{(0)} + a_{10}M_1 = \varphi_{12}^{(0)} + a_{12}M_1$$

이므로 이로써 $M_1 = -1.5P \cdot e$가 되어 그림 5.1의 경우와 일치한다.

이와 같이 프리스트레스력으로 인한 부정정력은 프리스트레스력에 따른 단순 거더의 지점 변형각이 구해지면 임의의 연속 거더에 대해서도 제3장에서 기술한 계산 방법에 따라 쉽게 계산할 수 있게 된다. 프리스트레스력에 따른 단순 거더의 지점 변형각에 대해서는 긴장재의 형상이 임의로 변화할 경우에도 제2장에서 기술한 탄성 격점 하중을 사용한 모어의 정리로 쉽게 계산할 수 있다.

5.3 부분 PC 연속 거더의 균열로 인한 강성 저하를 고려한 부정정력의 계산

정정 구조물의 휨 모멘트는 힘과 모멘트의 평형 조건만으로 구할 수 있으므로 균열로 인한 부재의 휨 강성의 저하가 휨 모멘트의 분포에 영향을 끼치는 일은 없다. 그러나 부정정 구조물에서는 균열로 휨 강성의 분포는 균열 전에 비하여 변화하므로 휨 모멘트 분포도 변화하게 된다. 이 균열의 영향을 고려하여 휨 모멘트를 계산하는 데는 부재의 휨 모멘트·곡률 관계를 구하고 이것이 부재의 모든 개소에 만족하는 휨 모멘트의 분포를 구하는 비선형 해석이 필요하다. 일반적으로 그림 5.3에 나타낸 바와 같은 휨 모멘트·곡률 ($M-\phi$) 관계를 사용하여 균열의 영향을 고려한 비선형 해석은 반복 계산으로 풀이하므로 수렴(收斂)하기까지에는 상당한 계산 횟수가 필요하게 되고, 또한 계산 방법도 복잡하게 되므로 실용적이라고는 할 수 없다. 그래서 균열로 인한 강성 저하를 고려한 부정정력의 실용 계산법을 다음에 기술하기로 한다.

5.3.1 균열로 인한 강성 저하를 고려한 부정정력의 실용 계산법

그림 5.3은 부분 PC 거더의 $M-\phi$ 관계를 나타낸 것이며, ϕ_I은 부재의 전체 단면을 효과있게 한 상태 I의 곡률을, 또 ϕ_{II}는 부재의 인장부를 무시한 상태 II의 곡률을 나타낸 것이다. 작용 휨 모멘트가 균열 휨 모멘트 M_{cr}보다 작은 범위에서는 곡률은 ϕ_I이 되지만, M_{cr}보다 커지면 균열이 발생하고, 이때 곡률은 상태 II의 ϕ_{II}가 되지 않고 ϕ_I과의 중간에 있는 ϕ_m이 된다. 이것은 균열 구간의 인장부 콘크리트가 철근과의 부착 작용 등으로 역시 인장 응력을 담당하기 때문이다.

그림 5.3에서 상태 I의 설계 하중에 따른 연속 거더의 휨 모멘트를 M_1으로 하고, 그때의 곡률을 ϕ_g로 한다. 이 경우 $M_1 > M_{cr}$이면 균열 발생으로 부재의 휨 강성은 저하하고, 곡률

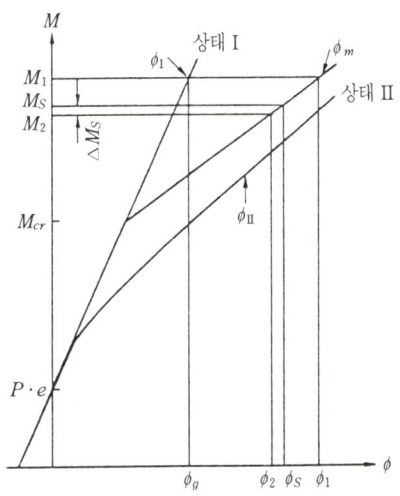

그림 5.3 $M-\phi$ 곡선과 균열에 따른 휨 모멘트 및 곡률의 변동

은 ϕ_g에서 ϕ_1으로 변화한다. 이 곡률 변화에 따라 부정정 휨 모멘트도 변화하므로 설계 하중으로 인한 휨 모멘트는 M_2가 되고, 곡률도 ϕ_2로 변화한다. 비선형 해석에서는 이러한 반복 계산을 함으로써 휨 모멘트의 수렴값(收斂値) M_s를 구할 수 있다.

이 경우 곡률 ϕ_1을 이용하여 구한 M_2와 수렴값 M_s와의 차 ΔM_s가 아주 작아지면 M_2의 값을 균열에 따른 강성 저하를 고려한 연속 거더의 휨 모멘트의 실용적인 풀이라고 할 수 있다.

이 풀이를 할 때에는 $M-\phi$ 관계의 모델화가 필요하다. 교량 등의 구조물에서는 일반적으로는 활하중 재하로 균열이 생기고, 또 이 하중은 반복을 동반하므로 특히 반복 재하에 대한 $M-\phi$ 관계가 중요하게 된다. 균열 부재가 반복 하중을 받으면 본드 슬립(bond slip)으로 인한 철근의 뒤틀림 증가로 균열 구간의 부재 평균 곡률 ϕ_m이 증대하게 된다. **그림 5.4**는 반복 하중을 받는 $M-\phi$ 관계의 개념도를 나타낸 것인데 초기 재하시(初載荷時)의 곡류 A점은 반복 하중으로 B점으로 이행한다. 또한 반복 하중의 최대값 M_s가 다를 경우 서행 재하시(徐荷時) 또는 재재하시(再載荷時)의 $M-\phi_m$ 관계는 그림에 나타낸 바와 같이 동일 곡선이 되지 않아 이것은 M_s 중에 부정정력을 포함한 부정정 구조 단면력의 해석을 더욱 복잡한 것으로 한다.

저자가 행한 부분 PC 거더의 $M-\phi$ 관계의 실험에 따르면 **그림 5.5**에 나타낸 바와 같이 사용 상태에 대한 설계 하중의 범위에서는 초기 재하시 균열 발생 후의 곡률은 거의 ϕ_{II}'가 되고, 또 반복 재하에 따른 곡률의 증가는 거의 ϕ_{II}'에서 ϕ_{II}까지의 범위가 되므로 실용적으로는 이 ϕ_{II}'와 ϕ_{II}와의 중심선을 부재 균열 구간의 평균 곡률 ϕ_m으로 하면 이것이 반복 재

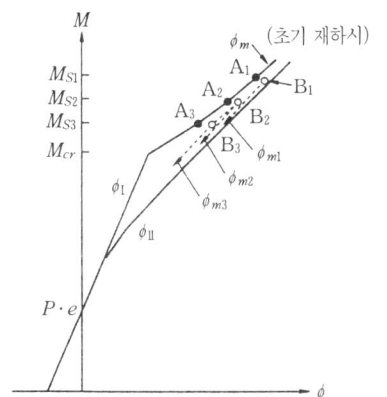
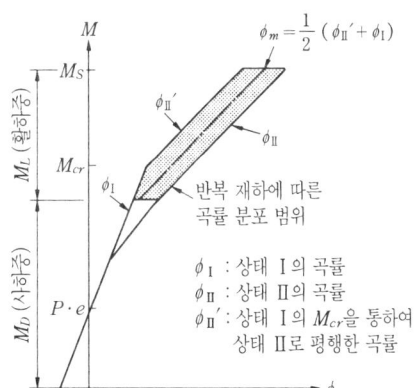

그림 5.4 균열 발생 후의 서행 재하시 및 재재하시의 휨 모멘트·곡률 관계

그림 5.5 사용 상태의 반복 재하에 따른 곡률 분포

하에 따른 곡률의 모든 영역 대부분에 평균적인 값을 주게 되고, 또 이 $M-\phi_m$ 관계는 직선이 되고 또한 M_s의 크기에 관계없이 공통 $M-\phi_m$으로써 나타낼 수 있게 된다.

그림 5.6에 저자(猪又 稔(いのまた みのる))가 제안한 $M-\phi_m$ 관계의 모델을 나타낸다. 이로써 부분 PC 거더의 반복 재하에 대한 $M-\phi_m$ 관계는 다음과 같다.

$M<M_{cr}$ (균열 발생의 이력이 있는 경우는 $M<\overline{M_{cr}}$)

$$\phi_{m_{1)}} = \frac{M - P \cdot e}{EI_g} \tag{5.1}$$

$M \geqq M_{cr}$ (균열 발생의 이력이 있는 경우는 $M \geqq \overline{M_{cr}}$)

$$\phi_{m_{2)}} = \frac{M - M_m}{EI_{cr}} \tag{5.2}$$

다만,

$$M_m = \frac{M_{cr}}{2}\left(1 - \frac{I_{cr}}{I_g}\right) + \frac{P \cdot eI_{cr}}{2I_g} + \frac{P_0(d_P - X)}{2} \tag{5.3}$$

이때, I_g : 전체 단면을 효과 있게 한 상태 I에 대한 단면 도심에 관한 단면 2차 모멘트, I_{cr} : 콘크리트 부재의 인장부를 무시한 상태 II에서 PC 강재를 철근의 일부로 본 가상 RC 단면의 휨만을 받는 경우의 중립축에 관한 단면 2차 모멘트, E : 콘크리트의 영 계수, P : 프리스트레스력, P_0 : 단면 응력 0의 상태를 기준으로 한 프리스트레스력(탄성 변형 전의 프리스트레스력), d_P : 단면 압축연(壓縮緣)에서 프리스트레스력 작용점까지의 거리, X : 상태 II에 대한 가상 RC 단면의 휨만을 받는 경우의 단면 압축연에서 중립축까지의 거리, e : 상태 I에 대한

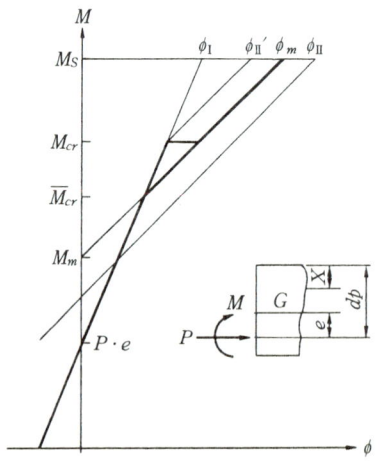

그림 5.6 휨 모멘트·곡률 관계 모델

프리스트레스력의 편심 거리이다. 또, 균열 휨 모멘트 M_{cr}은 효과 있는 프리스트레스를 σ_{ce}, 콘크리트의 휨 강도를 f_{bd}, 부재 인장연(引張緣)의 단면 계수를 Z라고 하면 식 (5.4)와 같다. 또, $\overline{M}_{cr}$은 균열 발생의 하중 이력이 있는 경우 겉보기 균열 휨 모멘트이며, 식 (5.5)의 값이다.

$$M_{cr} = (\sigma_{ce} + f_{bd})Z \tag{5.4}$$

$$\overline{M}_{cr} = \frac{M_m I_g - P \cdot e I_{cr}}{I_g - I_{cr}} \tag{5.5}$$

앞에서 기술한 ΔM_s의 값이 아주 작아지면 실용적 계산법으로서 다음과 같은 순서로 부정정 휨 모멘트를 구할 수 있다.

① 연속 거더의 지간 길이를 적당한 수(10등분 정도)로 분할하고 상태 I의 전체 단면을 효과적인 선형 계산으로 분할 단면에 대한 연속 거더로서 휨 모멘트 M을 구한다.

② 각 분할 단면에서 $M < M_{cr}$ (균열 발생의 이력이 있는 경우는 $M < \overline{M}_{cr}$이면 식 (5.1)의 $\phi_{m_1)}$을, 또 $M \geq M_{cr}$ (균열 발생의 이력이 있는 경우는 $M \geq \overline{M}_{cr}$)이면 식 (5.2)의 $\phi_{m_2)}$를 사용하여 연속 거더의 휨 모멘트를 구한다.

이 실용 계산법으로 구한 연속 거더의 휨 모멘트(그림 5.3에 대한 M_2)가 비선형 해석으로 구한 값 M_s에 비해서 실용적으로 충분한 정밀도를 가졌는가를 부분 PC 연속 거더교 수치 계산으로 검토해 보자. 연속 거더의 부정정 휨 모멘트는 그림 5.7에 나타낸 바와 같이 균열의 발생 상황으로 복잡한 거동을 나타내게 되는데 균열이 어느 위치에 발생하는가는 각 단면의 프리스트레스로 결정한다. 수치 계산에 쓰이는 연속 거더교의 제수치 및 균열 패턴을 그림 5.8 및 그림 5.9에 나타낸다.

표 5.1은 연속 거더의 중간 지점의 부정정 휨 모멘트 M_B에 대해서 실용 계산법에 따른

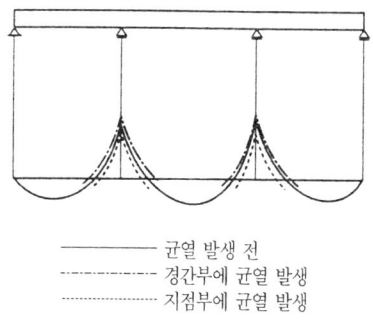

———— 균열 발생 전
--------- 경간부에 균열 발생
·········· 지점부에 균열 발생

그림 5.7 균열 발생에 따른 휨 모멘트 분포 변동

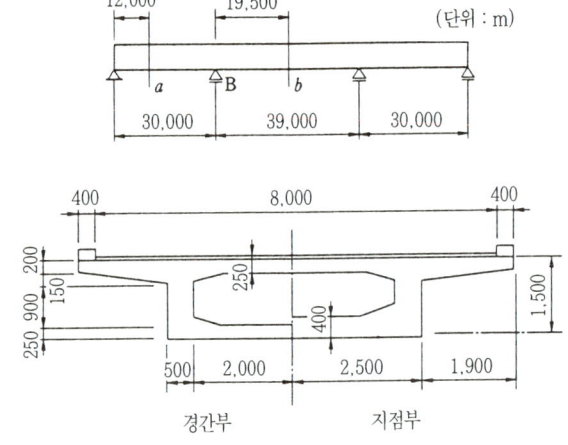

그림 5.8 부분 PC 연속 거더교의 제수치

표 5.1 각 계산법에 따른 M_B의 계산값 비교

균열 패턴	비선형 계산값 (tf·m)	실용 계산값 / 비선형 계산값	비선형 계산값 / 선형 계산값
1	−2,376	0.99	0.93
2	−2,947	1.01	1.07
3	−2,977	1.01	1.06
4	−3,087	1.01	1.07
5	−2,903	1.01	1.04

계산값과 비선형 계산값과의, 또 비선형 계산값과 상태 I의 전체 단면을 효과 있게 한 선형 계산값과의 비교를 나타낸 것이다. 이로써 실용 계산법에 따른 계산값은 비선형 계산값과의 차이가 작아 실용적으로는 충분히 유용한 점, 또 전체 단면을 효과 있게 한 선형 계산값은 균열로 그 값이 변동한다는 것을 알 수 있다.

5.3.2 균열로 인한 강성 저하를 고려한 부정정력의 계산 예

실용 계산법으로 그림 5.9에 나타낸 경간부에 균열이 발생하는 패턴 4의 연속 거더에 대

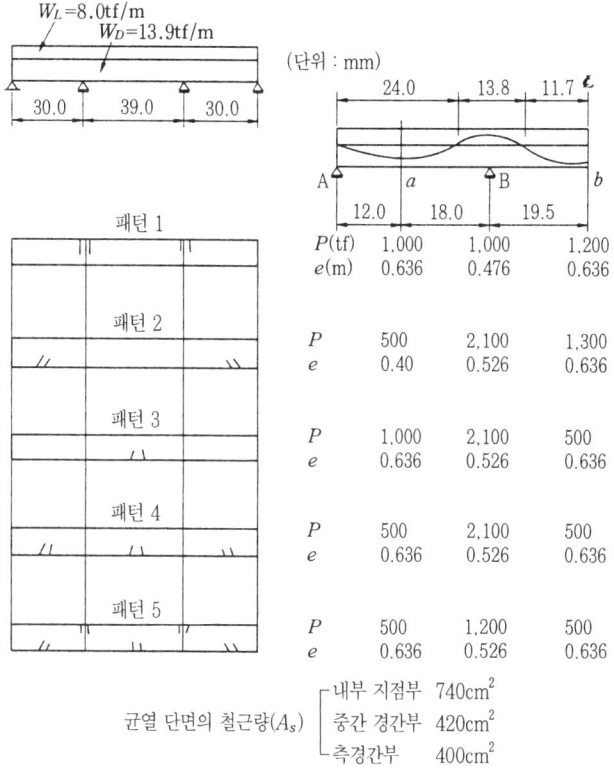

그림 5.9 균열 패턴 및 프리스트레스력

해서 부정정 휨 모멘트를 구한다. 우선 상태 I의 전체 단면을 효과 있게 한 선형 계산법으로 연속 거더의 부정정 휨 모멘트 M_B(프리스트레스력에 따른 부정정 휨 모멘트를 포함)를 구한다. 구체적인 계산 방법으로써 제3장의 3련 모멘트 식으로 계산하면 된다. 또, 프리스트레스력에 따른 부정정 휨 모멘트의 계산 방법에 대해서는 앞의 5.2절에서 다루었으므로 참조하기 바란다.

이 계산의 예에서는 그림 5 (1)에 나타낸 바와 같이 각 경간을 10분할하고 탄성 격점 하중을 사용한 모어의 정리에 따라 지점 변형각을 구하고 3련 모멘트 식으로 부정정력 계산을 하였다. 이 선형 계산에 따른 연속 거더의 휨 모멘트 계산 결과를 표 5 (1)의 *1에 나타내었다. 다음에 $M_I < M_{cr}$이면 식 (5.1)의 $\phi_{m_1)}$을, 또 $M_I \geqq M_{cr}$이면 식 (5.2)의 $\phi_{m_2)}$를 사용하여 다시 한번 계산을 한다. 이때, ϕ_m은 제2장에서 다룬 모어의 정리에 대한 탄성 하중 w와 같은 값이며, 정정 기본계인 단순 거더의 지점 변형각은 쉽게 계산할 수 있다. 따라서 부정정 휨 모멘트 M_B는 앞의 계산과 마찬가지로 하고 제3장의 3련 모멘트 식으로 계산하면 된다. 계산에

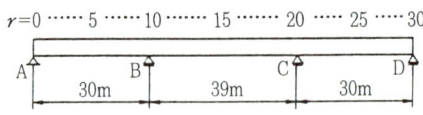

그림 5 (1) 거더의 분할점 번호

표 5 (1) 부정정 휨 모멘트 M_B의 계산용 제수치

분할점 No.r	*1 M_l (tf·m)	*2 M_{cr} (tf·m)	*3 ϕ의 사용 구분	*4 M (tf·m)	$P\cdot e$ (tf·m)	*5 M_m (tf·m)	*6 $E\phi_{m1)}$ (tf·m^{-3})	*7 $E\phi_{m2)}$ (tf·m^{-3})
0	0	648	$\phi_{m1)}$	0	0		0	
1	597	787	$\phi_{m1)}$	$887+0.1M_B$	139		$530+0.0708M_B$	
2	997	886	$\phi_{m2)}$	$1,577+0.2M_B$	239	568		$2,705+0.5362M_B$
3	1,200	946	$\phi_{m2)}$	$2,070+0.3M_B$	298	629		$3,863+0.8043M_B$
4	1,206	966	$\phi_{m2)}$	$2,365+0.4M_B$	318	650		$4,598+1.0724M_B$
5	1,015	946	$\phi_{m2)}$	$2,464+0.5M_B$	298	629		$4,920+1.3405M_B$
6	626	886	$\phi_{m1)}$	$2,365+0.6M_B$	239		$1,506+0.4249M_B$	
7	41	787	$\phi_{m1)}$	$2,070+0.7M_B$	139		$1,368+0.4958M_B$	
8	−742	−1,530	$\phi_{m1)}$	$1,577+0.8M_B$	−88		$1,060+0.5092M_B$	
9	−1,722	−1,530	$\phi_{m1)}$	$887+0.9M_B$	−851		$1,106+0.5729M_B$	
10	−2,898	−1,530	$\phi_{m1)}$	$0+1.0M_B$	−1,105		$703+0.6365M_B$	
11	−1,399	−1,530	$\phi_{m1)}$	$1,499+1.0M_B$	−851		$1,496+0.6365M_B$	
12	−234	−1,530	$\phi_{m1)}$	$2,665+1.0M_B$	−88		$1,752+0.6365M_B$	
13	599	824	$\phi_{m1)}$	$3,498+1.0M_B$	177		$2,352+0.7082M_B$	
14	1,098	930	$\phi_{m2)}$	$3,997+1.0M_B$	283	613		$9,072+2.6810M_B$
15	1,265	966	$\phi_{m2)}$	$4,164+1.0M_B$	318	650		$9,421+2.6810M_B$

*1 : 전체 단면을 효과 있게 한 상태 I의 선형 계산으로 구한 연속 거더의 휨 모멘트(프리스트레스력에 따른 부정정 휨 모멘트를 포함)이다.
*2 : 균열 휨 모멘트를 나타낸다.
*3 : $M_l<M_{cr}$이면 식 (5.1)의 $\phi_{m1)}$을, 또 $M_l \geqq M_{cr}$이면 식 (5.2)의 $\phi_{m2)}$로 한다.
*4 : 정정 기본계의 단순 거더 휨 모멘트와 부정정 휨 모멘트(프리스트레스력에 따른 부정정 휨 모멘트를 포함)를 가산한 휨 모멘트로 식 (5.1) 및 식 (5.2)에 사용한 M이다.
*5 : 식 (5.3)로 구한다.
*6 : 식 (5.1)로 구한다.
*7 : 식 (5.2)로 구한다.

필요한 제수치를 표 5 (1)에 나타낸다. 이로써 탄성 격점 하중을 구하고 중간 지점 B의 좌우 변형각을 구하면,

$$E\theta_B{}^l = -(1015.46+0.3287\,M_B)\times 30$$
$$E\theta_B{}^r = -(1982.25+0.6321\,M_B)\times 39$$

이 되고, 연속 조건으로 좌우의 변형각은 같은 ($\theta_B{}^l = \theta_B{}^r$) 것이므로 $M_B = -3,122$tf·m가 된다. 이것은 표 5.1에 나타낸 비선형 계산값의 $M_B = -3,087$tf·m와 비교해서 아주 근사하다는 것을 알았다.

제6장 격자 거더의 계산

6.1 일반

격자 거더란 메인 거더와 가로보(가로 거더)를 격자상으로 조립하여 가로 방향의 하중 분배를 기대할 수 있도록 한 거더 구조를 말한다. 격자 거더의 해법에 대해서는 기욘 마소네(Guyon-Massonnet)가 연구한 직교 이방성 판이론(直交 異方性 板理論), 레온하르트(Leonhardt) 및 홈베르크(Homberg)가 연구한 격자 거더 이론이 잘 알려져 있다. 여기서 다루는 격자 거더의 해법은 앞의 제3장에서 기술한 탄성 지점상의 연속 거더 해법을 격자 거더의 해법으로 확장한 것이다.

즉, 가로 거더를 탄성 지점(메인 거더)에 지지된 연속 거더라고 보고, 지점 좌우의 회전각(節点角)의 연속 조건으로 가로 거더의 절점 모멘트를 구하고 격자 거더를 계산하는 방법이다. 격자 거더 설계시에는 강격자 거더의 경우는 메인 거더의 비틀림 강성이 작으므로 이것을 무시하고, 콘크리트 격자 거더의 경우는 비틀림 강성이 크므로 이것을 고려하는 것이 일반적이다. 따라서 여기서는 메인 거더의 비틀림 강성을 무시한 경우와 고려한 경우의 해법에 대해서, 또한 격자 거더의 하중 분배에 대해서 기술한다.

6.2 메인 거더의 비틀림 강성을 무시한 격자 거더의 해법

6.2.1 중간 가로 거더가 1개인 격자 거더

(1) 각 메인 거더의 휨 강성이 같은 경우

그림 6.1에 나타낸 n개의 메인 거더와 메인 거더 지간 중앙에 가로 거더가 1개 배치되어 있는 격자 거더를 생각해 보자. 이 가로 거더는 탄성 지점(메인 거더)에 지지된 연속 거더이며 따라서 앞의 식 (3.21)에 나타낸 5련 모멘트 식을 적용할 수 있게 된다.

식 (3.21)에서 메인 거더 지간 l 대신에 메인 거더의 간격을 a로 하고, 하중에 따른 메인 거더의 변형각 $\varphi^{(0)}$ 대신에 가로 거더 변형각 τ^0로 하고, 또 메인 거더 r의 가로 거더 위치에 대한 탄성 침하 $V_r^{(0)}/c$를 $\delta_{(r)}^0$로 나타내면 식 (3.21)은 다음과 같다.

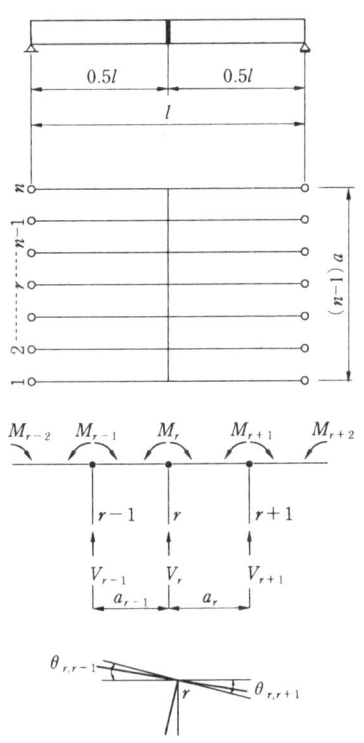

그림 6.1 격자 거더의 개요 및 가로 거더의 절점 모멘트와 변형

$$\left.\begin{array}{l}\beta M_{r-2}+(1-4\beta)M_{r-1}+2(2+3\beta)M_r+(1-4\beta)M_{r+1}+\beta M_{r+2}=B_r\\B_r=\dfrac{6EI}{a^2}(-\delta^0_{(r-1)}+2\delta^0_{(r)}-\delta^0_{(r+1)})+\dfrac{6EI}{a}(\tau^0_{r,r-1}-\tau^0_{r,r+1})\end{array}\right\} \quad (6.1)$$

또, 가로 거더 지점의 스프링 상수 c의 역수는 가로 거더 위치(메인 거더의 지간 중앙)에 대한 메인 거더의 $P=1$에 따른 변형과 같으므로

$$\left.\begin{array}{l}\dfrac{1}{c}=\dfrac{l^3}{48E_0I_0}\\\therefore\quad \beta=\dfrac{6EI}{ca^3}=\dfrac{1}{8}\cdot\dfrac{EI}{E_0I_0}\left(\dfrac{l}{a}\right)^3\end{array}\right\} \quad (6.2)$$

가 된다. 이 β는 격자 휨 강도라는 것으로 EI는 가로 거더의 휨 강성, E_0I_0는 메인 거더의 휨 강성, a는 메인 거더 간격, l은 메인 거더의 지간 길이이다.

식 (6.1)에서 $r=2 \sim (n-1)$로 놓음으로써 $(n-2)$개의 연립 방정식을 구할 수 있으므로 이것을 풀면 $M_2 \sim M_{n-1}$의 $(n-2)$개의 가로 거더 지점의 부정정 휨 모멘트(절점 모멘트)를 구할 수 있다.

(2) 각 메인 거더의 휨 강성이 다를 때

식 (3.20)에서 모든 경간 길이를 l로 하고, 또 이 l을 메인 거더 간격 a로 치환하고 다시 두 변을 a로 나누면 다음 식과 같다.

$$\dfrac{1}{c_{r-1}}\cdot\dfrac{6EI}{a^3}M_{r-2}+\left[1-\dfrac{6EI}{a^3}\left(\dfrac{2}{c_{r-1}}+\dfrac{2}{c_r}\right)\right]M_{r-1}$$
$$+\left[4+\dfrac{6EI}{a^3}\left(\dfrac{1}{c_{r-1}}+\dfrac{4}{c_r}+\dfrac{1}{c_{r+1}}\right)\right]M_r$$
$$+\left[1-\dfrac{6EI}{a^3}\left(\dfrac{2}{c_r}+\dfrac{2}{c_{r+1}}\right)\right]M_{r+1}+\dfrac{6EI}{a^3}\cdot\dfrac{1}{c_{r+1}}M_{r+2}$$
$$=\dfrac{6EI}{a^2}\left[-\delta^0_{(r-1)}+2\delta^0_{(r)}-\delta^0_{(r+1)}+a(\tau^0_{r,r-1}-\tau^0_{r,r+1})\right] \quad (6.3)$$

6.2.2 중간 가로 거더가 복수인 격자 거더

여기서 다루는 격자 거더는 각 메인 거더의 휨 강성이 같고 또한 메인 거더의 간격도 같은 것으로 한다. 그림 6.2에 나타낸 n개의 메인 거더와 3개의 가로 거더로 이루는 격자 거더에서 가로 거더 (1), (2) 및 (3)의 지점 부정정 휨 모멘트(절점 휨 모멘트)를 $\overset{(1)}{M}, \overset{(2)}{M}, \overset{(3)}{M}$이라

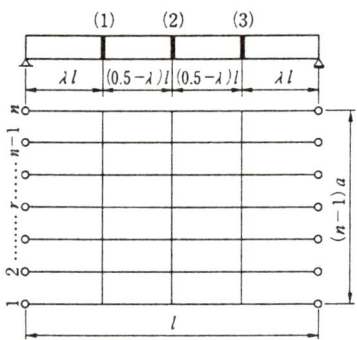

그림 6.2 중간 가로 거더 3개의 격자 거더

고 하면, 앞에서 기술한 바와 같게 하여 다음 식을 구할 수 있다.

가로 거더 (1)의 조건식

$$\beta_1 \overset{(1)}{M}_{r-2} + (1-4\beta_1)\overset{(1)}{M}_{r-1} + 2(2+3\beta_1)\overset{(1)}{M}_r + (1-4\beta_1)\overset{(1)}{M}_{r+1} + \beta_1 \overset{(1)}{M}_{r+2}$$
$$+ \beta_2 \overset{(2)}{M}_{r-2} - 4\beta_2 \overset{(2)}{M}_{r-1} + 6\beta_2 \overset{(2)}{M}_r - 4\beta_2 \overset{(2)}{M}_{r+1} + \beta_2 \overset{(2)}{M}_{r+2}$$
$$+ \beta_3 \overset{(3)}{M}_{r-2} - 4\beta_3 \overset{(3)}{M}_{r-1} + 6\beta_3 \overset{(3)}{M}_r - 4\beta_3 \overset{(3)}{M}_{r+1} + \beta_3 \overset{(3)}{M}_{r+2} = \overset{(1)}{B}_r \tag{6.4}$$

가로 거더 (2)의 조건식

$$\beta_2 \overset{(1)}{M}_{r-2} - 4\beta_2 \overset{(1)}{M}_{r-1} + 6\beta_2 \overset{(1)}{M}_r - 4\beta_2 \overset{(1)}{M}_{r+1} + \beta_2 \overset{(1)}{M}_{r+2}$$
$$+ \beta_4 \overset{(2)}{M}_{r-2} + (1-4\beta_4)\overset{(2)}{M}_{r-1} + 2(2+3\beta_4)\overset{(2)}{M}_r + (1-4\beta_4)\overset{(2)}{M}_{r+1} + \beta_4 \overset{(2)}{M}_{r+2}$$
$$+ \beta_2 \overset{(3)}{M}_{r-2} - 4\beta_2 \overset{(3)}{M}_{r-1} + 6\beta_4 \overset{(3)}{M}_r - 4\beta_2 \overset{(3)}{M}_{r+1} + \beta_2 \overset{(3)}{M}_{r+2} = \overset{(2)}{B}_r \tag{6.5}$$

가로 거더 (3)의 조건식

$$\beta_3 \overset{(1)}{M}_{r-2} - 4\beta_3 \overset{(1)}{M}_{r-1} + 6\beta_3 \overset{(1)}{M}_r - 4\beta_3 \overset{(1)}{M}_{r+1} + \beta_3 \overset{(1)}{M}_{r+2}$$
$$+ \beta_2 \overset{(2)}{M}_{r-2} - 4\beta_2 \overset{(2)}{M}_{r-1} + 6\beta_2 \overset{(2)}{M}_r - 4\beta_2 \overset{(2)}{M}_{r+1} + \beta_2 \overset{(2)}{M}_{r+2}$$
$$+ \beta_1 \overset{(3)}{M}_{r-2} + (1-4\beta_1)\overset{(3)}{M}_{r-1} + 2(2+3\beta_1)\overset{(3)}{M}_r + (1-4\beta_1)\overset{(3)}{M}_{r+1} + \beta_2 \overset{(3)}{M}_{r+2}$$
$$= \overset{(3)}{B}_r \tag{6.6}$$

$$\left. \begin{array}{l} \beta_1 = 2\lambda^2(1-\lambda)^2 \dfrac{EI}{E_0 I_0}\left(\dfrac{l}{a}\right)^3, \quad \beta_2 = \dfrac{\lambda(3-4\lambda^2)}{8}\dfrac{EI}{E_0 I_0}\left(\dfrac{l}{a}\right)^3 \\ \beta_3 = \lambda^2(1-2\lambda^2)\dfrac{EI}{E_0 I_0}\left(\dfrac{l}{a}\right)^3, \quad \beta_4 = \dfrac{1}{8}\dfrac{EI}{E_0 I_0}\left(\dfrac{l}{a}\right)^3 \end{array} \right\}$$

$$\left.\begin{array}{l}\overset{(1)}{B_r}=\dfrac{6EI}{a^2}(-\delta^0_{1(r-1)}+2\delta^0_{1(r)}-\delta^0_{1(r+1)})+\dfrac{6EI}{a}(\overset{(1)}{\tau}{}^0_{r,r-1}-\overset{(1)}{\tau}{}^0_{r,r+1})\\[2mm]\overset{(2)}{B_r}=\dfrac{6EI}{a^2}(-\delta^0_{2(r-1)}+2\delta^0_{2(r)}-\delta^0_{2(r+1)})+\dfrac{6EI}{a}(\overset{(2)}{\tau}{}^0_{r,r-1}-\overset{(2)}{\tau}{}^0_{r,r+1})\\[2mm]\overset{(3)}{B_r}=\dfrac{6EI}{a^2}(-\delta^0_{3(r-1)}+2\delta^0_{3(r)}-\delta^0_{3(r+1)})+\dfrac{6EI}{a}(\overset{(3)}{\tau}{}^0_{r,r-1}-\overset{(3)}{\tau}{}^0_{r,r+1})\end{array}\right\}$$

(6.7)

이때, $\delta^0_{i(r)}$: 하중에 따른 가로 거더 (i)의 위치에 대한 메인 거더 r의 변형

$\overset{(i)}{\tau}{}^0$: 정정 기본계에 대한 가로 거더 (i)의 지점 변형각

식 (6.4), (6.5) 및 (6.6)에서 각각의 가로 거더에 대해서 $M_2 \sim M_{n-1}$의 ($n-2$)개, 합계 $3(n-2)$개의 방정식을 구할 수 있다. 이것을 매트릭스로 나타내면,

$$\left.\begin{array}{l}\begin{bmatrix}A_{11} & A_{12} & A_{13}\\ A_{21} & A_{22} & A_{23}\\ A_{31} & A_{32} & A_{33}\end{bmatrix}\begin{Bmatrix}\overset{(1)}{M}\\ \overset{(2)}{M}\\ \overset{(3)}{M}\end{Bmatrix}=\begin{Bmatrix}\overset{(1)}{B}\\ \overset{(2)}{B}\\ \overset{(3)}{B}\end{Bmatrix}\\[4mm]\overset{(i)}{M}=\begin{Bmatrix}M_{12}\\ M_{21}\\ \vdots\\ M_{r,r-1}\\ M_{r,r+1}\\ \vdots\\ M_{n-1,n}\\ M_{n,n-1}\end{Bmatrix}\quad\overset{(i)}{B}=\begin{Bmatrix}B_{12}\\ B_{21}\\ \vdots\\ B_{r,r-1}\\ B_{r,r+1}\\ \vdots\\ B_{n-1,n}\\ B_{n,n-1}\end{Bmatrix}\end{array}\right\}$$

(6.8)

이때, 서브 매트릭스 A는 어느 것이나 ($n-2$)차의 정방 매트릭스로 다음과 같다.

$$\begin{array}{c}A_{11}\\(A_{33})\end{array}=\begin{bmatrix}2(2+3\beta_1) & 1-4\beta_1 & \beta_1 & & & & 0\\ & 2(2+3\beta_1) & 1-4\beta_1 & \beta_1 & & &\\ & & 2(2+3\beta_1) & 1-4\beta_1 & \beta_1 & &\\ & & & & & & \beta_1\\ & \text{Sym.} & & & & & 1-4\beta_1\\ & & & & & & 2(2+3\beta_1)\end{bmatrix}$$

$$\begin{pmatrix} \boldsymbol{A}_{12} \\ \boldsymbol{A}_{21} \\ \boldsymbol{A}_{23} \\ \boldsymbol{A}_{32} \end{pmatrix} = \begin{bmatrix} 6\beta_2 & -4\beta_2 & \beta_2 & & & & \\ & 6\beta_2 & -4\beta_2 & \beta_2 & & 0 & \\ & & 6\beta_2 & -4\beta_2 & \beta_2 & & \\ & & & & & & \beta_2 \\ & \text{Sym.} & & & & & -4\beta_2 \\ & & & & & & 6\beta_2 \end{bmatrix}$$

$$\begin{pmatrix} \boldsymbol{A}_{13} \\ (\boldsymbol{A}_{31}) \end{pmatrix} = \begin{bmatrix} 6\beta_3 & -4\beta_3 & \beta_3 & & & & \\ & 6\beta_3 & -4\beta_3 & \beta_3 & & 0 & \\ & & 6\beta_3 & -4\beta_3 & \beta_3 & & \\ & & & & & & \beta_3 \\ & \text{Sym.} & & & & & -4\beta_3 \\ & & & & & & 6\beta_3 \end{bmatrix}$$

$$\boldsymbol{A}_{22} = \begin{bmatrix} 2(2+3\beta_4) & 1-4\beta_4 & \beta_4 & & & & 0 \\ & 2(2+3\beta_4) & 1-4\beta_4 & \beta_4 & & & \\ & & 2(2+3\beta_4) & 1-4\beta_4 & \beta_4 & & \\ & & & & & & \beta_4 \\ & \text{Sym.} & & & & & 1-4\beta_4 \\ & & & & & & 2(2+3\beta_4) \end{bmatrix}$$

그림 6.3은 n개의 메인 거더와 중간 가로 거더가 1개, 2개 및 3개의 격자 거더에 대해서 가로 거더의 절점 모멘트의 계산식을 정리한 것이다.

격자 거더의 종별	계 산 식	
(1) (2) (3) △────┼───┼───△ λl |$(0.5-\lambda)l$|$(0.5-\lambda)l$| λl l	$\begin{Bmatrix} \overset{(1)}{\boldsymbol{M}} \\ \overset{(2)}{\boldsymbol{M}} \\ \overset{(3)}{\boldsymbol{M}} \end{Bmatrix} = \begin{bmatrix} \boldsymbol{A}_{11} & \boldsymbol{A}_{12} & \boldsymbol{A}_{13} \\ \boldsymbol{A}_{21} & \boldsymbol{A}_{22} & \boldsymbol{A}_{23} \\ \boldsymbol{A}_{31} & \boldsymbol{A}_{32} & \boldsymbol{A}_{33} \end{bmatrix}^{-1} \begin{Bmatrix} \overset{(1)}{\boldsymbol{B}} \\ \overset{(2)}{\boldsymbol{B}} \\ \overset{(3)}{\boldsymbol{B}} \end{Bmatrix}$	(6.9)
(1) (3) △───┼─────┼───△ λl | $(1-2\lambda)l$ | λl l	$\begin{Bmatrix} \overset{(1)}{\boldsymbol{M}} \\ \overset{(3)}{\boldsymbol{M}} \end{Bmatrix} = \begin{bmatrix} \boldsymbol{A}_{11} & \boldsymbol{A}_{13} \\ \boldsymbol{A}_{31} & \boldsymbol{A}_{33} \end{bmatrix}^{-1} \begin{Bmatrix} \overset{(1)}{\boldsymbol{B}} \\ \overset{(3)}{\boldsymbol{B}} \end{Bmatrix}$	(6.10)
(2) △─────┼─────△ $0.5l$ | $0.5l$ l	$\overset{(2)}{\boldsymbol{M}} = \boldsymbol{A}_{22}^{-1} \overset{(2)}{\boldsymbol{B}}$	(6.11)

가로 거더 (i)의 절점 모멘트 $\overset{(i)}{M}$이 구해지면 메인 거더 r에 작용하는 수직력(격점력) $\overset{(i)}{V_r}$은 다음과 같다.

$$\overset{(i)}{V_r} = \frac{1}{a}\,(M_{r-1} - 2M_r + M_{r+1})^{(i)} \tag{6.12}$$

또, 메인 거더 r의 임의의 위치 j의 단면력 $F_{j(r)}$은 다음과 같다.

$$F_{j(r)} = \sum_{i=1}^{3} \overline{F}_{ji(r)} \overset{(i)}{V_r} + F_{j(r)}^{0} \tag{6.13}$$

이때, $F_{ij(r)}$은 메인 거더 r의 가로 거더 (i)의 위치에 단위 집중 하중이 작용하였을 때의 점 j의 단면력($M\&S$)이며, $F_{j(r)}^{0}$은 하중에 따른 메인 거더의 점 j의 단면력이다.

6.2.3 격자 거더의 계산 예

그림 6 (1)에 나타낸 바와 같이 4개의 메인 거더 지간 중앙에 중간 가로 거더가 1개 배치되어 있는 격자 거더의 격점력 V 및 메인 거더의 지간 중앙의 휨 모멘트 영향면의 종거(縱距)를 구한다.

메인 거더 간격 $a=2.5\text{m}$, 메인 거더 지간 길이 $l=40\text{m}$, 메인 거더와 가로 거더의 휨 강성비$=EI/E_0 I_0 = 1/25.6$

식 (6.11)에서

$$\boldsymbol{M} = \boldsymbol{A}_{22}^{-1} \boldsymbol{B} \qquad \boldsymbol{A}_{22} = \begin{bmatrix} 2(2+3\beta_4) & 1-4\beta_4 \\ 1-4\beta_4 & 2(2+3\beta_4) \end{bmatrix}$$

식 (6.7)에서

$$\beta_4 = \frac{1}{8} \cdot \frac{1}{25.6} \left(\frac{40}{2.5}\right)^3 = 20$$

이므로

$$\boldsymbol{A}_{22} = \begin{bmatrix} 124 & -79 \\ -79 & 124 \end{bmatrix} \qquad \boldsymbol{A}_{22}^{-1} = \begin{bmatrix} 0.013574 & 0.008648 \\ 0.008648 & 0.013574 \end{bmatrix}$$

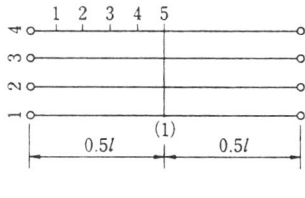

그림 6 (1)

따라서

$$\overset{(1)}{M_2} = 0.013574 \overset{(1)}{B_2} + 0.008648 \overset{(1)}{B_3}$$

$$\overset{(1)}{M_3} = 0.008648 \overset{(1)}{B_2} + 0.013574 \overset{(1)}{B_3}$$

이때,

$$\overset{(1)}{B_2} = \frac{6EI}{a^2} \left(-\delta^0_{1(1)} + 2\delta^0_{1(2)} - \delta^0_{1(3)} \right)$$

$$\overset{(1)}{B_3} = \frac{6EI}{a^2} \left(-\delta^0_{1(2)} + 2\delta^0_{1(3)} - \delta^0_{1(4)} \right)$$

가로 거더의 절점 모멘트가 구해지면 식 (6.12)에서 격점력을, 또 식 (6.13)에서 메인 거더의 휨 모멘트를 계산할 수 있다. 계산 결과를 표 6 (1)에 나타낸다.

표 6 (1) 계산 결과

$\overset{(1)}{B_2}$, $\overset{(1)}{B_3}$의 계산표

재하점	$\delta^0_{1(1)} E_0 I_0$	$\delta^0_{1(2)} E_0 I_0$	$\delta^0_{1(3)} E_0 I_0$	$\delta^0_{1(4)} E_0 I_0$	$\overset{(1)}{B_2}$	$\overset{(1)}{B_3}$
메인 거더 1-1	1,184/3	0	0	0	−14.80	0
2	2,272/3	0	0	0	−28.40	0
3	3,168/3	0	0	0	−39.60	0
4	3,776/3	0	0	0	−47.20	0
5	4,000/3	0	0	0	−50.0	0
2-1	0	1,184/3	0	0	29.60	−14.80
2	0	2,272/3	0	0	56.80	−28.40
3	0	3,168/3	0	0	79.20	−39.60
4	0	3,776/3	0	0	94.40	−47.20
5	0	4,000/3	0	0	100.0	−50.0

가로 거더의 절점 모멘트 및 격점력

재하점	$\overset{(1)}{M_2}$ (tf·m)	$\overset{(1)}{M_3}$ (tf·m)	$\overset{(1)}{V_1}$ (tf)	$\overset{(1)}{V_2}$ (tf)	$\overset{(1)}{V_3}$ (tf)	$\overset{(1)}{V_4}$ (tf)
메인 거더 1-1	−0.2009	−0.1280	−0.0804	0.1095	0.0220	−0.0512
2	−0.3855	−0.2456	−0.1542	0.2102	0.0423	−0.0982
3	−0.5375	−0.3425	−0.2150	0.2930	0.0590	−0.1370
4	−0.6407	−0.4082	−0.2563	0.3493	0.0703	−0.1633
5	−0.6787	−0.4324	−0.2714	0.3700	0.0744	−0.1730
2-1	0.2738	0.0551	0.1095	−0.1970	0.0654	0.0220
2	0.5254	0.1057	0.2102	−0.3780	0.1256	0.0423
3	0.7326	0.1474	0.2930	−0.5271	0.1751	0.0590
4	0.8732	0.1757	0.3493	−0.6283	0.2087	0.0703
5	0.9250	0.1861	0.3700	−0.6656	0.2211	0.0744

메인 거더 중앙점의 휨 모멘트 (단위 tf·m)

재하점	$M_{5(1)}$	$M_{5(2)}$	$M_{5(3)}$	$M_{5(4)}$
메인 거더 1-1	1.196	1.095	0.220	−0.512
2	2.458	2.102	0.423	−0.982
3	3.850	2.930	0.590	−1.370
4	5.437	3.493	0.703	−1.633
5	7.286	3.700	0.744	−1.730
2-1	1.095	0.030	0.654	0.220
2	2.102	0.220	1.256	0.423
3	2.930	0.729	1.751	0.590
4	3.493	1.717	2.087	0.703
5	3.700	3.344	2.211	0.744

6.3 메인 거더의 비틀림 강성을 고려한 격자 거더의 해법

6.3.1 중간 가로 거더가 1개인 격자 거더

여기서 다루는 격자 거더는 ① 메인 거더는 등간격으로 배치되고 있다. ② 각 메인 거더의 휨 강성 및 비틀림 강성은 같고, ③ 가로 거더의 비틀림 강성은 무시한다. ④ 메인 거더의 양단은 비틀림에 대해서 회전하지 않는 것으로 한다.

그림 6.4의 격자 거더에서 중간 가로 거더의 메인 거더 위치에 힌지를 삽입하여 정정 기본계로 한다. 그림 6.5에 나타낸 바와 같이 가로 거더 부재 $(r-1) \sim r$ 및 $r \sim (r+1)$를 빼내

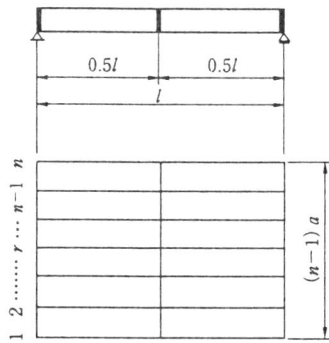

그림 6.4 중간 가로 거더 1개인 격자 거더

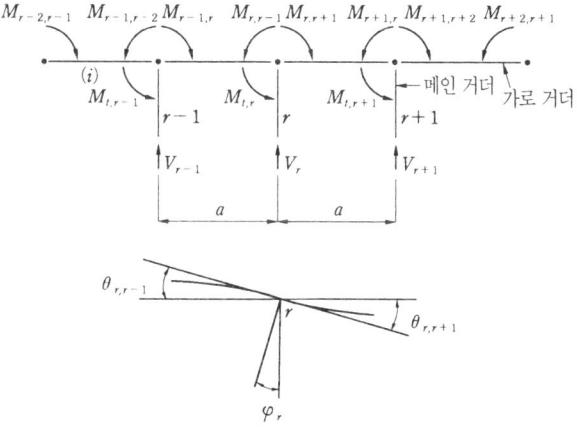

그림 6.5 가로 거더 및 메인 거더의 응력과 변형

절점 r에 대한 절점각을 $\theta_{r,r-1}$, $\theta_{r,r+1}$, 또 가로 거더 위치에 대한 메인 거더 r의 비틀림각을 φ_r로 하고, 시계 바늘 방향의 회전각을 정(+)으로 잡으면 다음 식이 성립한다.

$$\left.\begin{array}{l}\theta_{r,r-1}=\varphi_r\\ \theta_{r,r+1}=\varphi_r\end{array}\right\} \tag{6.14}$$

다만,

$$\left.\begin{array}{l}\theta_{r,r-1}=-\dfrac{a}{6EI}(M_{r-1,r}+2M_{r,r-1})+\tau^0_{r,r-1}+R_{r,r-1}\\ \theta_{r,r+1}=\dfrac{a}{6EI}(2M_{r,r+1}+M_{r+1,r})+\tau^0_{r,r+1}+R_{r,r+1}\end{array}\right\} \tag{6.15}$$

이때, M: 가로 거더의 절점 모멘트, EI: 가로 거더의 휨 강성, τ^0: 하중에 따른 가로 거더 절점의 변형각이다. 또, 가로 거더의 부재 회전각 R은 다음과 같다.

$$\left.\begin{array}{l}R_{r,r-1}=\dfrac{1}{a}[\delta(V_r-V_{r-1})+(\delta^0_{(r)}-\delta^0_{(r-1)})]\\ R_{r,r+1}=\dfrac{1}{a}[\delta(V_{r+1}-V_r)+(\delta^0_{(r+1)}-\delta^0_{(r)})]\end{array}\right\} \tag{6.16}$$

δ는 메인 거더의 가로 거더 위치에 단위 집중 하중이 작용하였을 때의 가로 거더 위치의 변형이며, δ^0는 재하중에 따른 메인 거더의 가로 거더 위치의 변형이다. 메인 거더의 휨 강성을 $E_0 I_0$라고 하면

$$\delta=\dfrac{1\cdot l^3}{48 E_0 I_0} \tag{6.17}$$

V는 메인 거더에 대한 반력(격점력)으로

$$V_r=\dfrac{1}{a}(M_{r-1,r}-M_{r,r-1}-M_{r,r+1}+M_{r+1,r}) \tag{6.18}$$

메인 거더 r의 가로 거더 위치에 작용하는 비틀림 모멘트 M_{tr}은

$$M_{tr}=M_{r,r+1}-M_{r,r-1} \tag{6.19}$$

메인 거더의 비틀림 강성을 GJ라고 하면 가로 거더 위치의 비틀림각은

$$\varphi_r=\dfrac{l}{4GJ}(M_{r,r-1}-M_{r,r+1}) \tag{6.20}$$

이들을 식 (6.14)에 대입하여 정리하면 다음과 같다.

$$\left.\begin{aligned}&-\beta M_{r-2,r-1}+\beta M_{r-1,r-2}+(2\beta-1)M_{r-1,r}\\&\quad-(2\beta+\mu+2)M_{r,r-1}-(\beta-\mu)M_{r,r+1}+\beta M_{r+1,r}=B_{r,r-1}\\&\beta M_{r-1,r}-(\beta-\mu)M_{r,r-1}-(2\beta+\mu+2)M_{r,r+1}\\&\quad+(2\beta-1)M_{r+1,r}+\beta M_{r+1,r+2}-\beta M_{r+2,r+1}=B_{r,r+1}\end{aligned}\right\} \quad (6.21)$$

다만,

$$\left.\begin{aligned}&\beta=\frac{1}{8}\cdot\frac{EI}{E_0 I_0}\left(\frac{l}{a}\right)^3 \qquad \mu=\frac{3}{2}\cdot\frac{EI}{GJ}\cdot\frac{l}{a}\\&B_{r,r-1}=-\frac{6EI}{a^2}\{(\delta^0_{(r)}-\delta^0_{(r-1)})+\tau^0_{r,r-1}\cdot a\}\\&B_{r,r+1}=\frac{6EI}{a^2}\{(\delta^0_{(r+1)}-\delta^0_{(r)})+\tau^0_{r,r+1}\cdot a\}\end{aligned}\right\} \quad (6.22)$$

무차원화된 수직 스프링 상수를 Z 및 회전 스프링 상수를 C로 하고

$$Z=\frac{6EI}{a^3 c} \qquad C=\frac{EI}{2a\omega} \quad (6.23)$$

이라고 정의할 때 이 Z를 격자 휨 강도, C를 격자 비틀림 강도라고 한다. c는 탄성 지점의 수직 스프링 상수(kgf/cm)이며, ω는 탄성 회전 지점의 회전 스프링 상수(kgf·cm/radian)이다.

$$\frac{1}{c}=\frac{l^3}{48 E_0 I_0} \qquad \frac{1}{\omega}=\frac{l}{4GJ} \quad (6.24)$$

이므로

$$\left.\begin{aligned}Z&=\frac{1}{8}\cdot\frac{EI}{E_0 I_0}\left(\frac{l}{a}\right)^3\\C&=\frac{1}{8}\cdot\frac{EI}{GJ}\cdot\frac{l}{a}\end{aligned}\right\} \quad (6.25)$$

이며, 식 (6.22)에 대한 β 및 μ는 $\beta=Z$, $\mu=12C$가 된다.

식 (6.21)에서 가로 거더의 모든 절점 모멘트는 구해지게 되는데 이것을 매트릭스로 나타내면 다음과 같다.

$$\boldsymbol{AM}=\boldsymbol{B} \quad (6.26)$$

이때, $\boldsymbol{A}$는 $2(n-1)$차 정방 매트릭스이며, 그 값은 장말(章末) p.125에 식 (6.26)′으로써

나타낸다.

$$M = \begin{Bmatrix} M_{12} \\ M_{21} \\ \vdots \\ M_{r,r-1} \\ M_{r,r+1} \\ \vdots \\ M_{n-1,n} \\ M_{n,n-1} \end{Bmatrix} \quad B = \begin{Bmatrix} B_{12} \\ B_{21} \\ \vdots \\ B_{r,r-1} \\ B_{r,r+1} \\ \vdots \\ B_{n-1,n} \\ B_{n,n-1} \end{Bmatrix}$$

6.3.2 중간 가로 거더가 복수인 격자 거더

그림 6.6에 나타낸 n개의 메인 거더와 3개의 중간 가로 거더로 이루어진 격자 거더에서 가로 거더 (1), (2) 및 (3) 지점의 부정정 휨 모멘트(절점 휨 모멘트)를 $\overset{(1)}{M}, \overset{(2)}{M}, \overset{(3)}{M}$, 이라고 하면 그림 6.7에 나타낸 바와 같이 임의의 가로 거더 (i)에 대해서 다음의 식이 성립된다.

$$\left.\begin{array}{l} \overset{(i)}{\theta}_{r,r-1} = \overset{(i)}{\varphi}_r \\ \overset{(i)}{\theta}_{r,r+1} = \overset{(i)}{\varphi}_r \quad i=1\sim3 \end{array}\right\} \quad (6.27)$$

다만,

$$\left.\begin{array}{l} \overset{(i)}{\theta}_{r,r-1} = -\dfrac{a}{6EI}(\overset{(i)}{M}_{r-1,r} + 2M_{r,r-1}) + \overset{(i)}{\tau}^0_{r,r-1} + \overset{(i)}{R}_{r,r-1} \\ \overset{(i)}{\theta}_{r,r+1} = \dfrac{a}{6EI}(2\overset{(i)}{M}_{r,r+1} + M_{r+1,r}) + \overset{(i)}{\tau}^0_{r,r+1} + \overset{(i)}{R}_{r,r+1} \quad i=1\sim3 \end{array}\right\} \quad (6.28)$$

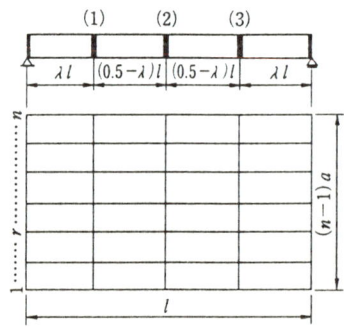

그림 6.6 중간 가로 거더가 3개인 격자 거더

6.3 메인 거더의 비틀림 강성을 고려한 격자 거더의 해법

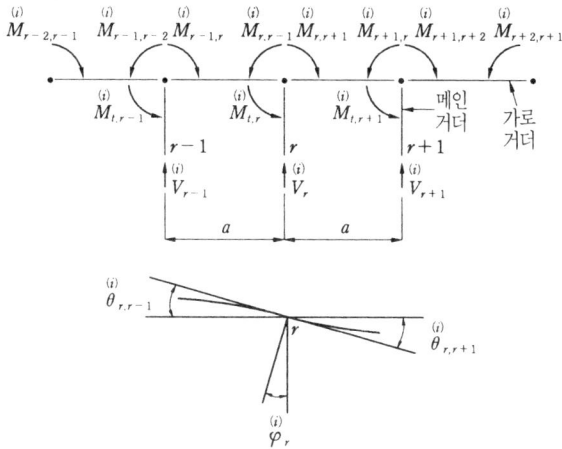

그림 6.7 가로 거더 (i) 및 메인 거더의 응력과 변형

부재 회전각 $\overset{(i)}{R}$는 다음 식과 같다.

$$\left.\begin{array}{l}\overset{(i)}{R}_{r,r-1}=\dfrac{1}{a}\left\{\displaystyle\sum_{k=1}^{3}\delta_{ik}\overset{(k)}{(V_r-V_{r-1})}+(\delta^0_{i(r)}-\delta^0_{i(r-1)})\right\}\\[2mm] \overset{(i)}{R}_{r,r+1}=\dfrac{1}{a}\left\{\displaystyle\sum_{k=1}^{3}\delta_{ik}\overset{(k)}{(V_{r+1}-V_r)}+(\delta^0_{i(r+1)}-\delta^0_{i(r)})\right\}\quad i=1\sim 3\end{array}\right\} \quad (6.29)$$

이때, δ_{ik}는 정정 기본계에서 가로 거더 (k)의 위치에 단위 집중 하중이 작용하였을 때 가로 거더 (i)의 위치에 대한 메인 거더의 변형이며 $\delta^0_{i(r)}$은 하중에 따른 메인 거더 r의 가로 거더 (i) 위치의 변형이다. $\overset{(k)}{V}_r$은 가로 거더의 절점 모멘트에 따른 메인 거더 r과 가로 거더 (i)의 교점 위치에 대한 격점력이며 다음과 같이 나타낼 수 있다.

$$\overset{(k)}{V}_r=\dfrac{1}{a}\overset{(k)}{(M_{r-1,r}-M_{r,r-1}-M_{r,r+1}+M_{r+1,r})} \quad (6.30)$$

다음에 메인 거더 r의 가로 거더 (i)의 위치에 대한 비틀림각 $\overset{(i)}{\varphi}_r$은

$$\begin{aligned}\overset{(1)}{\varphi}_r&=-\dfrac{\lambda l}{GJ}\{(1-\lambda)\overset{(1)}{M}_{tr}+0.5\overset{(2)}{M}_{tr}+\lambda\overset{(3)}{M}_{tr}\}\\ &=\dfrac{\lambda l}{GJ}\{(1-\lambda)\overset{(1)}{(M_{r,r-1}-M_{r,r+1})}\\ &\quad +0.5\overset{(2)}{(M_{r,r-1}-M_{r,r+1})}+\lambda\overset{(3)}{(M_{r,r-1}-M_{r,r+1})}\}\end{aligned}$$

$$\left.\begin{aligned}\overset{(2)}{\varphi_r} &= -\frac{l}{GJ}(0.5\lambda\overset{(1)}{M_{tr}}+0.25\overset{(2)}{M_{tr}}+0.5\lambda\overset{(3)}{M_{tr}}) \\ &= \frac{l}{GJ}\{0.5\lambda\overset{(1)}{(M_{r,r-1}-M_{r,r+1})} \\ &\quad +0.25\overset{(2)}{(M_{r,r-1}-M_{r,r+1})}+0.5\lambda\overset{(3)}{(M_{r,r-1}-M_{r,r+1})}\} \\ \overset{(3)}{\varphi_r} &= -\frac{\lambda l}{GJ}\{\lambda\overset{(1)}{M_{tr}}+0.5\overset{(2)}{M_{tr}}+(1-\lambda)\overset{(3)}{M_{tr}}\} \\ &= \frac{\lambda l}{GJ}\{\lambda\overset{(1)}{(M_{r,r-1}-M_{r,r+1})}+0.5\overset{(2)}{(M_{r,r-1}-M_{r,r+1})} \\ &\quad +(1-\lambda)\overset{(3)}{(M_{r,r-1}-M_{r,r+1})}\}\end{aligned}\right\} \quad (6.31)$$

이들을 식 (6.27)에 대입하여 정리하고, 이것을 매트릭스로 나타내면 다음과 같다.

$$\begin{bmatrix} A_{11} & A_{12} & A_{13} \\ A_{21} & A_{22} & A_{23} \\ A_{31} & A_{32} & A_{33} \end{bmatrix} \begin{Bmatrix} \overset{(1)}{M} \\ \overset{(2)}{M} \\ \overset{(3)}{M} \end{Bmatrix} = \begin{Bmatrix} \overset{(1)}{B} \\ \overset{(2)}{B} \\ \overset{(3)}{B} \end{Bmatrix}$$

$$\overset{(i)}{M}=\begin{Bmatrix} \overset{(i)}{M_{12}} \\ M_{21} \\ \vdots \\ M_{r,r-1} \\ M_{r,r+1} \\ \vdots \\ M_{n-1,n} \\ M_{n,n-1} \end{Bmatrix} \quad \overset{(i)}{B}=\begin{Bmatrix} \overset{(i)}{B_{12}} \\ B_{21} \\ \vdots \\ B_{r,r-1} \\ B_{r,r+1} \\ \vdots \\ B_{n-1,n} \\ B_{n,n-1} \end{Bmatrix} \quad (6.32)$$

이때,

$$\left.\begin{aligned}\overset{(i)}{B_{r,r-1}} &= -\frac{6EI}{a^2}\{(\delta^0_{i(r)}-\delta^0_{i(r-1)})+\overset{(i)}{\tau^0_{r,r-1}}\cdot a\} \\ \overset{(i)}{B_{r,r+1}} &= \frac{6EI}{a^2}\{(\delta^0_{i(r+1)}-\delta^0_{i(r)})+\overset{(i)}{\tau^0_{r,r+1}}\cdot a\}\end{aligned}\right\}$$

다음에 서브 매트릭스 A는 어느 것이나 $2(n-1)$차의 정방 매트릭스이며, 그 값은 장말 p.125에 식 (6.33)으로써 나타낸다.

다만,

$$\left.\begin{aligned}
\beta_1 &= 2\lambda^2(1-\lambda)^2 \frac{EI}{E_0 I_0} \left(\frac{l}{a}\right)^3 & \mu_1 &= 6\lambda(1-\lambda) \frac{EI}{GJ} \cdot \frac{l}{a} \\
\beta_2 &= \frac{\lambda(3-4\lambda^2)}{8} \cdot \frac{EI}{E_0 I_0} \left(\frac{l}{a}\right)^3 & \mu_2 &= 3\lambda \frac{EI}{GJ} \cdot \frac{l}{a} \\
\beta_3 &= \lambda^2(1-2\lambda^2) \frac{EI}{E_0 I_0} \left(\frac{l}{a}\right)^3 & \mu_3 &= 6\lambda^2 \frac{EI}{GJ} \cdot \frac{l}{a} \\
\beta_4 &= \frac{1}{8} \cdot \frac{EI}{E_0 I_0} \left(\frac{l}{a}\right)^3 & \mu_4 &= \frac{3}{2} \cdot \frac{EI}{GJ} \cdot \frac{l}{a}
\end{aligned}\right\} \quad (6.34)$$

이때, EI: 가로 거더의 휨 강성, $E_0 I_0$: 메인 거더의 휨 강성, GJ: 메인 거더의 비틀림 강성, l: 메인 거더의 지간 길이, a: 메인 거더의 간격, λ: 가로 거더의 간격 계수(**그림** 6.6 참조)이다.

중간 가로 거더수가 2개일 때는

$$\begin{bmatrix} A_{11} & A_{13} \\ A_{31} & A_{33} \end{bmatrix} \left\{ \begin{array}{c} \overset{(1)}{M} \\ \overset{(3)}{M} \end{array} \right\} = \left\{ \begin{array}{c} \overset{(1)}{B} \\ \overset{(3)}{B} \end{array} \right\} \quad (6.35)$$

메인 거더의 지간 중앙에 중간 가로 거더가 1개 배치될 때는

$$A_{22} \overset{(2)}{M} = \overset{(2)}{B} \quad (6.36)$$

이 된다.

6.3.3 격자 거더의 계산 예

그림 6 (2)에 나타낸 3개 ($n=3$)의 메인 거더와 그 지간 중앙에 중간 가로 거더가 1개 배치되어 있는 격자 거더의 가로 거더의 절점 모멘트와 격점력을 구한다. 다만, $\beta_4=200$, $\mu_4=300$으로 한다.

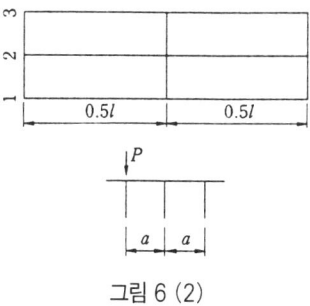

그림 6 (2)

$2(n-1)=4$가 되므로 구하는 절점 모멘트는 $\overset{(2)}{M}_{12}, \overset{(2)}{M}_{21}, \overset{(2)}{M}_{23}, \overset{(2)}{M}_{32}$이다.

식 (6.36)에서

$$\begin{bmatrix} -(2\beta_4+\mu_4+2) & 2\beta_4-1 & \beta_4 & -\beta_4 \\ & -(2\beta_4+\mu_4+2) & -\beta_4+\mu_4 & \beta_4 \\ & \text{Sym.} & -(2\beta_4+\mu_4+2) & 2\beta_4-1 \\ & & & -(2\beta_4+\mu_4+2) \end{bmatrix} \begin{Bmatrix} \overset{(2)}{M}_{12} \\ M_{21} \\ M_{23} \\ M_{32} \end{Bmatrix}$$

$$= \begin{Bmatrix} \overset{(2)}{B}_{12} \\ B_{21} \\ B_{23} \\ B_{32} \end{Bmatrix} \qquad (1)$$

1) 집중 하중 P가 바깥 거더의 지간 중앙에 작용할 때

$$\overset{(2)}{B}_{12} = \frac{6EI}{a^2}(-\delta^0_{2(1)}) = -\beta_4 Pa = -200\,Pa$$

$$\overset{(2)}{B}_{21} = -\frac{6EI}{a^2}(-\delta^0_{2(1)}) = \beta_4 Pa = 200\,Pa$$

$$\overset{(2)}{B}_{23} = 0$$

$$\overset{(2)}{B}_{32} = 0$$

이므로 식 (1)을 풀면 절점 모멘트는 다음과 같다.

$$\overset{(2)}{M}_{12} = 0.1677\,Pa \qquad \overset{(2)}{M}_{21} = -0.2480\,Pa \qquad \overset{(2)}{M}_{23} = -0.0810\,Pa$$

$$\overset{(2)}{M}_{32} = -0.1654\,Pa$$

따라서 절점 모멘트에 따른 격점력은 식 (6.30)에서

$$\overset{(2)}{V}_1 = -0.4157\,P \qquad \overset{(2)}{V}_2 = 0.3322\,P \qquad \overset{(2)}{V}_3 = 0.0835\,P$$

가 된다. 또한 $\overset{(2)}{V}_1$에는 하중 P가 작용하므로 이것을 더하면 $\overset{(2)}{V}_1 = 0.5843\,P$가 된다.

2) 집중 하중 P가 중간 거더의 지간 중앙에 작용할 때

앞에서와 마찬가지로

$$\overset{(2)}{B}_{12} = \frac{6EI}{a^2}(\delta^0_{2(2)}) = \beta_4 Pa = 200\,Pa$$

$$\overset{(2)}{B}_{21} = -\frac{6EI}{a^2}(\delta^0_{2(2)}) = -\beta_4 Pa = -200\,Pa$$

$$\overset{(2)}{B}_{23} = \frac{6EI}{a^2}(-\delta^0_{2(2)}) = -\beta_4 Pa = -200 Pa$$

$$\overset{(2)}{B}_{32} = -\frac{6EI}{a^2}(\delta^0_{2(2)}) = \beta_4 Pa = 200 Pa$$

$$\overset{(2)}{M}_{12} = -0.0033 Pa \qquad \overset{(2)}{M}_{21} = 0.3290 Pa \qquad \overset{(2)}{M}_{23} = 0.3290 Pa$$

$$\overset{(2)}{M}_{32} = -0.0033 Pa$$

$$\overset{(2)}{V}_1 = 0.3322 P \qquad \overset{(2)}{V}_2 = -0.3356 P \qquad \overset{(2)}{V}_3 = 0.3322 P$$

가 된다. 또한 $\overset{(2)}{V}_2$에는 하중 P가 작용하므로 이것을 더하면 $\overset{(2)}{V}_2 = 0.6644P$가 된다.

6.4 하중 분배의 계산

6.4.1 하중 분배

그림 6.8에 나타낸 바와 같이 격자 거더의 메인 거더 1의 가로 거더 위치에 하중 P가 작용하면 가로 거더에 따라 다른 메인 거더에도 하중이 분배되어 $P = V_{11} + V_{21} + V_{31} + V_{41}$이 된다. 이때, V_{ij}는 하중 P의 메인 거더 j에 대한 재하로 메인 거더 i에 생기는 격점력이다. 따라서 각 메인 거더에는 분배된 하중으로 휨 모멘트가 생긴다. 하중 분배의 비율은 격자 휨 강도, 격자 비틀림 강도 또는 중간 가로 거더 수 등에 영향을 끼친다.

하중 분배를 고려하여 메인 거더의 휨 모멘트를 정확히 구하는 데는 6.2.3항의 계산 예에 나타낸 바와 같이 휨 모멘트 영향면의 종거를 구하고, 이것을 사용하여 계산해야 한다. 그러나 이 영향면의 종거를 구하는 데는 꽤 번거로우므로 근사적으로는 재하 메인 거더의 중간 가로 거더 위치에 집중 하중 P를 작용케 하여 분배된 하중(格點力)에 따른 각 메인 거더의 최대

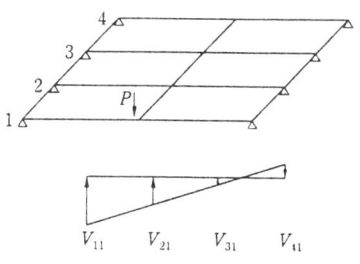

그림 6.8 하중 분배

휨 모멘트를 구하고 이것과 재하 메인 거더의 하중 P에 따른 최대 휨 모멘트와의 비를 하중 분배 계수로 한다. 이것을 그림 6.8을 예로서 하중 분배 계수 k를 나타내면 다음과 같다.

$$\left.\begin{array}{ll} k_{11} = M_{(V_{11})}/M_{(P)} & k_{21} = M_{(V_{21})}/M_{(P)} \\ k_{31} = M_{(V_{31})}/M_{(P)} & k_{41} = M_{(V_{41})}/M_{(P)} \end{array}\right\} \quad (6.37)$$

이때, k_{ij} : 메인 거더 j에 하중 P가 작용하였을 때의 메인 거더 i의 하중 분배 계수, $M_{(V)}$: 격점력 V에 따른 메인 거더의 최대 휨 모멘트, $M_{(P)}$: 하중 P에 따른 재하 메인 거더의 최대 휨 모멘트이다.

중간 가로 거더가 복수의 격자 거더에서는 재하 메인 거더의 복수 가로 거더 위치에 같은 크기의 하중 P를 작용케 하여 격점력을 구하고 그에 따른 최대 휨 모멘트와 하중 P에 따른 재하 메인 거더의 최대 휨 모멘트와의 비를 하중 분배 계수로 한다. 그림 6.9에 하중 분배의 영향선을 나타낸다. 메인 거더 1의 영향선은 각 메인 거더에 하중이 작용하였을 때의 메인 거더 1의 하중 분배 계수값을 맺는 선이며, 메인 거더 2의 영향선은 각 메인 거더에 하중이 작용했을 때의 메인 거더 2의 하중 분배 계수의 값을 맺는 선이다. 또, 바깥 거더에 내민 부분이 있을 경우, 예를 들면 메인 거더 1의 내민 부분에서는 k_{11}과 k_{12}를 맺는 선을 연장한다. 이렇게 하여 하중 분배의 영향선이 구해지면 각 메인 거더의 단면력을 계산할 수 있게 된다.

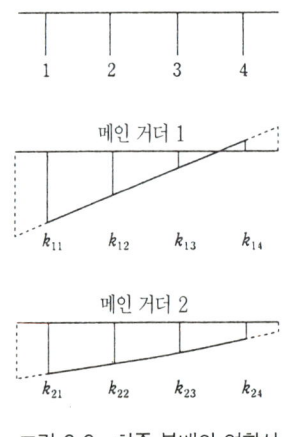

그림 6.9 하중 분배의 영향선

6.4.2 하중 분배의 계산 예

(1) 메인 거더의 비틀림 강성을 무시할 때

1) 그림 6 (3)에 나타낸 격자 거더의 하중 분배 계수를 구한다. 다만, 바깥쪽 메인 거더(바

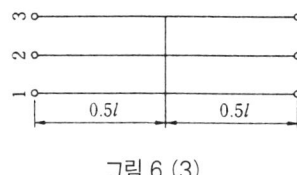

그림 6 (3)

깥 거더)와 가운데 메인 거더(중간 거더)의 휨 강성은 같은 것으로 한다.

가로 거더의 절점 모멘트는 식 (6.1)에서 $r=2$로 놓으면

$$2(2+3\beta)M_2 = B_2 \quad (M_1 = M_3 = 0)$$

$$B_2 = \frac{6EI}{a^2}(-\delta_{(1)}^0 + 2\delta_{(2)}^0 - \delta_{(3)}^0)$$

이때

$$\beta = \frac{1}{8} \cdot \frac{EI}{E_0 I_0}\left(\frac{l}{a}\right)^3$$

바깥 거더 (메인 거더 1) 재하

$$B_2 = \frac{6EI}{a^2}(-\delta_{(1)}^0) \qquad \delta_{(1)}^0 = \delta_{(2)}^0 = \delta_{(3)}^0 = \frac{Pl^3}{48E_0 I_0}$$

이므로

$$B_2 = -\frac{EI}{8E_0 I_0}\left(\frac{l}{a}\right)^3 Pa = -\beta Pa$$

가 되고

$$\therefore M_2 = -\frac{\beta Pa}{2(2+3\beta)}$$

메인 거더 r에 작용하는 격점력 V_r은

$$V_r = P_r + \frac{1}{a}(M_{r-1} - 2M_r + M_{r+1})$$

이 된다. 메인 거더 1 재하이므로 $P_1 = P$, $P_2 = 0$, $P_3 = 0$이 되어

$$V_1 = P - \frac{M_2}{a} = P - \frac{\beta}{2(2+3\beta)}P, \qquad V_2 = \frac{1}{a}(-2M_2) = \frac{\beta}{2+3\beta}P$$

$$V_3 = \frac{M_2}{a} = -\frac{\beta}{2(2+3\beta)}P$$

식 (6.37)로써 하중 분배 계수를 구하면

$$k = \frac{M_{(V)}}{M_{(P)}} = \frac{Vl/4}{Pl/4} = \frac{V}{P}$$

가 된다.

그러므로

$$k_{11} = 1 - \frac{\beta}{2(2+3\beta)} \qquad k_{21} = \frac{\beta}{2+3\beta} = k_{12}$$

$$k_{31} = -\frac{\beta}{2(2+3\beta)} = k_{13}$$

각 메인 거더의 휨 강성이 같은 경우에는 $k_{ij} = k_{ji}$ 가 된다.

중간 거더 (메인 거더 2) 재하

마찬가지로

$$B_2 = \frac{6EI}{a^2}(2\delta^0_{(2)}) = 2\beta Pa \qquad \therefore M_2 = \frac{\beta}{2+3\beta} Pa$$

$$V_1 = \frac{M_2}{a} = \frac{\beta}{2+3\beta} P \qquad \therefore k_{12} = \frac{\beta}{2+3\beta} = k_{21}$$

$$V_2 = P - \frac{1}{a}(-2M_2) = P - \frac{2\beta}{2+3\beta} P \qquad \therefore k_{22} = 1 - \frac{2\beta}{2+3\beta}$$

$$V_3 = \frac{M_2}{a} = \frac{\beta}{2+3\beta} P \qquad \therefore k_{32} = \frac{\beta}{2+3\beta} = k_{32}$$

격자 휨 강도 $\beta = 20$일 때의 하중 분배 계수를 구하면

메인 거더 1의 분배 영향선 종거

$$k_{11} = 0.8387 \qquad k_{12} = 0.3226 \qquad k_{13} = -0.1613$$

메인 거더 2의 분배 영향선 종거

$$k_{21} = 0.3226 \qquad k_{22} = 0.3548 \qquad k_{23} = 0.3226$$

이 되고, 이것을 그림 6 (4)에 나타낸다.

2) 그림 6 (3)에서 바깥 거더와 중간 거더의 휨 강성이 다를 때의 하중 분배 계수를 구한다.

바깥 거더의 휨 강성을 jE_0I_0, 중간 거더의 휨 강성을 E_0I_0로 한다. 식 (6.3)에서 $r=2$로 하면

$$\left[4 + \frac{6EI}{a^3}\left(\frac{1}{c_1} + \frac{4}{c_2} + \frac{1}{c_3}\right)\right] M_2 = B_2 \qquad (M_1 = M_3 = 0)$$

$$c_1 = c_3 = jc, \qquad c_2 = c$$

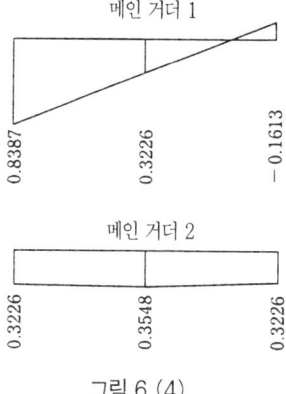

그림 6 (4)

또,

$$\frac{6EI}{a^3 c} = \frac{6EI}{a^3} \cdot \frac{l^3}{48 E_0 I_0} = \frac{1}{8} \cdot \frac{EI}{E_0 I_0} \left(\frac{l}{a}\right)^3 = \beta$$

이므로

$$\left[4 + \beta\left(\frac{2}{j} + 4\right)\right] M_2 = B_2$$

가 된다.

이때,

$$B_2 = \frac{6EI}{a^2} \left(-\delta^0_{(1)} + 2\delta^0_{(2)} - \delta^0_{(3)}\right)$$

바깥 거더 (메인 거더 1) 재하

$$B_2 = \frac{6EI}{a^2} \left(-\delta^0_{(1)}\right) \qquad \delta^0_{(1)} = \frac{Pl^3}{48 j E_0 I_0}$$

이므로

$$B_2 = -\frac{\beta}{j} Pa \qquad \therefore \left[4 + \beta\left(\frac{2}{j} + 4\right)\right] M_2 = -\frac{\beta}{j} Pa$$

따라서

$$M_2 = -\frac{\beta}{2(2j + 2j\beta + \beta)} Pa$$

$$V_1 = P + \frac{M_2}{a} = P - \frac{\beta}{2(2j + 2j\beta + \beta)} P$$

$$\therefore k_{11} = 1 - \frac{\beta}{2(2j + 2j\beta + \beta)}$$

$$V_2 = \frac{1}{a}(-2M_2) = \frac{\beta}{2j + 2j\beta + \beta} P \qquad \therefore k_{21} = \frac{\beta}{2j + 2j\beta + \beta} = k_{23}$$

$$V_3 = \frac{M_2}{a} = -\frac{\beta}{2(2j + 2j\beta + \beta)} P \qquad \therefore k_{31} = -\frac{\beta}{2(2j + 2j\beta + \beta)} = k_{13}$$

중간 거더 (메인 거더 2) 재하

$$B_2 = \frac{6EI}{a^2}(2\delta^0_{(2)}) \qquad \delta^0_{(2)} = \frac{Pl^3}{48 E_0 I_0}$$

따라서 $B_2 = 2\beta Pa$가 된다.

$$\left[4 + \beta\left(\frac{2}{j} + 4\right)\right] M_2 = 2\beta Pa \qquad \therefore M_2 = \frac{j\beta}{2j + 2j\beta + \beta} Pa$$

$$V_1 = \frac{M_2}{a} = \frac{j\beta}{2j + 2j\beta + \beta} P \qquad \therefore k_{12} = \frac{j\beta}{2j + 2j\beta + \beta} P$$

$$V_2 = P + \frac{1}{a}(-2M_2) = P - \frac{2j\beta}{2j + 2j\beta + \beta} P \qquad \therefore k_{22} = 1 - \frac{2j\beta}{2j + 2j\beta + \beta}$$

$$V_3 = \frac{M_2}{a} = \frac{j\beta}{2j + 2j\beta + \beta} P \qquad \therefore k_{32} = \frac{j\beta}{2j + 2j\beta + \beta} = k_{12}$$

격자 휨 강도 $\beta = 20$, $j = 0.8$일 때의 하중 분배 계수를 구하면

메인 거더 1의 분배 영향선 종거

$$k_{11} = 0.8314 \qquad k_{12} = 0.2985 \qquad k_{13} = -0.1866$$

메인 거더 2의 분배 영향선 종거

$$k_{21} = 0.3731 \qquad k_{22} = 0.4030 \qquad k_{23} = 0.3731$$

(2) 메인 거더의 비틀림 강성을 고려할 때

그림 6 (5)에 나타낸 PC 격자 거더교의 하중 분배 계수를 구하고, 그로써 격자 거더 구축 후에 작용하는 교면 하중(포장, 지복[felloe guard], 난간[handrail]) 및 활하중에 따른 휨 모멘트를 계산한다.

1) 가로 거더 절점 모멘트의 계산식

하중 분배 계수를 구하는 데는 그림 6 (6)에 나타낸 바와 같이 메인 거더의 가로 거더 위치에 P를 작용케 한다. 대칭 구조, 대칭 하중이므로 $\overset{(1)}{M} = \overset{(3)}{M}$이 되고, 따라서 식 (6.35)는 다음과 같다.

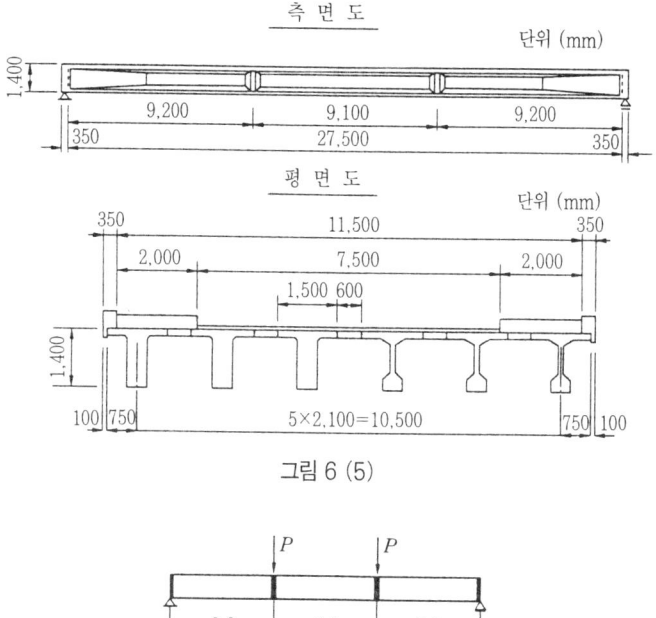

그림 6 (5)

그림 6 (6)

$$\overset{(1)}{A}\overset{(1)}{M} = \overset{(1)}{B} \qquad \text{다만} \qquad A = A_{11} + A_{13}$$

A는 $2(n-1)$차 정방 매트릭스이며, 그 값은 장말 p.126에 나타낸다.

이때,

$$\beta_5 = \lambda^2(3-4\lambda)\frac{EI}{E_0I_0}\left(\frac{l}{a}\right)^3 \qquad \mu_5 = 6\lambda\frac{EI}{GJ}\cdot\frac{l}{a}$$

$$\overset{(1)}{M} = \begin{Bmatrix} \overset{(1)}{M_{12}} \\ M_{21} \\ \vdots \\ M_{r,r-1} \\ M_{r,r+1} \\ \vdots \\ M_{n-1,n} \\ M_{n,n-1} \end{Bmatrix} \qquad \overset{(1)}{B} = \begin{Bmatrix} \overset{(1)}{B_{12}} \\ B_{21} \\ \vdots \\ B_{r,r-1} \\ B_{r,r+1} \\ \vdots \\ B_{n-1,n} \\ B_{n,n-1} \end{Bmatrix}$$

2) β_5 및 μ_5의 계산

β_5 및 μ_5를 구하는 데는 메인 거더의 휨 강성 E_0I_0와 비틀림 강성 GJ, 가로 거더의 휨 강

성 EI의 값이 필요하다.

메인 거더의 단면 2차 모멘트 I_0

메인 거더의 단면 형상을 그림 6 (7)에, 그 단면 2차 모멘트를 표 6 (2)에 나타낸다. 다만, 격자 거더 구축 후는 메인 거더 사이의 세로 줄눈 및 PC 강재가 메인 거더 단면에 합성되므로 하중 분배의 계산에 필요한 메인 거더의 단면 2차 모멘트는 이 합성 단면의 값이 된다. 따라서 그림 6 (8) 및 표 6 (3)에 나타낸 바와 같이 $I_0 = I_e = 0.1687 \text{m}^4$가 된다. 여기서는 안전을 위해 시스(sheath) 내의 그라우트(grout) 부분은 제외하고 계산한다.

메인 거더의 비틀림 단면 2차 모멘트 J

메인 거더의 비틀림 단면 2차 모멘트 J를 그림 6 (9) 및 표 6 (4)에 나타낸다.

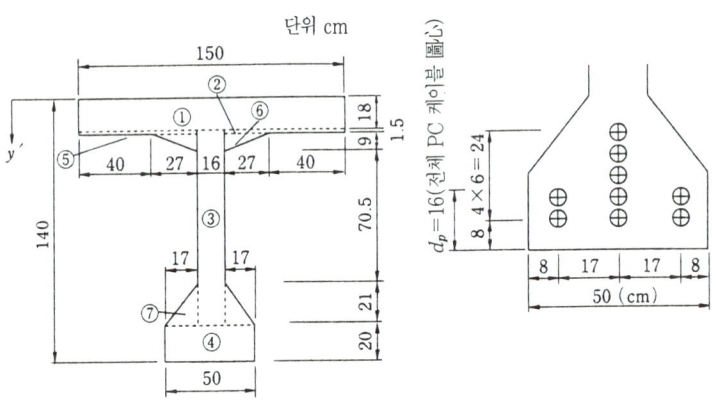

그림 6 (7) 콘크리트 메인 거더 단면

표 6 (2)

	$b \times h$	A (cm²)	y' (cm)	Ay' (cm³)	Ay'^2 (cm⁴)	I_g (cm⁴)
①	150×18	2,700	9	24,300	218,700	72,900
②	27×1.5×2	81	18.75	1,519	28,500	0
③	16×102	1,632	69	112,608	7,770,000	1,414,900
④	50×20	1,000	130	130,000	16,900,000	33,300
⑤	40×1.5	60	18.5	1,110	20,500	0
⑥	27×9	243	22.5	5,468	123,000	1,100
⑦	17×21	357	113	40,341	4,558,500	8,700
Σ		6,073		315,346	29,619,200	1,530,900

$$y_c' = \frac{\Sigma(Ay')}{\Sigma A} = \frac{315,346}{6,073} = 51.9 \text{ cm}$$

$$I_c = \Sigma(Ay'^2) + \Sigma I_g - (\Sigma A) y_c'^2 = 29,619,200 + 1,530,900 - 6,073 \times 51.9^2$$
$$= 14,791,800 \text{ cm}^4$$

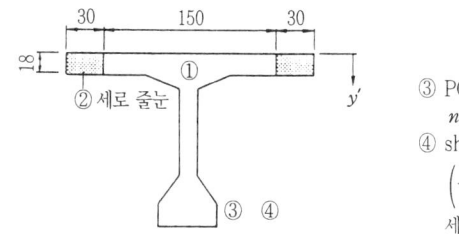

③ PC 강재 환산 단면적
$n_p A_p = 5.7 \times 41.56 = 237 \text{ cm}^2$
④ sheath 구멍 단면적
$\left(\dfrac{4.5}{2}\right)^2 \times 3.14 \times 9 = 143 \text{ cm}^2$
세로 줄눈 환산비 0.86

그림 6 (8) 세로 줄눈 및 PC 강재 환산 단면(다만, sheath 구멍 단면적은 제외)

표 6 (3)

	A (cm^2)	y' (cm)	Ay' (cm^3)	Ay'^2 (cm^4)	I_g (cm^4)
①	6,073	(51.93)	315,346	16,374,600	14,791,800
②	0.86×60×18=929	9	8,361	75,200	25,100
③	237	124	29,338	3,644,100	0
④	−143	124	−17,732	−2,198,800	0
Σ	7,096		335,313	17,895,100	14,816,900

$y_e' = \dfrac{\Sigma(Ay')}{\Sigma A} = \dfrac{335,313}{7,096} = 47.25 \text{ cm}$

$I_e = \Sigma(Ay'^2) + \Sigma I_g - (\Sigma A) y_e'^2 = 17,895,100 + 14,816,900 - 7,096 \times 47.25^2$
$= 16,870,000 \text{ cm}^4 = 0.1687 \text{ m}^4$

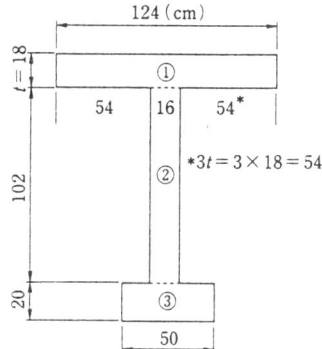

표 6 (4)

	a (m)	b (m)	c
①	1.24	0.18	0.303
②	1.02	0.16	0.300
③	0.5	0.2	0.250

a : 장변, b : 단변

$c = \dfrac{1}{3}\left(1 - \dfrac{192}{\pi^5} \cdot \dfrac{b}{a} \sum_{n=1,3,5,\ldots}^{\infty} \dfrac{1}{n^5} \tanh \dfrac{n\pi a}{2b}\right)$

$J = \Sigma cab^3 = 0.004443 \text{ m}^4$

그림 6 (9) J 계산용 메인 거더 단면

가로 거더의 단면 2차 모멘트 I

가로 거더의 단면 2차 모멘트 I를 그림 6 (10) 및 표 6 (5)에 나타낸다.

메인 거더의 영 계수 $E_0 = 3.5 \times 10^6 \text{tf/m}^2$, 메인 거더의 전단 탄성 계수 $G = 0.43 E_0$, 가로 거더의 영 계수 $E = 3 \times 10^6 \text{tf/m}^2$, 메인 거더의 지간 길이 $l = 27.5$m, 메인 거더 간격 $a = 2.1$m, 가로 거더의 간격 계수 $\lambda = 9.2/27.5$이므로 β_5 및 μ_5는 다음과 같다.

제6장 격자 거더의 계산

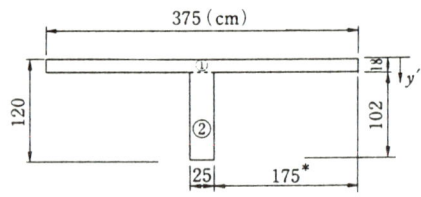

* $\dfrac{n-1}{6}$ (메인 거더 중심 간격) $= \dfrac{6-1}{6} \times 210 = 175$

그림 6 (10) 가로 거더 유효 단면

표 6 (5)

	A (cm^2)	y' (cm)	Ay' (cm^3)	Ay'^2 (cm^4)	I_g (cm^4)
①	6,750	9	60,750	546,800	182,000
②	2,550	69	175,950	12,140,600	2,211,000
Σ	9,300		236,700	12,687,400	2,393,000

$$y_c' = \dfrac{\Sigma(A \cdot y')}{\Sigma A} = \dfrac{236,700}{9,300} = 25.45 \text{ cm}$$

$$I = \Sigma(Ay'^2) + \Sigma I_g - (\Sigma A)\, y_c'^2 = 12,687,400 + 2,393,000 - 9,300 \times 25.45^2$$
$$= 9,056,800 \text{ cm}^4 = 0.09057 \text{ m}^4$$

$$\beta_5 = \lambda^2(3-4\lambda)\dfrac{EI}{E_0 I_0}\left(\dfrac{l}{a}\right)^3 = \left(\dfrac{9.2}{27.5}\right)^2 \left(3 - \dfrac{4 \times 9.2}{27.5}\right) \times \dfrac{3 \times 10^6 \times 0.09057}{3.5 \times 10^6 \times 0.1687}$$
$$= 192.3$$

$$\mu_5 = 6\lambda \dfrac{EI}{GJ} \cdot \dfrac{l}{a} = \dfrac{6 \times 9.2}{27.5} \times \dfrac{3 \times 10^6 \times 0.09057}{0.43 \times 3.5 \times 10^6 \times 0.004443} \times \dfrac{27.5}{2.1}$$
$$= 1,068$$

3) 가로 거더 절점 모멘트의 계산

메인 거더가 6개이므로 가로 거더의 절점 모멘트는 그림 6 (11)에 나타낸 바와 같다.

$$\overset{(1)}{\boldsymbol{M}} = \begin{Bmatrix} M_{12} \\ M_{21} \\ M_{23} \\ M_{32} \\ M_{34} \\ M_{43} \\ M_{45} \\ M_{54} \\ M_{56} \\ M_{65} \end{Bmatrix} \qquad \overset{(1)}{\boldsymbol{B}} = \begin{Bmatrix} B_{12} \\ B_{21} \\ B_{23} \\ B_{32} \\ B_{34} \\ B_{43} \\ B_{45} \\ B_{54} \\ B_{56} \\ B_{65} \end{Bmatrix}$$

매트릭스 A의 값은 장말 p.126에 나타낸다.

식 (6.32)에서 $\tau^0=0$이므로 B는 다음과 같다.

$$B_{12}=\frac{6EI}{a^2}(-\delta_{(1)}^0+\delta_{(2)}^0) \qquad B_{43}=\frac{6EI}{a^2}(\delta_{(3)}^0-\delta_{(4)}^0)$$

$$B_{21}=\frac{6EI}{a^2}(\delta_{(1)}^0-\delta_{(2)}^0) \qquad B_{45}=\frac{6EI}{a^2}(-\delta_{(4)}^0+\delta_{(5)}^0)$$

$$B_{23}=\frac{6EI}{a^2}(-\delta_{(2)}^0+\delta_{(3)}^0) \qquad B_{54}=\frac{6EI}{a^2}(\delta_{(4)}^0-\delta_{(5)}^0)$$

$$B_{32}=\frac{6EI}{a^2}(\delta_{(2)}^0-\delta_{(3)}^0) \qquad B_{56}=\frac{6EI}{a^2}(-\delta_{(5)}^0+\delta_{(6)}^0)$$

$$B_{34}=\frac{6EI}{a^2}(-\delta_{(3)}^0+\delta_{(4)}^0) \qquad B_{65}=\frac{6EI}{a^2}(\delta_{(5)}^0-\delta_{(6)}^0)$$

이때, δ^0은 메인 거더의 가로 거더 위치에 P가 작용하였을 때 메인 거더의 가로 거더 위치의 변형을 나타낸다(그림 6 (12)).

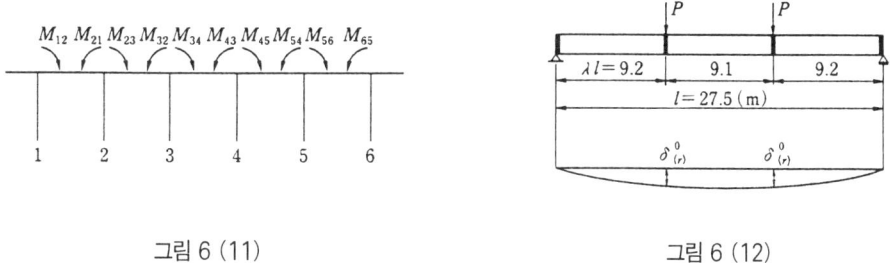

그림 6 (11)　　　　　　　　　　그림 6 (12)

$$\delta_{(r)}^0=\frac{\lambda^2(3-4\lambda)l^3}{6E_0I_0}P$$

이므로

$$\frac{6EI}{a^2}\delta_{(r)}^0=\lambda^2(3-4\lambda)\frac{EI}{E_0I_0}\left(\frac{l}{a}\right)^3 Pa=\beta_5 Pa=192.3Pa$$

가 된다. 따라서 B는 다음과 같다.

$$B = Pa \begin{bmatrix} -192.3 & 192.3 & 0 \\ 192.3 & -192.3 & 0 \\ 0 & -192.3 & 192.3 \\ 0 & 192.3 & -192.3 \\ 0 & 0 & -192.3 \\ 0 & 0 & 192.3 \\ 0 & 0 & 0 \\ 0 & 0 & 0 \\ 0 & 0 & 0 \\ 0 & 0 & 0 \end{bmatrix} \begin{matrix} \text{메인 거더 1 재하} \\ \text{메인 거더 2 재하} \\ \text{메인 거더 3 재하} \end{matrix}$$

이 연립 방정식을 풀면 가로 거더의 절점 모멘트가 구해진다. 그 결과를 표 6 (6)에 나타낸다. 또, 식 (6.30)에서 절점 모멘트에 따른 격점력 V가 구해진다. 다만, 재하 거더의 격점력은 $P+V$가 된다. 하중 분배 계수는 식 (6.37)에서

재하 거더 $\quad k = \dfrac{(P+V)\lambda l}{P\lambda l} = 1 + \dfrac{V}{P}$

비재하 거더 $\quad k = \dfrac{V\lambda l}{P\lambda l} = \dfrac{V}{P}$

가 된다. 표 6 (7)에 하중 분배 계수의 계산 결과를 나타낸다. 각 메인 거더의 휨 강성 및 비틀림 강성이 같은 경우에는 $k_{ij} = k_{ji}$가 된다. 이 하중 분배 계수는 기온 마소네의 직교 이방성

표 6 (6)

	재하 거더		
	메인 거더 1	메인 거더 2	메인 거더 3
M_{12}	0.0290 Pa	0.0127 Pa	0.0009 Pa
M_{21}	−0.4477 Pa	0.3768 Pa	0.2174 Pa
M_{23}	−0.4199 Pa	0.3906 Pa	0.2190 Pa
M_{32}	−0.5325 Pa	0.0461 Pa	0.6458 Pa
M_{34}	−0.5073 Pa	0.0611 Pa	0.6498 Pa
M_{43}	−0.4034 Pa	−0.0731 Pa	0.2730 Pa
M_{45}	−0.3808 Pa	−0.0581 Pa	0.2795 Pa
M_{54}	−0.1929 Pa	−0.0657 Pa	0.0688 Pa
M_{56}	−0.1718 Pa	−0.0511 Pa	0.0764 Pa
M_{65}	−0.0205 Pa	−0.0145 Pa	−0.0077 Pa

표 6 (7)

		하중 분배 계수					
		메인 거더 1 재하		메인 거더 2 재하		메인 거더 3 재하	
메인 거더	1	k_{11}	0.523	k_{12}	0.364	k_{13}	0.217
	2	k_{21}	0.364	k_{22}	0.291	k_{23}	0.211
	3	k_{31}	0.217	k_{32}	0.211	k_{33}	0.196
	4	k_{41}	0.084	k_{42}	0.127	k_{43}	0.166
	5	k_{51}	−0.037	k_{52}	0.044	k_{53}	0.127
	6	k_{61}	−0.151	k_{62}	−0.037	k_{63}	0.084

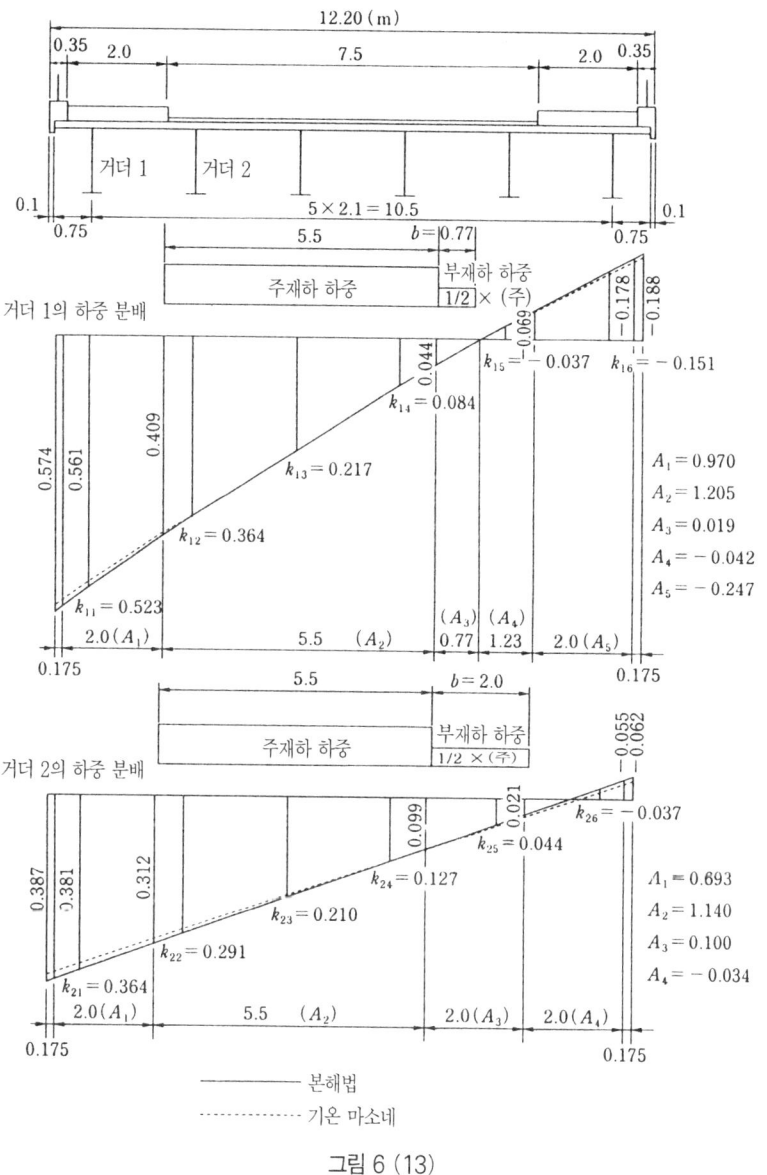

그림 6 (13)

판이론으로 구한 값과도 근사하다는 것을 알 수 있다(그림 6 (13) 참조).

4) 메인 거더의 휨 모멘트 계산

그림 6 (13)은 교면 하중 및 활하중에 따른 휨 모멘트 계산에 필요한 하중 분배 영향선 종거 및 면적을 나타낸 것이다. 이로써 바깥 거더(메인 거더 1) 및 중간 거더(메인 거더 2)의 하중 분배 계수를 나타내면 표 6 (8)과 같다.

표 6 (8)

하중		메인 거더	1	2
포장	차도부		$\dfrac{A_2+A_3+A_4}{7.5}=0.158$	$\dfrac{A_2+A_3}{7.5}=0.165$
	인도부		$\dfrac{A_1+A_5}{4.0}=0.181$	$\dfrac{A_1+A_4}{4.0}=0.165$
	지복·난간		$0.574-0.188=0.386$	$0.387-0.062=0.325$
활하중	주재하하중		$\dfrac{A_2}{5.5}=0.219$	$\dfrac{A_2}{5.5}=0.207$
	부재하하중		$\dfrac{A_3}{0.77}=0.025$	$\dfrac{A_3}{2.0}=0.050$
	군집 하중		$\dfrac{A_1}{2.0}=0.485$	$\dfrac{A_1}{2.0}=0.347$

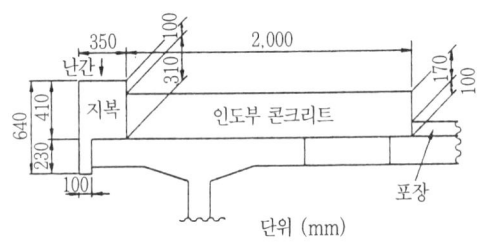

그림 6 (14) 교면 하중

교면 하중에 따른 메인 거더의 휨 모멘트

그림 6 (14)에 나타낸 교면 하중에 따른 메인 거더의 휨 모멘트를 구하면 다음과 같다.

지복 $(0.41 \times 0.35 + 0.23 \times 0.1) \times 2.5 = 0.416$

난간 $\underline{0.060}$
                                               $0.476\,\text{tf/m}$

하중 분배 계수는 표 6 (8)에 나타내므로

메인 거더 1 $M_1 = \dfrac{1}{8}\,wl^2 k = \dfrac{1}{8} \times 0.476 \times 27.5^2 \times 0.386 = 17.4\,\text{tf}\cdot\text{m}$

메인 거더 2 $M_2 = \dfrac{1}{8}\,wl^2 k = \dfrac{1}{8} \times 0.476 \times 27.5^2 \times 0.325 = 14.6\,\text{tf}\cdot\text{m}$

차도부 포장(평균 두께 10cm) $w = 0.1 \times 2.3 = 0.23\,\text{tf/m}^2$

메인 거더 1 $M_1 = \dfrac{1}{8}\,wl^2 k \times 7.5 = \dfrac{1}{8} \times 0.23 \times 27.5^2 \times 0.158 \times 7.5 = 25.8\,\text{tf}\cdot\text{m}$

메인 거더 2 $M_2 = \dfrac{1}{8}\,wl^2 k \times 7.5 = \dfrac{1}{8} \times 0.23 \times 27.5^2 \times 0.165 \times 7.5 = 26.9\,\text{tf}\cdot\text{m}$

인도부 콘크리트(평균 두께 29cm)　　$w = 0.29 \times 2.35 = 0.682 \text{tf/m}^2$

　　메인 거더 1　$M_1 = \dfrac{1}{8} wl^2 k \times 4.0 = \dfrac{1}{8} \times 0.682 \times 27.5^2 \times 0.181 \times 4.0 = 46.7 \text{tf} \cdot \text{m}$

　　메인 거더 2　$M_2 = \dfrac{1}{8} wl^2 k \times 4.0 = \dfrac{1}{8} \times 0.682 \times 27.5^2 \times 0.165 \times 4.0 = 42.6 \text{tf} \cdot \text{m}$

따라서 교면 하중에 따른 메인 거더의 휨 모멘트는

　　메인 거더 1　　$M_1 = 17.4 + 25.8 + 46.7 = 89.9 \text{tf} \cdot \text{m}$

　　메인 거더 2　　$M_2 = 14.6 + 26.9 + 42.6 = 84.1 \text{tf} \cdot \text{m}$

활하중(1 等橋)에 따른 메인 거더의 휨 모멘트

　　주재하(主載荷) 하중

　　　　선하중　　　　$P = 5.0 \text{tf/m}$

　　　　등분포 하중　　$p = 0.35 \text{tf/m}^2$

　　부재하(副載荷) 하중(주재하 하중의 1/2)

　　　　선하중　　　　$P = 2.5 \text{tf/m}$

　　　　등분포 하중　　$p = 0.175 \text{tf/m}^2$

　　군집(群集) 하중　　　　$p_v = 0.35 \text{tf/m}^2$

　　충격 계수　　$i = \dfrac{10}{25 + l} = \dfrac{10}{25 + 27.5} = 0.190$

폭 1m당 휨 모멘트

　　차도　$M_{m_1} = \left(\dfrac{Pl}{4} + \dfrac{pl^2}{8} \right)(1 + i)$

　　　　　　$= \left(\dfrac{5.0 \times 27.5}{4} + \dfrac{0.35 \times 27.5^2}{8} \right)(1 + 0.190) = 80.3 \text{tf} \cdot \text{m/m}$

　　인도　$M_{m_2} = \dfrac{Pvl^2}{8} = \dfrac{0.35 \times 27.5^2}{8} = 33.1 \text{tf} \cdot \text{m/m}$

　　메인 거더 1

$$M_L = M_{m_1} k \times 5.5 + \dfrac{M_{m_1}}{2} k \cdot b + M_{m_2} k \times 2.0$$

　　　　$= 80.3 \times 0.219 \times 5.5 + \dfrac{80.3}{2} \times 0.025 \times 0.77 + 33.1 \times 0.485$

　　　　　$\times 2.0 = 129.6 \text{tf} \cdot \text{m}$

메인 거더 2

$$M_L = 80.3 \times 0.270 \times 5.5 + \frac{80.3}{2} \times 0.050 \times 2.0 + 33.1 \times 0.347 \times 2.0$$
$$= 118.4 \,\text{tf} \cdot \text{m}$$

p.103 식 (6.26)′

$$A = \begin{bmatrix} -(2\beta+\mu+2) & 2\beta-1 & \beta & -\beta & & & & \\ & -(2\beta+\mu+2) & -\beta+\mu & \beta & & & 0 & \\ & & -(2\beta+\mu+2) & 2\beta-1 & \beta & -\beta & & \\ & & & -(2\beta+\mu+2) & -\beta+\mu & \beta & & \\ & & & & & & & \\ & & & & -(2\beta+\mu+2) & 2\beta-1 & \beta & -\beta \\ & \text{Sym.} & & & & -(2\beta+\mu+2) & -\mu+\beta & \beta \\ & & & & & & -(2\beta+\mu+2) & 2\beta-1 \\ & & & & & & & -(2\beta+\mu+2) \end{bmatrix}$$

p.106 식 (6.33)

$$A_{11} = A_{33} =$$

$$\begin{bmatrix} -(2\beta_1+\mu_1+2) & 2\beta_1-1 & \beta_1 & -\beta_1 & & & & \\ 2\beta_1-1 & -(2\beta_1+\beta_1+2) & -\beta_1+\mu_1 & \beta_1 & & & 0 & \\ \beta_1 & -\beta_1+\mu_1 & -(2\beta_1+\mu_1+2) & 2\beta_1-1 & \beta_1 & -\beta_1 & & \\ -\beta_1 & \beta_1 & 2\beta_1-1 & -(2\beta_1+\mu_1+2) & -\beta_1+\mu_1 & \beta_1 & & \\ & & & & & & & \\ & & 0 & & \beta_1 & -\beta_1+\mu_1 & -(2\beta_1+\mu_1+2) & 2\beta_1-1 \\ & & & & -\beta_1 & \beta_1 & 2\beta_1-1 & -(2\beta_1+\mu_1+2) \end{bmatrix}$$

$$A_{12} = A_{21} = A_{23} = A_{32} =$$

$$\begin{bmatrix} -2\beta_2-\mu_2 & 2\beta_2 & \beta_2 & -\beta_2 & & & & \\ 2\beta_2 & -2\beta_2-\mu_2 & -\beta_2+\mu_2 & \beta_2 & & & 0 & \\ \beta_2 & -\beta_2+\mu_2 & -2\beta_2-\mu_2 & 2\beta_2 & \beta_2 & -\beta_2 & & \\ -\beta_2 & \beta_2 & 2\beta_2 & -2\beta_2-\mu_2 & -\beta_2+\mu_2 & \beta_2 & & \\ & & & & & & & \\ & & 0 & & \beta_2 & -\beta_2+\mu_2 & -2\beta_2-\mu_2 & 2\beta_2 \\ & & & & -\beta_2 & \beta_2 & 2\beta_2 & -2\beta_2-\mu_2 \end{bmatrix}$$

$$A_{13} = A_{31} =$$

$$\begin{bmatrix} -2\beta_3-\mu_3 & 2\beta_3 & \beta_3 & -\beta_3 & & & & \\ 2\beta_3 & -2\beta_3-\mu_3 & -\beta_3+\mu_3 & \beta_3 & & & 0 & \\ \beta_3 & -\beta_3+\mu_3 & -2\beta_3+\mu_3 & 2\beta_3 & \beta_3 & -\beta_3 & & \\ -\beta_3 & \beta_3 & 2\beta_3 & -2\beta_3-\mu_3 & -\beta_3+\mu_3 & \beta_3 & & \\ & & & & & & & \\ & & & & \beta_3 & -\beta_3+\mu_3 & -2\beta_3-\mu_3 & 2\beta_3 \\ & & 0 & & -\beta_3 & \beta_3 & 2\beta_3 & -2\beta_3-\mu_3 \end{bmatrix}$$

$$A_{22} =$$

$$\begin{bmatrix} -(2\beta_4+\mu_4+2) & 2\beta_4-1 & \beta_4 & -\beta_4 & & & & \\ 2\beta_4-1 & -(2\beta_4+\beta_4+2) & -\beta_4+\mu_4 & \beta_4 & & & 0 & \\ \beta_4 & -\beta_4+\mu_4 & -(2\beta_4+\mu_4+2) & 2\beta_4-1 & \beta_4 & -\beta_4 & & \\ -\beta_4 & \beta_4 & 2\beta_4-1 & -(2\beta_4+\mu_4+2) & -\beta_4+\mu_4 & \beta_4 & & \\ & & & & & & & \\ & & 0 & & \beta_4 & -\beta_4+\mu_4 & -(2\beta_4+\mu_4+2) & 2\beta_4-1 \\ & & & & -\beta_4 & \beta_4 & 2\beta_4-1 & -(2\beta_4+\mu_4+2) \end{bmatrix}$$

p.115의 A의 값

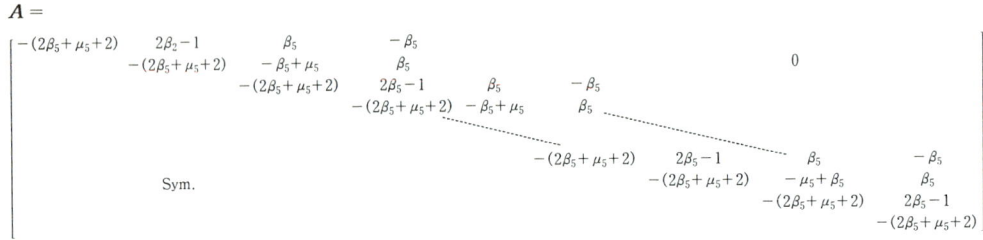

$$A = \begin{bmatrix} -(2\beta_5+\mu_5+2) & 2\beta_2-1 & \beta_5 & -\beta_5 & & & & & & & \\ & -(2\beta_5+\mu_5+2) & -\beta_5+\mu_5 & \beta_5 & & & & & & & \\ & & -(2\beta_5+\mu_5+2) & 2\beta_5-1 & \beta_5 & -\beta_5 & & & 0 & & \\ & & & -(2\beta_5+\mu_5+2) & -\beta_5+\mu_5 & \beta_5 & & & & & \\ & & & & -(2\beta_5+\mu_5+2) & 2\beta_5-1 & & & \beta_5 & -\beta_5 \\ & & & & & -(2\beta_5+\mu_5+2) & & & -\mu_5+\beta_5 & \beta_5 \\ & \text{Sym.} & & & & & & & -(2\beta_5+\mu_5+2) & 2\beta_5-1 \\ & & & & & & & & & -(2\beta_5+\mu_5+2) \end{bmatrix}$$

p.119의 A의 값

$$A = \begin{bmatrix} -1{,}454.7 & 383.6 & 192.3 & -192.3 & & & & & & & \\ & -1{,}454.7 & 875.8 & 192.3 & & & & & & & \\ & & -1{,}454.7 & 383.6 & 192.3 & -192.3 & & & 0 & & \\ & & & -1{,}454.7 & 875.8 & 192.3 & & & & & \\ & & & & -1{,}454.7 & 383.6 & 192.3 & -192.3 & & \\ & & & & & -1{,}454.7 & 875.8 & 192.3 & & \\ & \text{Sym.} & & & & & -1{,}454.7 & 383.6 & 192.3 & -192.3 \\ & & & & & & & -1{,}454.7 & 875.8 & 192.3 \\ & & & & & & & & -1{,}454.7 & 383.6 \\ & & & & & & & & & -1{,}454.7 \end{bmatrix}$$

참고문헌

1) 小西一郎他 : 構造力學 第1卷, 丸善, 1974
2) 構造力學公式集, 土木學會編, 1974
3) Guldan, R. : Rahmentragwerke und Durchlaufträger. Springer, 1940
4) 道路橋示方書・同解說(I 共通編, III コンクリート橋編), 日本道路協會, 1990
5) 猪又 稔 : ひびわれによる剛性低下を考慮したパーシャル PC不靜定構造斷面力の實用計算法, コンクリート工學, Vol.31, No.9, 1993-9
6) 猪又 稔 : パーシャル PC はりの曲げ變形に關する實驗的研究, セメント技術年報, 42, 1988
7) 猪又 稔 : 使用狀態におけるパーシャル PC桁の曲げモーメント・曲率關係について, セメント・コンクリート論文集, No.45, 1991
8) 猪又 稔 : 使用狀態におけるパーシャル PC桁の變形擧動把握と連續桁橋への適用, 土木學會論文集, 第408号, 1989-8
9) 猪又 稔 : 格子桁の一解法~主桁にねじり剛性がない場合~, 北海道工業大學研究紀要, 1976
10) 猪又 稔 : 主桁のねじり剛性を考慮した格子桁の一解法, 北海道工業大學研究紀要, 1981

부 록

변단면 3경간 연속 거더의 단면력, 반력 및 변형의 영향선 종거표

거더 높이 : 포물선 변화

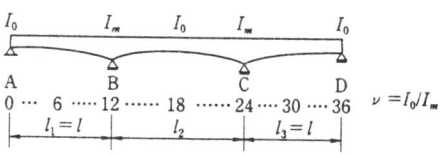

$\nu = I_0/I_m$

[영향선의 종별 : 14]

l_2/l \ ν	1.0	0.35	0.30	0.25	0.20	0.18	0.16	0.14	0.12	0.10	0.08
1.25	○										
1.30		○			○						
1.40			○			○					
1.50				○			○	○			
1.65					○				○		
1.80						○				○	
2.0							○				○

[영향선의 사용 예]
단면력(M & S) 및 반력 ·· 제 4 장(4.4절)
변형 ··· 제 3 장(3.4.2항)

주) 페이지 수의 관계로 ○표의 14종류 밖에 제시하지 못했는데 이것 이외의 것에 대해서는 표 4.1 및 표 4.2의 값을 사용하여 제4장에 나타낸 계산 방법으로 구할 수 있다.

영향선

휨 모멘트

하중점	1	2	3	4	5	6	7	8	9	10	11
0	0.0000	0.0000	0.0000	0.0000	0.0000	0.0000	0.0000	0.0000	0.0000	0.0000	0.0000
1	0.0747	0.0661	0.0575	0.0489	0.0403	0.0317	0.0231	0.0145	0.0059	−0.0027	−0.0113
2	0.0662	0.1324	0.1152	0.0981	0.0810	0.0638	0.0467	0.0295	0.0124	−0.0047	−0.0219
3	0.0578	0.1156	0.1734	0.1479	0.1223	0.0968	0.0712	0.0457	0.0202	−0.0054	−0.0309
4	0.0496	0.0992	0.1488	0.1984	0.1647	0.1310	0.0973	0.0635	0.0298	−0.0039	−0.0376
5	0.0417	0.0834	0.1251	0.1668	0.2085	0.1669	0.1252	0.0836	0.0420	0.0003	−0.0413
6	0.0341	0.0683	0.1024	0.1366	0.1707	0.2049	0.1557	0.1065	0.0573	0.0081	−0.0411
7	0.0270	0.0540	0.0810	0.1080	0.1350	0.1620	0.1890	0.1327	0.0763	0.0200	−0.0363
8	0.0203	0.0407	0.0610	0.0814	0.1017	0.1221	0.1424	0.1628	0.0998	0.0368	−0.0262
9	0.0142	0.0285	0.0427	0.0570	0.0712	0.0855	0.0997	0.1140	0.1282	0.0592	−0.0099
10	0.0088	0.0176	0.0263	0.0351	0.0439	0.0527	0.0615	0.0702	0.0790	0.0878	0.0132
11	0.0040	0.0080	0.0120	0.0160	0.0200	0.0240	0.0280	0.0321	0.0361	0.0401	0.0441
12	0.0000	0.0000	0.0000	0.0000	0.0000	0.0000	0.0000	0.0000	0.0000	0.0000	0.0000
13	−0.0039	−0.0077	−0.0116	−0.0155	−0.0193	−0.0232	−0.0271	−0.0310	−0.0348	−0.0387	−0.0426
14	−0.0066	−0.0131	−0.0197	−0.0263	−0.0329	−0.0394	−0.0460	−0.0526	−0.0592	−0.0657	−0.0723
15	−0.0082	−0.0165	−0.0247	−0.0330	−0.0412	−0.0495	−0.0577	−0.0660	−0.0742	−0.0825	−0.0907
16	−0.0090	−0.0181	−0.0271	−0.0361	−0.0452	−0.0542	−0.0632	−0.0723	−0.0813	−0.0903	−0.0994
17	−0.0091	−0.0181	−0.0272	−0.0363	−0.0453	−0.0544	−0.0635	−0.0725	−0.0816	−0.0907	−0.0997
18	−0.0085	−0.0170	−0.0255	−0.0340	−0.0425	−0.0510	−0.0594	−0.0679	−0.0764	−0.0849	−0.0934
19	−0.0074	−0.0149	−0.0223	−0.0298	−0.0372	−0.0447	−0.0521	−0.0596	−0.0670	−0.0744	−0.0819
20	−0.0061	−0.0121	−0.0182	−0.0243	−0.0303	−0.0364	−0.0425	−0.0485	−0.0546	−0.0606	−0.0667
21	−0.0045	−0.0090	−0.0135	−0.0180	−0.0225	−0.0269	−0.0314	−0.0359	−0.0404	−0.0449	−0.0494
22	−0.0029	−0.0057	−0.0086	−0.0115	−0.0143	−0.0172	−0.0200	−0.0229	−0.0258	−0.0286	−0.0315
23	−0.0013	−0.0026	−0.0040	−0.0053	−0.0066	−0.0079	−0.0092	−0.0106	−0.0119	−0.0132	−0.0145
24	0.0000	0.0000	0.0000	0.0000	0.0000	0.0000	0.0000	0.0000	0.0000	0.0000	0.0000
25	0.0008	0.0016	0.0024	0.0033	0.0041	0.0049	0.0057	0.0065	0.0073	0.0082	0.0090
26	0.0014	0.0028	0.0043	0.0057	0.0071	0.0085	0.0099	0.0114	0.0128	0.0142	0.0156
27	0.0018	0.0037	0.0055	0.0073	0.0091	0.0110	0.0128	0.0146	0.0165	0.0183	0.0201
28	0.0021	0.0041	0.0062	0.0083	0.0103	0.0124	0.0145	0.0165	0.0186	0.0206	0.0227
29	0.0021	0.0043	0.0064	0.0086	0.0107	0.0129	0.0150	0.0172	0.0193	0.0215	0.0236
30	0.0021	0.0042	0.0063	0.0084	0.0105	0.0125	0.0146	0.0167	0.0188	0.0209	0.0230
31	0.0019	0.0038	0.0058	0.0077	0.0096	0.0115	0.0134	0.0154	0.0173	0.0192	0.0211
32	0.0017	0.0033	0.0050	0.0066	0.0083	0.0099	0.0116	0.0132	0.0149	0.0165	0.0182
33	0.0013	0.0026	0.0039	0.0052	0.0065	0.0078	0.0091	0.0105	0.0118	0.0131	0.0144
34	0.0009	0.0018	0.0027	0.0036	0.0045	0.0054	0.0063	0.0072	0.0081	0.0090	0.0099
35	0.0005	0.0009	0.0014	0.0018	0.0023	0.0028	0.0032	0.0037	0.0042	0.0046	0.0051
36	0.0000	0.0000	0.0000	0.0000	0.0000	0.0000	0.0000	0.0000	0.0000	0.0000	0.0000

$\times l_1$

영향선 면적

	1	2	3	4	5	6	7	8	9	10	11
제1 스팬	0.0332	0.0594	0.0787	0.0910	0.0965	0.0949	0.0865	0.0710	0.0486	0.0193	−0.0169
제2 스팬	−0.0071	−0.0141	−0.0212	−0.0283	−0.0354	−0.0425	−0.0495	−0.0566	−0.0637	−0.0708	−0.0778
제3 스팬	0.0014	0.0028	0.0042	0.0056	0.0070	0.0084	0.0097	0.0112	0.0126	0.0139	0.0153
전체 스팬	0.0275	0.0481	0.0616	0.0683	0.0681	0.0608	0.0467	0.0255	−0.0025	−0.0375	−0.0794

$\times l_1^2$

$l_1 : l_2 : l_3 = 1 : 1.25 : 1 \quad \nu = 1.0$

							전단력		반력		변형	
12	13	14	15	16	17	18	S_B^l	S_B^r	V_A	V_B	δ_6	δ_{18}
0.0000	0.0000	0.0000	0.0000	0.0000	0.0000	0.0000	0.0000	0.0000	1.0000	0.0000	0.0000	0.0000
−0.0199	−0.0178	−0.0157	−0.0136	−0.0114	−0.0093	−0.0072	−0.1033	0.0204	0.8967	0.1236	0.0391	−0.0141
−0.0390	−0.0349	−0.0307	−0.0266	−0.0224	−0.0182	−0.0141	−0.2057	0.0399	0.7943	0.2456	0.0759	−0.0275
−0.0564	−0.0504	−0.0444	−0.0384	−0.0324	−0.0264	−0.0204	−0.3064	0.0577	0.6936	0.3641	0.1080	−0.0398
−0.0713	−0.0638	−0.0562	−0.0486	−0.0410	−0.0334	−0.0258	−0.4047	0.0729	0.5953	0.4776	0.1329	−0.0503
−0.0829	−0.0741	−0.0653	−0.0564	−0.0476	−0.0388	−0.0299	−0.4996	0.0848	0.5004	0.5843	0.1483	−0.0585
−0.0903	−0.0807	−0.0711	−0.0615	−0.0518	−0.0422	−0.0326	−0.5903	0.0923	0.4097	0.6826	0.1519	−0.0637
−0.0927	−0.0828	−0.0729	−0.0631	−0.0532	−0.0433	−0.0335	−0.6760	0.0947	0.3240	0.7707	0.1422	−0.0654
−0.0892	−0.0797	−0.0702	−0.0607	−0.0512	−0.0417	−0.0322	−0.7559	0.0912	0.2441	0.8470	0.1217	−0.0629
−0.0790	−0.0706	−0.0622	−0.0538	−0.0454	−0.0369	−0.0285	−0.8290	0.0808	0.1710	0.9098	0.0938	−0.0557
−0.0613	−0.0548	−0.0483	−0.0417	−0.0352	−0.0287	−0.0221	−0.8946	0.0627	0.1054	0.9573	0.0620	−0.0432
−0.0353	−0.0315	−0.0277	−0.0240	−0.0202	−0.0165	−0.0127	−0.9519	0.0360	0.0481	0.9880	0.0296	−0.0249
0.0000	0.0000	0.0000	0.0000	0.0000	0.0000	0.0000	−1.0000	1.0000	0.0000	1.0000	0.0000	0.0000
−0.0464	0.0516	0.0455	0.0393	0.0332	0.0271	0.0209	−0.0464	0.9412	−0.0464	0.9876	−0.0290	0.0400
−0.0789	0.0116	0.1022	0.0885	0.0749	0.0612	0.0476	−0.0789	0.8689	−0.0789	0.9478	−0.0493	0.0853
−0.0990	−0.0171	0.0648	0.1467	0.1244	0.1021	0.0798	−0.0990	0.7861	−0.0990	0.8850	−0.0619	0.1305
−0.1084	−0.0360	0.0364	0.1089	0.1813	0.1495	0.1178	−0.1084	0.6952	−0.1084	0.8035	−0.0677	0.1697
−0.1088	−0.0464	0.0160	0.0784	0.1407	0.2031	0.1613	−0.1088	0.5989	−0.1088	0.7077	−0.0680	0.1974
−0.1019	−0.0498	0.0023	0.0543	0.1064	0.1585	0.2106	−0.1019	0.5000	−0.1019	0.6019	−0.0637	0.2079
−0.0893	−0.0476	−0.0058	0.0360	0.0778	0.1196	0.1613	−0.0893	0.4011	−0.0893	0.4904	−0.0558	0.1974
−0.0728	−0.0410	−0.0093	0.0225	0.0542	0.0860	0.1178	−0.0728	0.3048	−0.0728	0.3776	−0.0455	0.1697
−0.0539	−0.0316	−0.0093	0.0130	0.0353	0.0575	0.0798	−0.0539	0.2139	−0.0539	0.2678	−0.0337	0.1305
−0.0344	−0.0207	−0.0071	0.0066	0.0203	0.0339	0.0476	−0.0344	0.1311	−0.0344	0.1654	−0.0215	0.0853
−0.0158	−0.0097	−0.0036	0.0026	0.0087	0.0148	0.0209	−0.0158	0.0588	−0.0158	0.0747	−0.0099	0.0400
0.0000	0.0000	0.0000	0.0000	0.0000	0.0000	0.0000	0.0000	0.0000	0.0000	0.0000	0.0000	0.0000
0.0098	0.0060	0.0023	−0.0015	−0.0052	−0.0090	−0.0127	0.0098	−0.0360	0.0098	−0.0458	0.0061	−0.0249
0.0170	0.0105	0.0040	−0.0026	−0.0091	−0.0156	−0.0221	0.0170	−0.0627	0.0170	−0.0797	0.0106	−0.0432
0.0219	0.0135	0.0051	−0.0033	−0.0117	−0.0201	−0.0285	0.0219	−0.0808	0.0219	−0.1027	0.0137	−0.0557
0.0248	0.0153	0.0058	−0.0037	−0.0132	−0.0227	−0.0322	0.0248	−0.0912	0.0248	−0.1159	0.0155	−0.0629
0.0257	0.0159	0.0060	−0.0039	−0.0137	−0.0236	−0.0335	0.0257	−0.0947	0.0257	−0.1205	0.0161	−0.0654
0.0251	0.0155	0.0059	−0.0038	−0.0134	−0.0230	−0.0326	0.0251	−0.0923	0.0251	−0.1174	0.0157	−0.0637
0.0230	0.0142	0.0054	−0.0035	−0.0123	−0.0211	−0.0299	0.0230	−0.0848	0.0230	−0.1078	0.0144	−0.0585
0.0198	0.0122	0.0046	−0.0030	−0.0106	−0.0182	−0.0258	0.0198	−0.0729	0.0198	−0.0928	0.0124	−0.0503
0.0157	0.0097	0.0037	−0.0024	−0.0084	−0.0144	−0.0204	0.0157	−0.0577	0.0157	−0.0734	0.0098	−0.0398
0.0108	0.0067	0.0025	−0.0016	−0.0058	−0.0099	−0.0141	0.0108	−0.0399	0.0108	−0.0507	0.0068	−0.0275
0.0055	0.0034	0.0013	−0.0008	−0.0030	−0.0051	−0.0072	0.0055	−0.0204	0.0055	−0.0259	0.0035	−0.0141
0.0000	0.0000	0.0000	0.0000	0.0000	0.0000	0.0000	0.0000	0.0000	0.0000	0.0000	0.0000	0.0000
							$\times 1$				$\times 10^{-1} \dfrac{l_1^3}{EI_0}$	
−0.0602	−0.0538	−0.0474	−0.0410	−0.0346	−0.0281	−0.0217	−0.5602	0.0615	0.4398	0.6217	0.0926	−0.0425
−0.0849	−0.0253	0.0236	0.0616	0.0887	0.1049	0.1104	−0.0849	0.6250	−0.0849	0.7099	−0.0531	0.1520
0.0167	0.0103	0.0039	−0.0025	−0.0089	−0.0153	−0.0217	0.0167	−0.0615	0.0167	−0.0783	0.0105	−0.0425
−0.1284	−0.0688	−0.0199	0.0181	0.0452	0.0615	0.0669	−0.6284	0.6250	0.3716	1.2534	0.0500	0.0671
							$\times l_1$				$\times 10^{-1} \dfrac{l_1^4}{EI_0}$	

영 향 선

하중점	휨 모멘트										
	1	2	3	4	5	6	7	8	9	10	11
0	0.0000	0.0000	0.0000	0.0000	0.0000	0.0000	0.0000	0.0000	0.0000	0.0000	0.0000
1	0.0740	0.0647	0.0554	0.0461	0.0367	0.0274	0.0181	0.0088	−0.0005	−0.0098	−0.0192
2	0.0649	0.1297	0.1112	0.0927	0.0743	0.0558	0.0373	0.0188	0.0003	−0.0181	−0.0366
3	0.0560	0.1120	0.1680	0.1407	0.1133	0.0860	0.0587	0.0313	0.0040	−0.0234	−0.0507
4	0.0476	0.0951	0.1427	0.1903	0.1545	0.1187	0.0830	0.0472	0.0114	−0.0243	−0.0601
5	0.0396	0.0793	0.1189	0.1586	0.1982	0.1545	0.1109	0.0672	0.0235	−0.0202	−0.0639
6	0.0323	0.0646	0.0969	0.1292	0.1615	0.1938	0.1427	0.0917	0.0407	−0.0104	−0.0614
7	0.0255	0.0511	0.0766	0.1022	0.1277	0.1533	0.1788	0.1210	0.0632	0.0054	−0.0524
8	0.0194	0.0388	0.0581	0.0775	0.0969	0.1163	0.1356	0.1550	0.0911	0.0271	−0.0369
9	0.0138	0.0276	0.0413	0.0551	0.0689	0.0827	0.0965	0.1102	0.1240	0.0545	−0.0151
10	0.0087	0.0174	0.0261	0.0349	0.0436	0.0523	0.0610	0.0697	0.0784	0.0871	0.0125
11	0.0041	0.0083	0.0124	0.0166	0.0207	0.0248	0.0290	0.0331	0.0373	0.0414	0.0455
12	0.0000	0.0000	0.0000	0.0000	0.0000	0.0000	0.0000	0.0000	0.0000	0.0000	0.0000
13	−0.0046	−0.0092	−0.0138	−0.0183	−0.0229	−0.0275	−0.0321	−0.0367	−0.0413	−0.0458	−0.0504
14	−0.0084	−0.0167	−0.0251	−0.0335	−0.0418	−0.0502	−0.0586	−0.0670	−0.0753	−0.0837	−0.0921
15	−0.0111	−0.0223	−0.0334	−0.0445	−0.0557	−0.0668	−0.0779	−0.0891	−0.1002	−0.1113	−0.1224
16	−0.0127	−0.0254	−0.0381	−0.0508	−0.0635	−0.0762	−0.0890	−0.1017	−0.1144	−0.1271	−0.1398
17	−0.0130	−0.0260	−0.0391	−0.0521	−0.0651	−0.0781	−0.0911	−0.1042	−0.1172	−0.1302	−0.1432
18	−0.0122	−0.0244	−0.0365	−0.0487	−0.0609	−0.0731	−0.0853	−0.0974	−0.1096	−0.1218	−0.1340
19	−0.0105	−0.0209	−0.0314	−0.0419	−0.0524	−0.0628	−0.0733	−0.0838	−0.0942	−0.1047	−0.1152
20	−0.0083	−0.0165	−0.0248	−0.0331	−0.0413	−0.0496	−0.0579	−0.0661	−0.0744	−0.0827	−0.0909
21	−0.0059	−0.0119	−0.0178	−0.0237	−0.0297	−0.0356	−0.0415	−0.0474	−0.0534	−0.0593	−0.0652
22	−0.0037	−0.0074	−0.0111	−0.0148	−0.0185	−0.0222	−0.0259	−0.0296	−0.0333	−0.0370	−0.0407
23	−0.0017	−0.0034	−0.0051	−0.0069	−0.0086	−0.0103	−0.0120	−0.0137	−0.0154	−0.0172	−0.0189
24	0.0000	0.0000	0.0000	0.0000	0.0000	0.0000	0.0000	0.0000	0.0000	0.0000	0.0000
25	0.0012	0.0024	0.0035	0.0047	0.0059	0.0071	0.0083	0.0095	0.0106	0.0118	0.0130
26	0.0022	0.0044	0.0065	0.0087	0.0109	0.0131	0.0153	0.0174	0.0196	0.0218	0.0240
27	0.0030	0.0059	0.0089	0.0119	0.0149	0.0178	0.0208	0.0238	0.0267	0.0297	0.0327
28	0.0035	0.0071	0.0106	0.0142	0.0177	0.0212	0.0248	0.0283	0.0319	0.0354	0.0389
29	0.0039	0.0077	0.0116	0.0155	0.0193	0.0232	0.0271	0.0309	0.0348	0.0387	0.0425
30	0.0039	0.0079	0.0118	0.0158	0.0197	0.0237	0.0276	0.0316	0.0355	0.0395	0.0434
31	0.0038	0.0076	0.0113	0.0151	0.0189	0.0227	0.0264	0.0302	0.0340	0.0378	0.0415
32	0.0034	0.0067	0.0101	0.0135	0.0168	0.0202	0.0236	0.0269	0.0303	0.0337	0.0370
33	0.0027	0.0055	0.0082	0.0110	0.0137	0.0164	0.0192	0.0219	0.0247	0.0274	0.0301
34	0.0019	0.0039	0.0058	0.0077	0.0097	0.0116	0.0135	0.0155	0.0174	0.0193	0.0213
35	0.0010	0.0020	0.0030	0.0040	0.0050	0.0060	0.0070	0.0080	0.0090	0.0100	0.0110
36	0.0000	0.0000	0.0000	0.0000	0.0000	0.0000	0.0000	0.0000	0.0000	0.0000	0.0000

$\times l_1$

영향선 면적

	1	2	3	4	5	6	7	8	9	10	11
제1 스팬	0.0321	0.0573	0.0755	0.0868	0.0912	0.0886	0.0790	0.0625	0.0391	0.0087	−0.0286
제2 스팬	−0.0096	−0.0193	−0.0289	−0.0386	−0.0483	−0.0579	−0.0675	−0.0772	−0.0868	−0.0965	−0.1061
제3 스팬	0.0026	0.0051	0.0077	0.0102	0.0128	0.0153	0.0179	0.0205	0.0230	0.0256	0.0281
전체 스팬	0.0250	0.0431	0.0542	0.0585	0.0557	0.0460	0.0294	0.0058	−0.0247	−0.0622	−0.1066

$\times l_1^2$

$l_1:l_2:l_3=1:1.25:1 \quad \nu=0.20$

							전단력		반력		변형	
12	13	14	15	16	17	18	S_B^l	S_B^r	V_A	V_B	δ_6	δ_{18}
0.0000	0.0000	0.0000	0.0000	0.0000	0.0000	0.0000	0.0000	0.0000	1.0000	0.0000	0.0000	0.0000
−0.0285	−0.0251	−0.0217	−0.0184	−0.0150	−0.0116	−0.0082	−0.1118	0.0324	0.8882	0.1442	0.0264	−0.0124
−0.0551	−0.0486	−0.0420	−0.0355	−0.0290	−0.0225	−0.0159	−0.2218	0.0626	0.7782	0.2844	0.0505	−0.0240
−0.0780	−0.0688	−0.0595	−0.0503	−0.0411	−0.0318	−0.0226	−0.3280	0.0887	0.6720	0.4167	0.0705	−0.0339
−0.0959	−0.0845	−0.0732	−0.0618	−0.0505	−0.0391	−0.0277	−0.4292	0.1090	0.5708	0.5382	0.0846	−0.0417
−0.1076	−0.0948	−0.0821	−0.0693	−0.0566	−0.0439	−0.0311	−0.5242	0.1223	0.4758	0.6465	0.0916	−0.0468
−0.1124	−0.0991	−0.0858	−0.0725	−0.0592	−0.0459	−0.0325	−0.6124	0.1279	0.3876	0.7403	0.0907	−0.0489
−0.1102	−0.0971	−0.0841	−0.0710	−0.0580	−0.0449	−0.0319	−0.6935	0.1253	0.3065	0.8187	0.0822	−0.0479
−0.1008	−0.0889	−0.0769	−0.0650	−0.0531	−0.0411	−0.0292	−0.7675	0.1146	0.2325	0.8821	0.0684	−0.0438
−0.0846	−0.0746	−0.0646	−0.0546	−0.0445	−0.0345	−0.0245	−0.8346	0.0962	0.1654	0.9309	0.0517	−0.0368
−0.0621	−0.0547	−0.0474	−0.0400	−0.0327	−0.0253	−0.0180	−0.8954	0.0706	0.1046	0.9660	0.0340	−0.0270
−0.0336	−0.0297	−0.0257	−0.0217	−0.0177	−0.0137	−0.0097	−0.9503	0.0383	0.0497	0.9886	0.0165	−0.0146
0.0000	0.0000	0.0000	0.0000	0.0000	0.0000	0.0000	−1.0000	1.0000	0.0000	1.0000	0.0000	0.0000
−0.0550	0.0433	0.0375	0.0317	0.0259	0.0201	0.0143	−0.0550	0.9442	−0.0550	0.9992	−0.0184	0.0212
−0.1004	−0.0090	0.0825	0.0698	0.0571	0.0444	0.0317	−0.1004	0.8781	−0.1004	0.9786	−0.0336	0.0454
−0.1336	−0.0503	0.0331	0.1164	0.0956	0.0747	0.0539	−0.1336	0.7999	−0.1336	0.9335	−0.0447	0.0715
−0.1525	−0.0786	−0.0047	0.0692	0.1431	0.1128	0.0825	−0.1525	0.7093	−0.1525	0.8618	−0.0510	0.0967
−0.1562	−0.0929	−0.0296	0.0337	0.0970	0.1603	0.1195	−0.1562	0.6078	−0.1562	0.7641	−0.0523	0.1164
−0.1462	−0.0941	−0.0420	0.0101	0.0622	0.1142	0.1663	−0.1462	0.5000	−0.1462	0.6462	−0.0489	0.1244
−0.1256	−0.0848	−0.0439	−0.0031	0.0378	0.0786	0.1195	−0.1256	0.3922	−0.1256	0.5178	−0.0420	0.1164
−0.0992	−0.0689	−0.0386	−0.0083	0.0219	0.0522	0.0825	−0.0992	0.2907	−0.0992	0.3899	−0.0332	0.0967
−0.0712	−0.0503	−0.0295	−0.0086	0.0122	0.0330	0.0539	−0.0712	0.2001	−0.0712	0.2712	−0.0238	0.0715
−0.0444	−0.0317	−0.0190	−0.0064	0.0063	0.0190	0.0317	−0.0444	0.1219	−0.0444	0.1663	−0.0149	0.0454
−0.0206	−0.0148	−0.0090	−0.0032	0.0027	0.0085	0.0143	−0.0206	0.0558	−0.0206	0.0764	−0.0069	0.0212
0.0000	0.0000	0.0000	0.0000	0.0000	0.0000	0.0000	0.0000	0.0000	0.0000	0.0000	0.0000	0.0000
0.0142	0.0102	0.0062	0.0022	−0.0018	−0.0058	−0.0097	0.0142	−0.0383	0.0142	−0.0524	0.0047	−0.0146
0.0262	0.0188	0.0115	0.0041	−0.0033	−0.0106	−0.0180	0.0262	−0.0706	0.0262	−0.0968	0.0087	−0.0270
0.0357	0.0256	0.0156	0.0056	−0.0044	−0.0145	−0.0245	0.0357	−0.0962	0.0357	−0.1319	0.0119	−0.0368
0.0425	0.0305	0.0186	0.0067	−0.0053	−0.0172	−0.0292	0.0425	−0.1146	0.0425	−0.1571	0.0142	−0.0438
0.0464	0.0334	0.0203	0.0073	−0.0058	−0.0188	−0.0319	0.0464	−0.1253	0.0464	−0.1717	0.0155	−0.0479
0.0474	0.0341	0.0207	0.0074	−0.0059	−0.0192	−0.0325	0.0474	−0.1279	0.0474	−0.1752	0.0158	−0.0489
0.0453	0.0326	0.0198	0.0071	−0.0056	−0.0184	−0.0311	0.0453	−0.1223	0.0453	−0.1676	0.0152	−0.0468
0.0404	0.0290	0.0177	0.0063	−0.0050	−0.0164	−0.0277	0.0404	−0.1090	0.0404	−0.1494	0.0135	−0.0417
0.0329	0.0236	0.0144	0.0051	−0.0041	−0.0133	−0.0226	0.0329	−0.0887	0.0329	−0.1216	0.0110	−0.0339
0.0232	0.0167	0.0102	0.0036	−0.0029	−0.0094	−0.0159	0.0232	−0.0626	0.0232	−0.0859	0.0078	−0.0240
0.0120	0.0086	0.0053	0.0019	−0.0015	−0.0049	−0.0082	0.0120	−0.0324	0.0120	−0.0444	0.0040	−0.0124
0.0000	0.0000	0.0000	0.0000	0.0000	0.0000	0.0000	0.0000	0.0000	0.0000	0.0000	0.0000	0.0000

$\times 1 \qquad \times 10^{-1} \dfrac{l_1^3}{EI_0}$

−0.0729	−0.0642	−0.0556	−0.0470	−0.0384	−0.0297	−0.0211	−0.5728	0.0828	0.4272	0.6557	0.0559	−0.0317
−0.1158	−0.0561	−0.0073	0.0307	0.0578	0.0740	0.0795	−0.1158	0.6250	−0.1158	0.7408	−0.0387	0.0865
0.0307	0.0221	0.0134	0.0048	−0.0038	−0.0125	−0.0211	0.0307	−0.0828	0.0307	−0.1135	0.0103	−0.0317
−0.1579	−0.0983	−0.0494	−0.0115	0.0157	0.0319	0.0374	−0.6579	0.6250	0.3421	1.2829	0.0274	0.0231

$\times l_1 \qquad \times 10^{-1} \dfrac{l_1^4}{EI_0}$

영향선

하중점										휨 모멘트	
	1	2	3	4	5	6	7	8	9	10	11
0	0.0000	0.0000	0.0000	0.0000	0.0000	0.0000	0.0000	0.0000	0.0000	0.0000	0.0000
1	0.0743	0.0653	0.0563	0.0473	0.0383	0.0293	0.0203	0.0113	0.0023	−0.0068	−0.0158
2	0.0654	0.1309	0.1130	0.0951	0.0772	0.0592	0.0413	0.0234	0.0055	−0.0124	−0.0303
3	0.0568	0.1135	0.1703	0.1437	0.1172	0.0906	0.0640	0.0375	0.0109	−0.0156	−0.0422
4	0.0484	0.0969	0.1453	0.1937	0.1588	0.1240	0.0891	0.0542	0.0193	−0.0156	−0.0505
5	0.0405	0.0810	0.1215	0.1621	0.2026	0.1598	0.1169	0.0741	0.0313	−0.0115	−0.0543
6	0.0331	0.0662	0.0992	0.1323	0.1654	0.1985	0.1482	0.0979	0.0477	−0.0026	−0.0528
7	0.0262	0.0523	0.0785	0.1047	0.1308	0.1570	0.1831	0.1260	0.0688	0.0116	−0.0455
8	0.0198	0.0396	0.0594	0.0792	0.0990	0.1189	0.1387	0.1585	0.0950	0.0314	−0.0321
9	0.0140	0.0280	0.0421	0.0561	0.0701	0.0841	0.0982	0.1122	0.1262	0.0569	−0.0124
10	0.0088	0.0176	0.0264	0.0352	0.0440	0.0528	0.0616	0.0704	0.0792	0.0880	0.0315
11	0.0041	0.0083	0.0124	0.0166	0.0207	0.0248	0.0290	0.0331	0.0372	0.0414	0.0455
12	0.0000	0.0000	0.0000	0.0000	0.0000	0.0000	0.0000	0.0000	0.0000	0.0000	0.0000
13	−0.0046	−0.0092	−0.0138	−0.0184	−0.0230	−0.0276	−0.0322	−0.0368	−0.0414	−0.0460	−0.0506
14	−0.0082	−0.0164	−0.0246	−0.0328	−0.0410	−0.0492	−0.0574	−0.0657	−0.0739	−0.0821	−0.0903
15	−0.0107	−0.0214	−0.0321	−0.0428	−0.0535	−0.0642	−0.0749	−0.0856	−0.0963	−0.1071	−0.1178
16	−0.0120	−0.0241	−0.0361	−0.0481	−0.0602	−0.0722	−0.0842	−0.0963	−0.1083	−0.1203	−0.1324
17	−0.0122	−0.0245	−0.0367	−0.0489	−0.0612	−0.0734	−0.0856	−0.0979	−0.1101	−0.1223	−0.1346
18	−0.0114	−0.0229	−0.0343	−0.0458	−0.0572	−0.0687	−0.0801	−0.0915	−0.1030	−0.1144	−0.1259
19	−0.0099	−0.0198	−0.0297	−0.0396	−0.0495	−0.0594	−0.0693	−0.0792	−0.0891	−0.0990	−0.1089
20	−0.0079	−0.0158	−0.0237	−0.0316	−0.0395	−0.0474	−0.0553	−0.0632	−0.0711	−0.0790	−0.0869
21	−0.0057	−0.0114	−0.0171	−0.0229	−0.0286	−0.0343	−0.0400	−0.0457	−0.0514	−0.0571	−0.0629
22	−0.0036	−0.0072	−0.0107	−0.0143	−0.0179	−0.0215	−0.0251	−0.0286	−0.0322	−0.0358	−0.0394
23	−0.0016	−0.0033	−0.0049	−0.0066	−0.0082	−0.0099	−0.0115	−0.0132	−0.0148	−0.0165	−0.0181
24	0.0000	0.0000	0.0000	0.0000	0.0000	0.0000	0.0000	0.0000	0.0000	0.0000	0.0000
25	0.0011	0.0021	0.0032	0.0042	0.0053	0.0063	0.0074	0.0084	0.0095	0.0105	0.0116
26	0.0019	0.0038	0.0057	0.0076	0.0095	0.0114	0.0133	0.0152	0.0171	0.0190	0.0209
27	0.0025	0.0051	0.0076	0.0102	0.0127	0.0153	0.0178	0.0204	0.0229	0.0255	0.0280
28	0.0030	0.0060	0.0089	0.0119	0.0149	0.0179	0.0209	0.0238	0.0268	0.0298	0.0328
29	0.0032	0.0064	0.0096	0.0128	0.0160	0.0192	0.0224	0.0256	0.0288	0.0320	0.0352
30	0.0032	0.0064	0.0096	0.0129	0.0161	0.0193	0.0225	0.0257	0.0289	0.0321	0.0354
31	0.0030	0.0061	0.0091	0.0121	0.0151	0.0182	0.0212	0.0242	0.0273	0.0303	0.0333
32	0.0027	0.0053	0.0080	0.0107	0.0133	0.0160	0.0186	0.0213	0.0240	0.0266	0.0293
33	0.0021	0.0043	0.0064	0.0086	0.0107	0.0129	0.0150	0.0172	0.0193	0.0214	0.0236
34	0.0015	0.0030	0.0045	0.0060	0.0075	0.0090	0.0105	0.0120	0.0135	0.0150	0.0165
35	0.0008	0.0015	0.0023	0.0031	0.0039	0.0046	0.0054	0.0062	0.0070	0.0077	0.0085
36	0.0000	0.0000	0.0000	0.0000	0.0000	0.0000	0.0000	0.0000	0.0000	0.0000	0.0000

$\times l_1$

영향선 면적

	1	2	3	4	5	6	7	8	9	10	11
제1 스팬	0.0326	0.0582	0.0769	0.0887	0.0935	0.0914	0.0823	0.0663	0.0433	0.0134	−0.0234
제2 스팬	−0.0096	−0.0192	−0.0287	−0.0384	−0.0479	−0.0575	−0.0671	−0.0767	−0.0863	−0.0959	−0.1055
제3 스팬	0.0021	0.0042	0.0063	0.0084	0.0105	0.0126	0.0147	0.0168	0.0189	0.0210	0.0231
전체 스팬	0.0251	0.0432	0.0545	0.0587	0.0561	0.0464	0.0299	0.0063	−0.0241	−0.0615	−0.1058

$\times l_1^2$

부록 **135**

$l_1 : l_2 : l_3 = 1 : 1.30 : 1 \qquad \nu = 0.35$

12	13	14	15	16	17	18	전단력 S_B^l	S_B^r	반력 V_A	V_B	변형 δ_6	δ_{18}
0.0000	0.0000	0.0000	0.0000	0.0000	0.0000	0.0000	0.0000	0.0000	1.0000	0.0000	0.0000	0.0000
−0.0248	−0.0219	−0.0191	−0.0163	−0.0134	−0.0106	−0.0078	−0.1081	0.0262	0.8919	0.1343	0.0306	−0.0138
−0.0482	−0.0427	−0.0371	−0.0316	−0.0261	−0.0206	−0.0151	−0.2148	0.0509	0.7852	0.2657	0.0589	−0.0268
−0.0688	−0.0609	−0.0530	−0.0451	−0.0373	−0.0294	−0.0215	−0.3188	0.0727	0.6812	0.3915	0.0828	−0.0383
−0.0854	−0.0756	−0.0659	−0.0561	−0.0463	−0.0365	−0.0267	−0.4188	0.0903	0.5812	0.5091	0.1004	−0.0475
−0.0971	−0.0860	−0.0749	−0.0638	−0.0527	−0.0415	−0.0304	−0.5138	0.1027	0.4862	0.6165	0.1100	−0.0541
−0.1031	−0.0913	−0.0795	−0.0677	−0.0559	−0.0441	−0.0323	−0.6031	0.1090	0.3969	0.7121	0.1103	−0.0574
−0.1027	−0.0909	−0.0792	−0.0674	−0.0557	−0.0439	−0.0321	−0.6860	0.1086	0.3140	0.7946	0.1011	−0.0572
−0.0956	−0.0847	−0.0737	−0.0628	−0.0518	−0.0409	−0.0299	−0.7623	0.1011	0.2377	0.8634	0.0849	−0.0532
−0.0817	−0.0724	−0.0630	−0.0537	−0.0443	−0.0349	−0.0256	−0.8317	0.0864	0.1683	0.9181	0.0646	−0.0455
−0.0610	−0.0540	−0.0470	−0.0401	−0.0331	−0.0261	−0.0191	−0.8944	0.0645	0.1056	0.9589	0.0426	−0.0340
−0.0337	−0.0298	−0.0260	−0.0221	−0.0183	−0.0144	−0.0105	−0.9503	0.0356	0.0497	0.9860	0.0205	−0.0187
0.0000	0.0000	0.0000	0.0000	0.0000	0.0000	0.0000	−1.0000	1.0000	0.0000	1.0000	0.0000	0.0000
−0.0552	0.0471	0.0410	0.0349	0.0289	0.0228	0.0167	−0.0552	0.9439	−0.0552	0.9991	−0.0230	0.0293
−0.0985	−0.0036	0.0913	0.0779	0.0645	0.0510	0.0376	−0.0985	0.8760	−0.0985	0.9745	−0.0411	0.0630
−0.1285	−0.0422	0.0440	0.1303	0.1082	0.0861	0.0640	−0.1285	0.7961	−0.1285	0.9245	−0.0537	0.0985
−0.1444	−0.0681	0.0083	0.0847	0.1610	0.1290	0.0971	−0.1444	0.7048	−0.1444	0.8492	−0.0603	0.1318
−0.1468	−0.0813	−0.0158	0.0498	0.1153	0.1808	0.1380	−0.1468	0.6048	−0.1468	0.7517	−0.0613	0.1568
−0.1373	−0.0832	−0.0290	0.0252	0.0793	0.1335	0.1877	−0.1373	0.5000	−0.1373	0.6373	−0.0574	0.1667
−0.1188	−0.0760	−0.0332	0.0096	0.0524	0.0952	0.1380	−0.1188	0.3952	−0.1188	0.5140	−0.0497	0.1568
−0.0948	−0.0628	−0.0308	0.0011	0.0331	0.0651	0.0971	−0.0948	0.2952	−0.0948	0.3899	−0.0396	0.1318
−0.0686	−0.0465	−0.0244	−0.0023	0.0198	0.0419	0.0640	−0.0686	0.2039	−0.0686	0.2725	−0.0287	0.0985
−0.0430	−0.0295	−0.0161	−0.0027	0.0108	0.0242	0.0376	−0.0430	0.1240	−0.0430	0.1669	−0.0179	0.0630
−0.0197	−0.0137	−0.0076	−0.0015	0.0046	0.0106	0.0167	−0.0197	0.0561	−0.0197	0.0758	−0.0083	0.0293
0.0000	0.0000	0.0000	0.0000	0.0000	0.0000	0.0000	0.0000	0.0000	0.0000	0.0000	0.0000	0.0000
0.0126	0.0087	0.0049	0.0010	−0.0028	−0.0067	−0.0105	0.0126	−0.0356	0.0126	−0.0482	0.0053	−0.0187
0.0228	0.0158	0.0089	0.0019	−0.0051	−0.0121	−0.0191	0.0228	−0.0645	0.0228	−0.0873	0.0095	−0.0340
0.0306	0.0212	0.0119	0.0025	−0.0069	−0.0162	−0.0256	0.0306	−0.0864	0.0306	−0.1170	0.0128	−0.0455
0.0358	0.0248	0.0139	0.0029	−0.0080	−0.0190	−0.0299	0.0358	−0.1011	0.0358	−0.1368	0.0149	−0.0532
0.0384	0.0267	0.0149	0.0031	−0.0086	−0.0204	−0.0321	0.0384	−0.1086	0.0384	−0.1470	0.0161	−0.0572
0.0386	0.0268	0.0150	0.0032	−0.0087	−0.0205	−0.0323	0.0386	−0.1090	0.0386	−0.1475	0.0161	−0.0574
0.0363	0.0252	0.0141	0.0030	−0.0082	−0.0193	−0.0304	0.0363	−0.1027	0.0363	−0.1390	0.0152	−0.0541
0.0320	0.0222	0.0124	0.0026	−0.0072	−0.0170	−0.0267	0.0320	−0.0903	0.0320	−0.1223	0.0134	−0.0475
0.0257	0.0179	0.0100	0.0021	−0.0058	−0.0136	−0.0215	0.0257	−0.0727	0.0257	−0.0984	0.0107	−0.0383
0.0180	0.0125	0.0070	0.0015	−0.0040	−0.0096	−0.0151	0.0180	−0.0509	0.0180	−0.0689	0.0075	−0.0268
0.0093	0.0064	0.0036	0.0008	−0.0021	−0.0049	−0.0078	0.0093	−0.0262	0.0093	−0.0355	0.0039	−0.0138
0.0000	0.0000	0.0000	0.0000	0.0000	0.0000	0.0000	0.0000	0.0000	0.0000	0.0000	0.0000	0.0000

$\times 1 \qquad \times 10^{-1} \dfrac{l_1^3}{EI_0}$

−0.0673	−0.0596	−0.0519	−0.0442	−0.0365	−0.0288	−0.0211	−0.5673	0.0711	0.4327	0.6384	0.0676	−0.0375
−0.1151	−0.0506	0.0023	0.0433	0.0727	0.0903	0.0962	−0.1151	0.6500	−0.1151	0.7651	−0.0481	0.1224
0.0252	0.0175	0.0098	0.0021	−0.0057	−0.0134	−0.0211	0.0252	−0.0711	0.0252	−0.0963	0.0105	−0.0375
−0.1572	−0.0927	−0.0398	0.0012	0.0306	0.0482	0.0541	−0.6572	0.6500	0.3428	1.3072	0.0300	0.0475

$\times l_1 \qquad \times 10^{-1} \dfrac{l_1^4}{EI_0}$

영향선

하중점						휨 모멘트					
	1	2	3	4	5	6	7	8	9	10	11
0	0.0000	0.0000	0.0000	0.0000	0.0000	0.0000	0.0000	0.0000	0.0000	0.0000	0.0000
1	0.0740	0.0647	0.0554	0.0460	0.0367	0.0274	0.0181	0.0087	−0.0006	−0.0099	−0.0192
2	0.0648	0.1297	0.1112	0.0927	0.0742	0.0557	0.0373	0.0188	0.0003	−0.0182	−0.0367
3	0.0560	0.1120	0.1680	0.1407	0.1133	0.0860	0.0587	0.0313	0.0040	−0.0233	−0.0507
4	0.0476	0.0952	0.1428	0.1903	0.1546	0.1188	0.0831	0.0473	0.0116	−0.0242	−0.0599
5	0.0397	0.0794	0.1191	0.1588	0.1985	0.1548	0.1112	0.0675	0.0239	−0.0197	−0.0634
6	0.0324	0.0647	0.0971	0.1295	0.1619	0.1942	0.1433	0.0923	0.0414	−0.0096	−0.0606
7	0.0256	0.0513	0.0769	0.1026	0.1282	0.1539	0.1795	0.1218	0.0641	0.0064	−0.0512
8	0.0195	0.0390	0.0585	0.0780	0.0975	0.1170	0.1365	0.1560	0.0922	0.0283	−0.0355
9	0.0139	0.0278	0.0417	0.0556	0.0695	0.0834	0.0973	0.1112	0.1251	0.0557	−0.0137
10	0.0088	0.0176	0.0265	0.0353	0.0441	0.0529	0.0618	0.0706	0.0794	0.0882	0.0137
11	0.0042	0.0084	0.0126	0.0168	0.0210	0.0252	0.0295	0.0337	0.0379	0.0421	0.0463
12	0.0000	0.0000	0.0000	0.0000	0.0000	0.0000	0.0000	0.0000	0.0000	0.0000	0.0000
13	−0.0049	−0.0098	−0.0146	−0.0195	−0.0244	−0.0293	−0.0342	−0.0390	−0.0439	−0.0488	−0.0537
14	−0.0089	−0.0179	−0.0268	−0.0357	−0.0447	−0.0536	−0.0625	−0.0715	−0.0804	−0.0893	−0.0982
15	−0.0119	−0.0238	−0.0357	−0.0477	−0.0596	−0.0715	−0.0834	−0.0953	−0.1072	−0.1192	−0.1311
16	−0.0136	−0.0272	−0.0409	−0.0545	−0.0681	−0.0817	−0.0954	−0.1090	−0.1226	−0.1362	−0.1499
17	−0.0140	−0.0279	−0.0419	−0.0558	−0.0698	−0.0838	−0.0977	−0.1117	−0.1257	−0.1396	−0.1536
18	−0.0130	−0.0261	−0.0391	−0.0522	−0.0652	−0.0782	−0.0913	−0.1043	−0.1174	−0.1304	−0.1435
19	−0.0112	−0.0223	−0.0335	−0.0447	−0.0559	−0.0670	−0.0782	−0.0894	−0.1006	−0.1117	−0.1229
20	−0.0088	−0.0176	−0.0263	−0.0351	−0.0439	−0.0527	−0.0615	−0.0702	−0.0790	−0.0878	−0.0966
21	−0.0063	−0.0125	−0.0188	−0.0251	−0.0313	−0.0376	−0.0439	−0.0501	−0.0564	−0.0627	−0.0690
22	−0.0039	−0.0078	−0.0117	−0.0156	−0.0195	−0.0234	−0.0273	−0.0312	−0.0351	−0.0390	−0.0429
23	−0.0018	−0.0036	−0.0054	−0.0072	−0.0090	−0.0108	−0.0126	−0.0144	−0.0162	−0.0180	−0.0198
24	0.0000	0.0000	0.0000	0.0000	0.0000	0.0000	0.0000	0.0000	0.0000	0.0000	0.0000
25	0.0012	0.0024	0.0036	0.0048	0.0060	0.0072	0.0084	0.0096	0.0108	0.0120	0.0132
26	0.0022	0.0044	0.0066	0.0089	0.0111	0.0133	0.0155	0.0177	0.0199	0.0221	0.0244
27	0.0030	0.0061	0.0091	0.0121	0.0151	0.0182	0.0212	0.0242	0.0273	0.0303	0.0333
28	0.0036	0.0072	0.0109	0.0145	0.0181	0.0217	0.0253	0.0290	0.0326	0.0362	0.0398
29	0.0040	0.0079	0.0119	0.0159	0.0198	0.0238	0.0278	0.0318	0.0357	0.0397	0.0437
30	0.0041	0.0081	0.0122	0.0163	0.0203	0.0244	0.0284	0.0325	0.0366	0.0406	0.0447
31	0.0039	0.0078	0.0117	0.0156	0.0195	0.0234	0.0273	0.0312	0.0351	0.0390	0.0429
32	0.0035	0.0070	0.0105	0.0139	0.0174	0.0209	0.0244	0.0279	0.0314	0.0348	0.0383
33	0.0028	0.0057	0.0085	0.0114	0.0142	0.0171	0.0199	0.0227	0.0256	0.0284	0.0313
34	0.0020	0.0040	0.0060	0.0080	0.0101	0.0121	0.0141	0.0161	0.0181	0.0201	0.0221
35	0.0010	0.0021	0.0031	0.0042	0.0052	0.0062	0.0073	0.0083	0.0094	0.0104	0.0114
36	0.0000	0.0000	0.0000	0.0000	0.0000	0.0000	0.0000	0.0000	0.0000	0.0000	0.0000

$\times l_1$

영향선 면적											
제1 스팬	0.0322	0.0574	0.0757	0.0870	0.0914	0.0889	0.0794	0.0630	0.0396	0.0092	−0.0280
제2 스팬	−0.0107	−0.0214	−0.0321	−0.0428	−0.0535	−0.0642	−0.0750	−0.0857	−0.0964	−0.1071	−0.1178
제3 스팬	0.0026	0.0053	0.0079	0.0105	0.0131	0.0158	0.0184	0.0210	0.0237	0.0263	0.0289
전체 스팬	0.0241	0.0413	0.0515	0.0547	0.0510	0.0404	0.0229	−0.0016	−0.0331	−0.0715	−0.1168

$\times l_1^2$

$l_1 : l_2 : l_3 = 1 : 1.30 : 1 \quad \nu = 0.18$

							전단력		반력		변형	
12	13	14	15	16	17	18	S_B^l	S_B^r	V_A	V_B	δ_6	δ_{18}
0.0000	0.0000	0.0000	0.0000	0.0000	0.0000	0.0000	0.0000	0.0000	1.0000	0.0000	0.0000	0.0000
−0.0286	−0.0251	−0.0217	−0.0183	−0.0149	−0.0115	−0.0080	−0.1119	0.0316	0.8881	0.1435	0.0258	−0.0128
−0.0552	−0.0486	−0.0420	−0.0354	−0.0287	−0.0221	−0.0155	−0.2218	0.0610	0.7782	0.2829	0.0495	−0.0248
−0.0780	−0.0687	−0.0593	−0.0500	−0.0406	−0.0313	−0.0220	−0.3280	0.0862	0.6720	0.4142	0.0689	−0.0351
−0.0956	−0.0842	−0.0727	−0.0613	−0.0498	−0.0384	−0.0269	−0.4290	0.1057	0.5710	0.5347	0.0826	−0.0430
−0.1070	−0.0942	−0.0814	−0.0686	−0.0558	−0.0429	−0.0301	−0.5237	0.1183	0.4763	0.6420	0.0892	−0.0481
−0.1115	−0.0982	−0.0848	−0.0714	−0.0581	−0.0447	−0.0314	−0.6115	0.1233	0.3885	0.7348	0.0882	−0.0502
−0.1089	−0.0959	−0.0828	−0.0698	−0.0567	−0.0437	−0.0307	−0.6923	0.1204	0.3077	0.8127	0.0798	−0.0490
−0.0993	−0.0874	−0.0755	−0.0636	−0.0517	−0.0399	−0.0280	−0.7660	0.1098	0.2340	0.8758	0.0663	−0.0447
−0.0832	−0.0732	−0.0632	−0.0533	−0.0433	−0.0334	−0.0234	−0.8332	0.0919	0.1668	0.9251	0.0502	−0.0374
−0.0608	−0.0535	−0.0462	−0.0389	−0.0317	−0.0244	−0.0171	−0.8941	0.0672	0.1059	0.9613	0.0331	−0.0273
−0.0328	−0.0289	−0.0250	−0.0210	−0.0171	−0.0132	−0.0092	−0.9495	0.0363	0.0505	0.9858	0.0161	−0.0148
0.0000	0.0000	0.0000	0.0000	0.0000	0.0000	0.0000	−1.0000	1.0000	0.0000	1.0000	0.0000	0.0000
−0.0586	0.0438	0.0379	0.0319	0.0260	0.0200	0.0141	−0.0586	0.9451	−0.0586	1.0036	−0.0188	0.0222
−0.1072	−0.0119	0.0834	0.0704	0.0574	0.0444	0.0313	−0.1072	0.8797	−0.1072	0.9869	−0.0344	0.0477
−0.1430	−0.0561	0.0308	0.1177	0.0963	0.0748	0.0534	−0.1430	0.8021	−0.1430	0.9451	−0.0458	0.0754
−0.1635	−0.0864	−0.0094	0.0677	0.1448	0.1135	0.0822	−0.1635	0.7114	−0.1635	0.8749	−0.0524	0.1024
−0.1675	−0.1016	−0.0356	0.0304	0.0964	0.1624	0.1200	−0.1675	0.6091	−0.1675	0.7766	−0.0537	0.1238
−0.1565	−0.1023	−0.0482	0.0060	0.0602	0.1143	0.1685	−0.1565	0.5000	−0.1565	0.6565	−0.0502	0.1325
−0.1341	−0.0917	−0.0494	−0.0070	0.0353	0.0777	0.1200	−0.1341	0.3909	−0.1341	0.5250	−0.0430	0.1238
−0.1054	−0.0741	−0.0428	−0.0116	0.0197	0.0510	0.0822	−0.1054	0.2886	−0.1054	0.3940	−0.0338	0.1024
−0.0752	−0.0538	−0.0323	−0.0109	0.0105	0.0320	0.0534	−0.0752	0.1979	−0.0752	0.2731	−0.0241	0.0754
−0.0468	−0.0338	−0.0208	−0.0078	0.0053	0.0183	0.0313	−0.0468	0.1203	−0.0468	0.1671	−0.0150	0.0477
−0.0216	−0.0157	−0.0097	−0.0038	0.0022	0.0081	0.0141	−0.0216	0.0549	−0.0216	0.0766	−0.0069	0.0222
0.0000	0.0000	0.0000	0.0000	0.0000	0.0000	0.0000	0.0000	0.0000	0.0000	0.0000	0.0000	0.0000
0.0144	0.0104	0.0065	0.0026	−0.0014	−0.0053	−0.0092	0.0144	−0.0363	0.0144	−0.0507	0.0046	−0.0148
0.0266	0.0193	0.0120	0.0047	−0.0025	−0.0098	−0.0171	0.0266	−0.0672	0.0266	−0.0938	0.0085	−0.0273
0.0364	0.0264	0.0164	0.0065	−0.0035	−0.0134	−0.0234	0.0364	−0.0919	0.0364	−0.1283	0.0117	−0.0374
0.0434	0.0315	0.0196	0.0077	−0.0042	−0.0161	−0.0280	0.0434	−0.1098	0.0434	−0.1532	0.0139	−0.0447
0.0476	0.0346	0.0215	0.0085	−0.0046	−0.0176	−0.0307	0.0476	−0.1204	0.0476	−0.1681	0.0153	−0.0490
0.0488	0.0354	0.0220	0.0087	−0.0047	−0.0180	−0.0314	0.0488	−0.1233	0.0488	−0.1720	0.0156	−0.0502
0.0468	0.0340	0.0212	0.0083	−0.0045	−0.0173	−0.0301	0.0468	−0.1183	0.0468	−0.1651	0.0150	−0.0481
0.0418	0.0304	0.0189	0.0075	−0.0040	−0.0155	−0.0269	0.0418	−0.1057	0.0418	−0.1476	0.0134	−0.0430
0.0341	0.0248	0.0154	0.0061	−0.0033	−0.0126	−0.0220	0.0341	−0.0862	0.0341	−0.1203	0.0109	−0.0351
0.0241	0.0175	0.0109	0.0043	−0.0023	−0.0089	−0.0155	0.0241	−0.0610	0.0241	−0.0851	0.0077	−0.0248
0.0125	0.0091	0.0056	0.0022	−0.0012	−0.0046	−0.0080	0.0125	−0.0316	0.0125	−0.0441	0.0040	−0.0218
0.0000	0.0000	0.0000	0.0000	0.0000	0.0000	0.0000	0.0000	0.0000	0.0000	0.0000	0.0000	0.0000
							×1		$\times 10^{-1} \dfrac{l_1^3}{EI_0}$			
−0.0722	−0.0635	−0.0549	−0.0463	−0.0376	−0.0290	−0.0203	−0.5722	0.0798	0.4278	0.6520	0.0544	−0.0325
−0.1285	−0.0640	−0.0112	0.0299	0.0593	0.0768	0.0827	−0.1285	0.6500	−0.1285	0.7785	−0.0412	0.0952
0.0316	0.0229	0.0143	0.0056	−0.0030	−0.0117	−0.0203	0.0316	−0.0798	0.0316	−0.1114	0.0101	−0.0325
−0.1691	−0.1046	−0.0518	−0.0108	0.0186	0.0362	0.0421	−0.6691	0.6500	0.3309	1.3191	0.0233	0.0303
							×l_1		$\times 10^{-1} \dfrac{l_1^4}{EI_0}$			

영향선

하중점	휨 모멘트										
	1	2	3	4	5	6	7	8	9	10	11
0	0.0000	0.0000	0.0000	0.0000	0.0000	0.0000	0.0000	0.0000	0.0000	0.0000	0.0000
1	0.0743	0.0653	0.0563	0.0473	0.0383	0.0293	0.0203	0.0113	0.0023	−0.0067	−0.0157
2	0.0655	0.1309	0.1130	0.0951	0.0773	0.0594	0.0415	0.0236	0.0057	−0.0121	−0.0300
3	0.0568	0.1136	0.1704	0.1439	0.1174	0.0909	0.0643	0.0378	0.0113	−0.0152	−0.0418
4	0.0485	0.0970	0.1455	0.1940	0.1592	0.1244	0.0896	0.0547	0.0199	−0.0149	−0.0497
5	0.0406	0.0812	0.1219	0.1625	0.2031	0.1604	0.1177	0.0750	0.0323	−0.0104	−0.0531
6	0.0332	0.0665	0.0997	0.1329	0.1661	0.1994	0.1492	0.0991	0.0490	−0.0011	−0.0512
7	0.0264	0.0527	0.0791	0.1054	0.1318	0.1581	0.1845	0.1275	0.0705	0.0135	−0.0435
8	0.0200	0.0400	0.0601	0.0801	0.1001	0.1201	0.1402	0.1602	0.0969	0.0336	−0.0298
9	0.0142	0.0285	0.0427	0.0570	0.0712	0.0854	0.0997	0.1139	0.1282	0.0591	−0.0100
10	0.0090	0.0180	0.0270	0.0360	0.0450	0.0539	0.0629	0.0719	0.0809	0.0899	0.0156
11	0.0043	0.0085	0.0128	0.0170	0.0213	0.0255	0.0298	0.0340	0.0383	0.0425	0.0468
12	0.0000	0.0000	0.0000	0.0000	0.0000	0.0000	0.0000	0.0000	0.0000	0.0000	0.0000
13	−0.0052	−0.0103	−0.0155	−0.0207	−0.0258	−0.0310	−0.0361	−0.0413	−0.0465	−0.0516	−0.0568
14	−0.0093	−0.0185	−0.0278	−0.0371	−0.0463	−0.0556	−0.0649	−0.0741	−0.0834	−0.0927	−0.1019
15	−0.0121	−0.0243	−0.0364	−0.0486	−0.0607	−0.0728	−0.0850	−0.0971	−0.1092	−0.1214	−0.1335
16	−0.0137	−0.0274	−0.0410	−0.0547	−0.0684	−0.0821	−0.0957	−0.1094	−0.1231	−0.1368	−0.1505
17	−0.0139	−0.0278	−0.0417	−0.0556	−0.0695	−0.0834	−0.0973	−0.1112	−0.1251	−0.1390	−0.1529
18	−0.0130	−0.0259	−0.0389	−0.0519	−0.0649	−0.0778	−0.0908	−0.1038	−0.1167	−0.1297	−0.1427
19	−0.0112	−0.0223	−0.0335	−0.0447	−0.0558	−0.0670	−0.0782	−0.0893	−0.1005	−0.1117	−0.1228
20	−0.0088	−0.0177	−0.0265	−0.0354	−0.0442	−0.0531	−0.0619	−0.0708	−0.0796	−0.0885	−0.0973
21	−0.0064	−0.0127	−0.0191	−0.0254	−0.0318	−0.0381	−0.0445	−0.0508	−0.0572	−0.0635	−0.0699
22	−0.0040	−0.0079	−0.0119	−0.0158	−0.0198	−0.0237	−0.0277	−0.0316	−0.0356	−0.0395	−0.0435
23	−0.0018	−0.0036	−0.0054	−0.0072	−0.0090	−0.0108	−0.0127	−0.0145	−0.0163	−0.0181	−0.0199
24	0.0000	0.0000	0.0000	0.0000	0.0000	0.0000	0.0000	0.0000	0.0000	0.0000	0.0000
25	0.0011	0.0021	0.0032	0.0043	0.0054	0.0064	0.0075	0.0086	0.0097	0.0107	0.0118
26	0.0020	0.0039	0.0059	0.0078	0.0098	0.0117	0.0137	0.0156	0.0176	0.0196	0.0215
27	0.0026	0.0053	0.0079	0.0105	0.0132	0.0158	0.0184	0.0211	0.0237	0.0263	0.0290
28	0.0031	0.0062	0.0093	0.0124	0.0155	0.0186	0.0217	0.0248	0.0279	0.0310	0.0341
29	0.0033	0.0067	0.0100	0.0134	0.0167	0.0200	0.0234	0.0267	0.0301	0.0334	0.0368
30	0.0034	0.0067	0.0101	0.0135	0.0168	0.0202	0.0236	0.0270	0.0303	0.0337	0.0371
31	0.0032	0.0064	0.0096	0.0128	0.0159	0.0191	0.0223	0.0255	0.0287	0.0319	0.0351
32	0.0028	0.0056	0.0084	0.0113	0.0141	0.0169	0.0197	0.0225	0.0253	0.0281	0.0310
33	0.0023	0.0045	0.0068	0.0091	0.0114	0.0136	0.0159	0.0182	0.0204	0.0227	0.0250
34	0.0016	0.0032	0.0048	0.0064	0.0080	0.0096	0.0112	0.0128	0.0143	0.0159	0.0175
35	0.0008	0.0016	0.0025	0.0033	0.0041	0.0049	0.0057	0.0066	0.0074	0.0082	0.0090
36	0.0000	0.0000	0.0000	0.0000	0.0000	0.0000	0.0000	0.0000	0.0000	0.0000	0.0000

$\times l_1$

영향선 면적

	1	2	3	4	5	6	7	8	9	10	11
제1 스팬	0.0327	0.0584	0.0773	0.0891	0.0941	0.0920	0.0831	0.0671	0.0443	0.0145	−0.0222
제2 스팬	−0.0117	−0.0233	−0.0349	−0.0466	−0.0582	−0.0699	−0.0816	−0.0932	−0.1048	−0.1165	−0.1281
제3 스팬	0.0022	0.0044	0.0066	0.0088	0.0110	0.0131	0.0154	0.0176	0.0197	0.0219	0.0241
전체 스팬	0.0232	0.0395	0.0489	0.0513	0.0468	0.0353	0.0169	−0.0085	−0.0408	−0.0801	−0.1262

$\times l_1^2$

$l_1 : l_2 : l_3 = 1 : 1.40 : 1 \qquad \nu = 0.30$

							전 단 력		반 력		변 형	
12	13	14	15	16	17	18	S_B^l	S_B^r	V_A	V_B	δ_6	δ_{18}
0.0000	0.0000	0.0000	0.0000	0.0000	0.0000	0.0000	0.0000	0.0000	1.0000	0.0000	0.0000	0.0000
−0.0247	−0.0218	−0.0189	−0.0160	−0.0132	−0.0103	−0.0074	−0.1080	0.0247	0.8920	0.1327	0.0298	−0.0149
−0.0479	−0.0423	−0.0367	−0.0312	−0.0256	−0.0200	−0.0144	−0.2146	0.0479	0.7854	0.2625	0.0574	−0.0290
−0.0683	−0.0603	−0.0524	−0.0444	−0.0364	−0.0285	−0.0205	−0.3183	0.0683	0.6817	0.3865	0.0805	−0.0413
−0.0846	−0.0747	−0.0648	−0.0550	−0.0451	−0.0353	−0.0254	−0.4179	0.0845	0.5821	0.5024	0.0973	−0.0511
−0.0959	−0.0847	−0.0735	−0.0623	−0.0511	−0.0400	−0.0288	−0.5125	0.0958	0.4875	0.6083	0.1063	−0.0579
−0.1013	−0.0895	−0.0777	−0.0659	−0.0540	−0.0422	−0.0304	−0.6013	0.1012	0.3987	0.7025	0.1063	−0.0612
−0.1004	−0.0887	−0.0770	−0.0653	−0.0536	−0.0419	−0.0302	−0.6838	0.1004	0.3162	0.7842	0.0973	−0.0607
−0.0931	−0.0822	−0.0714	−0.0605	−0.0497	−0.0388	−0.0280	−0.7597	0.0930	0.2403	0.8528	0.0816	−0.0562
−0.0791	−0.0699	−0.0607	−0.0515	−0.0422	−0.0330	−0.0238	−0.8291	0.0791	0.1709	0.9082	0.0622	−0.0478
−0.0588	−0.0519	−0.0451	−0.0382	−0.0314	−0.0245	−0.0177	−0.8921	0.0588	0.1079	0.9509	0.0411	−0.0355
−0.0323	−0.0285	−0.0247	−0.0210	−0.0172	−0.0135	−0.0097	−0.9489	0.0323	0.0511	0.9812	0.0199	−0.0195
0.0000	0.0000	0.0000	0.0000	0.0000	0.0000	0.0000	−1.0000	1.0000	0.0000	1.0000	0.0000	0.0000
−0.0620	0.0483	0.0420	0.0356	0.0292	0.0229	0.0165	−0.0620	0.9454	−0.0620	1.0074	−0.0244	0.0327
−0.1112	−0.0087	0.0939	0.0798	0.0656	0.0515	0.0374	−0.1112	0.8789	−0.1112	0.9901	−0.0437	0.0708
−0.1457	−0.0524	0.0409	0.1342	0.1108	0.0874	0.0641	−0.1457	0.7996	−0.1457	0.9453	−0.0573	0.1116
−0.1641	−0.0815	0.0011	0.0837	0.1663	0.1322	0.0982	−0.1641	0.7081	−0.1641	0.8722	−0.0645	0.1503
−0.1669	−0.0961	−0.0253	0.0455	0.1163	0.1871	0.1412	−0.1669	0.6068	−0.1669	0.7737	−0.0656	0.1799
−0.1557	−0.0973	−0.0390	0.0193	0.0777	0.1360	0.1943	−0.1557	0.5000	−0.1557	0.6557	−0.0612	0.1917
−0.1340	−0.0881	−0.0423	0.0036	0.0495	0.0954	0.1412	−0.1340	0.3932	−0.1340	0.5272	−0.0527	0.1799
−0.1061	−0.0721	−0.0380	−0.0040	0.0301	0.0641	0.0982	−0.1061	0.2919	−0.1061	0.3980	−0.0417	0.1503
−0.0762	−0.0528	−0.0295	−0.0061	0.0173	0.0407	0.0641	−0.0762	0.2004	−0.0762	0.2766	−0.0300	0.1116
−0.0474	−0.0333	−0.0191	−0.0050	0.0091	0.0232	0.0374	−0.0474	0.1211	−0.0474	0.1685	−0.0186	0.0708
−0.0217	−0.0153	−0.0090	−0.0026	0.0038	0.0101	0.0165	−0.0217	0.0546	−0.0217	0.0763	−0.0085	0.0327
0.0000	0.0000	0.0000	0.0000	0.0000	0.0000	0.0000	0.0000	0.0000	0.0000	0.0000	0.0000	0.0000
0.0129	0.0091	0.0054	0.0016	−0.0022	−0.0059	−0.0097	0.0129	−0.0323	0.0129	−0.0451	0.0051	−0.0195
0.0235	0.0166	0.0098	0.0029	−0.0039	−0.0108	−0.0177	0.0235	−0.0588	0.0235	−0.0822	0.0092	−0.0355
0.0316	0.0224	0.0131	0.0039	−0.0053	−0.0145	−0.0238	0.0316	−0.0791	0.0316	−0.1107	0.0124	−0.0478
0.0372	0.0263	0.0155	0.0046	−0.0063	−0.0171	−0.0280	0.0372	−0.0930	0.0372	−0.1302	0.0146	−0.0562
0.0401	0.0284	0.0167	0.0050	−0.0067	−0.0185	−0.0302	0.0401	−0.1004	0.0401	−0.1405	0.0158	−0.0607
0.0404	0.0286	0.0168	0.0050	−0.0068	−0.0186	−0.0304	0.0404	−0.1012	0.0404	−0.1417	0.0159	−0.0612
0.0383	0.0271	0.0159	0.0047	−0.0064	−0.0176	−0.0288	0.0383	−0.0958	0.0383	−0.1341	0.0150	−0.0579
0.0338	0.0239	0.0140	0.0042	−0.0057	−0.0155	−0.0254	0.0338	−0.0845	0.0338	−0.1183	0.0133	−0.0511
0.0273	0.0193	0.0113	0.0034	−0.0046	−0.0125	−0.0205	0.0273	−0.0683	0.0273	−0.0955	0.0107	−0.0413
0.0191	0.0135	0.0080	0.0024	−0.0032	−0.0088	−0.0144	0.0191	−0.0479	0.0191	−0.0670	0.0075	−0.0290
0.0099	0.0070	0.0041	0.0012	−0.0017	−0.0045	−0.0074	0.0099	−0.0247	0.0099	−0.0345	0.0039	−0.0149
0.0000	0.0000	0.0000	0.0000	0.0000	0.0000	0.0000	0.0000	0.0000	0.0000	0.0000	0.0000	0.0000
							$\times 1$		$\times 10^{-1} \dfrac{l_1^3}{EI_0}$			
−0.0660	−0.0582	−0.0506	−0.0429	−0.0352	−0.0275	−0.0198	−0.5659	0.0659	0.4341	0.6318	0.0653	−0.0398
−0.1398	−0.0650	−0.0037	0.0439	0.0780	0.0983	0.1052	−0.1398	0.7000	−0.1398	0.8398	−0.0550	0.1502
0.0263	0.0186	0.0110	0.0033	−0.0044	−0.0121	−0.0198	0.0263	−0.0659	0.0263	−0.0922	0.0104	−0.0398
−0.1794	−0.1046	−0.0433	0.0043	0.0384	0.0587	0.0656	−0.6794	0.7000	0.3206	1.3794	0.0207	0.0705
							$\times l_1$		$\times 10^{-1} \dfrac{l_1^4}{EI_0}$			

영향선

										휨 모멘트	
하중점	1	2	3	4	5	6	7	8	9	10	11
0	0.0000	0.0000	0.0000	0.0000	0.0000	0.0000	0.0000	0.0000	0.0000	0.0000	0.0000
1	0.0740	0.0647	0.0555	0.0462	0.0369	0.0276	0.0183	0.0090	0.0003	−0.0096	−0.0189
2	0.0649	0.1298	0.1114	0.0930	0.0746	0.0561	0.0377	0.0193	0.0009	−0.0176	−0.0360
3	0.0561	0.1122	0.1683	0.1411	0.1139	0.0866	0.0594	0.0322	0.0049	−0.0223	−0.0495
4	0.0477	0.0955	0.1432	0.1909	0.1553	0.1197	0.0841	0.0485	0.0129	−0.0227	−0.0583
5	0.0399	0.0798	0.1196	0.1595	0.1994	0.1560	0.1125	0.0691	0.0256	−0.0178	−0.0613
6	0.0326	0.0652	0.0978	0.1304	0.1630	0.1956	0.1449	0.0941	0.0434	−0.0073	−0.0581
7	0.0259	0.0518	0.0777	0.1036	0.1295	0.1554	0.1813	0.1239	0.0664	0.0090	−0.0484
8	0.0198	0.0395	0.0593	0.0790	0.0988	0.1186	0.1383	0.1581	0.0945	0.0309	−0.0327
9	0.0141	0.0283	0.0424	0.0566	0.0707	0.0849	0.0990	0.1132	0.1273	0.0581	−0.0111
10	0.0090	0.0180	0.0270	0.0361	0.0451	0.0541	0.0631	0.0721	0.0811	0.0901	0.0158
11	0.0043	0.0086	0.0130	0.0173	0.0216	0.0259	0.0302	0.0346	0.0389	0.0432	0.0475
12	0.0000	0.0000	0.0000	0.0000	0.0000	0.0000	0.0000	0.0000	0.0000	0.0000	0.0000
13	−0.0054	−0.0109	−0.0163	−0.0218	−0.0272	−0.0326	−0.0381	−0.0435	−0.0489	−0.0544	−0.0598
14	−0.0100	−0.0200	−0.0300	−0.0400	−0.0499	−0.0599	−0.0699	−0.0799	−0.0899	−0.0999	−0.1099
15	−0.0134	−0.0267	−0.0401	−0.0534	−0.0668	−0.0802	−0.0935	−0.1069	−0.1202	−0.1336	−0.1470
16	−0.0153	−0.0306	−0.0459	−0.0612	−0.0765	−0.0918	−0.1070	−0.1223	−0.1376	−0.1529	−0.1682
17	−0.0157	−0.0313	−0.0470	−0.0626	−0.0783	−0.0940	−0.1096	−0.1253	−0.1410	−0.1566	−0.1723
18	−0.0146	−0.0292	−0.0438	−0.0583	−0.0729	−0.0875	−0.1021	−0.1167	−0.1313	−0.1458	−0.1604
19	−0.0124	−0.0249	−0.0373	−0.0497	−0.0621	−0.0746	−0.0870	−0.0994	−0.1119	−0.1243	−0.1367
20	−0.0097	−0.0194	−0.0291	−0.0388	−0.0485	−0.0582	−0.0679	−0.0776	−0.0873	−0.0970	−0.1067
21	−0.0069	−0.0138	−0.0206	−0.0275	−0.0344	−0.0413	−0.0481	−0.0550	−0.0619	−0.0688	−0.0756
22	−0.0043	−0.0085	−0.0128	−0.0170	−0.0213	−0.0255	−0.0298	−0.0340	−0.0383	−0.0425	−0.0468
23	−0.0020	−0.0039	−0.0059	−0.0078	−0.0098	−0.0118	−0.0137	−0.0157	−0.0176	−0.0196	−0.0215
24	0.0000	0.0000	0.0000	0.0000	0.0000	0.0000	0.0000	0.0000	0.0000	0.0000	0.0000
25	0.0012	0.0024	0.0036	0.0048	0.0060	0.0072	0.0084	0.0097	0.0109	0.0121	0.0133
26	0.0022	0.0045	0.0067	0.0090	0.0112	0.0134	0.0157	0.0179	0.0202	0.0224	0.0246
27	0.0031	0.0061	0.0092	0.0123	0.0154	0.0184	0.0215	0.0246	0.0277	0.0307	0.0338
28	0.0037	0.0074	0.0111	0.0147	0.0184	0.0221	0.0258	0.0295	0.0332	0.0369	0.0405
29	0.0041	0.0081	0.0122	0.0162	0.0203	0.0243	0.0284	0.0324	0.0365	0.0406	0.0446
30	0.0042	0.0083	0.0125	0.0167	0.0208	0.0250	0.0292	0.0333	0.0375	0.0417	0.0458
31	0.0040	0.0080	0.0120	0.0160	0.0201	0.0241	0.0281	0.0321	0.0361	0.0401	0.0441
32	0.0036	0.0072	0.0108	0.0144	0.0180	0.0216	0.0252	0.0288	0.0324	0.0360	0.0396
33	0.0029	0.0059	0.0088	0.0118	0.0147	0.0176	0.0206	0.0235	0.0265	0.0294	0.0323
34	0.0021	0.0042	0.0063	0.0083	0.0104	0.0125	0.0146	0.0167	0.0188	0.0208	0.0229
35	0.0011	0.0022	0.0032	0.0043	0.0054	0.0065	0.0076	0.0086	0.0097	0.0108	0.0119
36	0.0000	0.0000	0.0000	0.0000	0.0000	0.0000	0.0000	0.0000	0.0000	0.0000	0.0000

$\times l_1$

영향선 면적

	1	2	3	4	5	6	7	8	9	10	11
제1 스팬	0.0323	0.0577	0.0762	0.0877	0.0922	0.0898	0.0805	0.0642	0.0410	0.0108	−0.0263
제2 스팬	−0.0129	−0.0257	−0.0386	−0.0514	−0.0643	−0.0771	−0.0900	−0.1028	−0.1157	−0.1285	−0.1414
제3 스팬	0.0027	0.0054	0.0081	0.0108	0.0135	0.0162	0.0189	0.0216	0.0243	0.0270	0.0296
전체 스팬	0.0222	0.0374	0.0457	0.0470	0.0414	0.0288	0.0094	−0.0170	−0.0504	−0.0908	−0.1380

$\times l^2_1$

$l_1 : l_2 : l_3 = 1 : 1.40 : 1$ $\nu = 0.16$

12	13	14	15	16	17	18	전단력		반력		변형	
							S_B^l	S_B^r	V_A	V_B	δ_6	δ_{18}
0.0000	0.0000	0.0000	0.0000	0.0000	0.0000	0.0000	0.0000	0.0000	1.0000	0.0000	0.0000	0.0000
−0.0282	−0.0248	−0.0213	−0.0179	−0.0145	−0.0110	−0.0076	−0.1115	0.0294	0.8885	0.1409	0.0254	−0.0139
−0.0544	−0.0478	−0.0412	−0.0345	−0.0279	−0.0213	−0.0147	−0.2211	0.0567	0.7789	0.2778	0.0486	−0.0267
−0.0768	−0.0674	−0.0581	−0.0487	−0.0394	−0.0301	−0.0207	−0.3268	0.0800	0.6732	0.4068	0.0675	−0.0377
−0.0939	−0.0825	−0.0710	−0.0596	−0.0482	−0.0368	−0.0254	−0.4272	0.0979	0.5728	0.5251	0.0807	−0.0462
−0.1047	−0.0920	−0.0793	−0.0665	−0.0538	−0.0410	−0.0283	−0.5214	0.1092	0.4786	0.6306	0.0871	−0.0515
−0.1088	−0.0956	−0.0823	−0.0691	−0.0559	−0.0426	−0.0294	−0.6088	0.1134	0.3912	0.7222	0.0859	−0.0535
−0.1059	−0.0930	−0.0801	−0.0672	−0.0544	−0.0415	−0.0286	−0.6892	0.1104	0.3108	0.7996	0.0776	−0.0520
−0.0962	−0.0845	−0.0728	−0.0611	−0.0494	−0.0377	−0.0260	−0.7629	0.1003	0.2371	0.8632	0.0645	−0.0473
−0.0802	−0.0705	−0.0607	−0.0510	−0.0412	−0.0314	−0.0217	−0.8302	0.0837	0.1698	0.9139	0.0489	−0.0394
−0.0585	−0.0514	−0.0443	−0.0371	−0.0300	−0.0229	−0.0158	−0.8918	0.0610	0.1082	0.9528	0.0323	−0.0288
−0.0315	−0.0277	−0.0238	−0.0200	−0.0162	−0.0123	−0.0085	−0.9482	0.0328	0.0518	0.9810	0.0157	−0.0155
0.0000	0.0000	0.0000	0.0000	0.0000	0.0000	0.0000	−1.0000	1.0000	0.0000	1.0000	0.0000	0.0000
−0.0653	0.0452	0.0389	0.0327	0.0264	0.0202	0.0139	−0.0653	0.9465	−0.0653	1.0118	−0.0200	0.0251
−0.1199	−0.0169	0.0860	0.0723	0.0586	0.0449	0.0312	−0.1199	0.8825	−0.1199	1.0024	−0.0366	0.0541
−0.1603	−0.0663	0.0276	0.1216	0.0989	0.0763	0.0536	−0.1603	0.8056	−0.1603	0.9659	−0.0490	0.0859
−0.1835	−0.1001	−0.0168	0.0666	0.1500	0.1167	0.0834	−0.1835	0.7146	−0.1835	0.8981	−0.0561	0.1176
−0.1879	−0.1167	−0.0454	0.0259	0.0972	0.1685	0.1231	−0.1879	0.6111	−0.1879	0.7990	−0.0574	0.1429
−0.1750	−0.1167	−0.0583	0.0000	0.0583	0.1167	0.1750	−0.1750	0.5000	−0.1750	0.6750	−0.0535	0.1534
−0.1491	−0.1038	−0.0584	−0.0130	0.0324	0.0777	0.1231	−0.1491	0.3889	−0.1491	0.5381	−0.0456	0.1429
−0.1164	−0.0831	−0.0498	−0.0165	0.0168	0.0501	0.0834	−0.1164	0.2854	−0.1164	0.4018	−0.0356	0.1176
−0.0825	−0.0598	−0.0372	−0.0145	0.0082	0.0309	0.0536	−0.0825	0.1944	−0.0825	0.2769	−0.0252	0.0859
−0.0510	−0.0373	−0.0236	−0.0099	0.0038	0.0175	0.0312	−0.0510	0.1175	−0.0510	0.1685	−0.0156	0.0541
−0.0235	−0.0173	−0.0110	−0.0048	0.0015	0.0077	0.0139	−0.0235	0.0535	−0.0235	0.0770	−0.0072	0.0251
0.0000	0.0000	0.0000	0.0000	0.0000	0.0000	0.0000	0.0000	0.0000	0.0000	0.0000	0.0000	0.0000
0.0145	0.0106	0.0068	0.0030	−0.0008	−0.0047	−0.0085	0.0145	−0.0328	0.0145	−0.0473	0.0044	−0.0155
0.0269	0.0198	0.0127	0.0055	−0.0016	−0.0087	−0.0158	0.0269	−0.0610	0.0269	−0.0879	0.0082	−0.0288
0.0369	0.0271	0.0174	0.0076	−0.0022	−0.0119	−0.0217	0.0369	−0.0837	0.0369	−0.1205	0.0113	−0.0394
0.0442	0.0325	0.0208	0.0091	−0.0026	−0.0143	−0.0260	0.0442	−0.1003	0.0442	−0.1446	0.0135	−0.0473
0.0487	0.0358	0.0229	0.0100	−0.0029	−0.0157	−0.0286	0.0487	−0.1104	0.0487	−0.1590	0.0149	−0.0520
0.0500	0.0368	0.0235	0.0103	−0.0029	−0.0162	−0.0294	0.0500	−0.1134	0.0500	−0.1634	0.0153	−0.0535
0.0481	0.0354	0.0227	0.0099	−0.0028	−0.0156	−0.0283	0.0481	−0.1092	0.0481	−0.1573	0.0147	−0.0515
0.0431	0.0317	0.0203	0.0089	−0.0025	−0.0139	−0.0254	0.0431	−0.0979	0.0431	−0.1410	0.0132	−0.0462
0.0353	0.0259	0.0166	0.0073	−0.0021	−0.0114	−0.0207	0.0353	−0.0800	0.0353	−0.1153	0.0108	−0.0377
0.0250	0.0184	0.0118	0.0052	−0.0015	−0.0081	−0.0147	0.0250	−0.0567	0.0250	−0.0817	0.0076	−0.0267
0.0130	0.0095	0.0061	0.0027	−0.0008	−0.0042	−0.0076	0.0130	−0.0294	0.0130	−0.0424	0.0040	−0.0139
0.0000	0.0000	0.0000	0.0000	0.0000	0.0000	0.0000	0.0000	0.0000	0.0000	0.0000	0.0000	0.0000
							$\times 1$				$\times 10^{-1} \dfrac{l_1^3}{EI_0}$	
−0.0704	−0.0618	−0.0532	−0.0447	−0.0361	−0.0275	−0.0190	−0.5704	0.0734	0.4296	0.6437	0.0531	−0.0346
−0.1542	−0.0794	−0.0182	0.0294	0.0635	0.0839	0.0907	−0.1542	0.7000	−0.1542	0.8542	−0.0471	0.1176
0.0323	0.0238	0.0152	0.0067	−0.0019	−0.0105	−0.0190	0.0323	−0.0734	0.0323	−0.1057	0.0099	−0.0346
−0.1922	−0.1175	−0.0562	−0.0086	0.0255	0.0459	0.0527	−0.6922	0.7000	0.3077	1.3923	0.0159	0.0485
							$\times l_1$				$\times 10^{-1} \dfrac{l_1^4}{EI_0}$	

영 향 선

하중점											휨 모멘트
	1	2	3	4	5	6	7	8	9	10	11
0	0.0000	0.0000	0.0000	0.0000	0.0000	0.0000	0.0000	0.0000	0.0000	0.0000	0.0000
1	0.0743	0.0653	0.0563	0.0473	0.0383	0.0293	0.0203	0.0113	0.0023	−0.0067	−0.0157
2	0.0654	0.1309	0.1130	0.0951	0.0772	0.0593	0.0414	0.0236	0.0057	−0.0122	−0.0301
3	0.0568	0.1136	0.1704	0.1439	0.1174	0.0909	0.0644	0.0379	0.0113	−0.0152	−0.0417
4	0.0485	0.0971	0.1456	0.1942	0.1594	0.1246	0.0898	0.0550	0.0202	−0.0146	−0.0494
5	0.0407	0.0814	0.1221	0.1628	0.2035	0.1608	0.1182	0.0756	0.0329	−0.0097	−0.0524
6	0.0333	0.0667	0.1000	0.1334	0.1667	0.2001	0.1501	0.1001	0.0501	0.0001	−0.0499
7	0.0265	0.0530	0.0795	0.1060	0.1325	0.1591	0.1856	0.1287	0.0719	0.0151	−0.0417
8	0.0202	0.0404	0.0606	0.0808	0.1011	0.1213	0.1415	0.1617	0.0986	0.0354	−0.0277
9	0.0144	0.0289	0.0433	0.0577	0.0722	0.0866	0.1011	0.1155	0.1299	0.0610	−0.0079
10	0.0092	0.0183	0.0275	0.0367	0.0458	0.0550	0.0642	0.0733	0.0825	0.0917	0.0175
11	0.0044	0.0087	0.0131	0.0175	0.0218	0.0262	0.0306	0.0349	0.0393	0.0437	0.0480
12	0.0000	0.0000	0.0000	0.0000	0.0000	0.0000	0.0000	0.0000	0.0000	0.0000	0.0000
13	−0.0058	−0.0115	−0.0173	−0.0230	−0.0288	−0.0346	−0.0403	−0.0461	−0.0518	−0.0576	−0.0634
14	−0.0104	−0.0208	−0.0312	−0.0416	−0.0520	−0.0624	−0.0728	−0.0832	−0.0936	−0.1040	−0.1144
15	−0.0137	−0.0274	−0.0411	−0.0548	−0.0685	−0.0821	−0.0958	−0.1095	−0.1232	−0.1369	−0.1506
16	−0.0155	−0.0310	−0.0464	−0.0619	−0.0774	−0.0929	−0.1084	−0.1238	−0.1393	−0.1548	−0.1703
17	−0.0157	−0.0315	−0.0472	−0.0630	−0.0787	−0.0944	−0.1102	−0.1259	−0.1416	−0.1574	−0.1731
18	−0.0146	−0.0293	−0.0439	−0.0586	−0.0732	−0.0878	−0.1025	−0.1171	−0.1318	−0.1464	−0.1611
19	−0.0125	−0.0251	−0.0376	−0.0501	−0.0627	−0.0752	−0.0877	−0.1002	−0.1128	−0.1253	−0.1378
20	−0.0098	−0.0197	−0.0295	−0.0394	−0.0492	−0.0591	−0.0689	−0.0788	−0.0886	−0.0985	−0.1083
21	−0.0070	−0.0140	−0.0210	−0.0281	−0.0351	−0.0421	−0.0491	−0.0561	−0.0631	−0.0701	−0.0772
22	−0.0043	−0.0087	−0.0130	−0.0173	−0.0217	−0.0260	−0.0303	−0.0346	−0.0390	−0.0433	−0.0476
23	−0.0020	−0.0039	−0.0059	−0.0079	−0.0098	−0.0118	−0.0138	−0.0157	−0.0177	−0.0197	−0.0217
24	0.0000	0.0000	0.0000	0.0000	0.0000	0.0000	0.0000	0.0000	0.0000	0.0000	0.0000
25	0.0011	0.0022	0.0033	0.0044	0.0055	0.0066	0.0077	0.0088	0.0099	0.0110	0.0121
26	0.0020	0.0040	0.0060	0.0081	0.0101	0.0121	0.0141	0.0161	0.0181	0.0201	0.0222
27	0.0027	0.0055	0.0082	0.0109	0.0136	0.0164	0.0191	0.0218	0.0245	0.0273	0.0300
28	0.0032	0.0065	0.0097	0.0129	0.0161	0.0194	0.0226	0.0258	0.0290	0.0323	0.0355
29	0.0035	0.0070	0.0105	0.0140	0.0175	0.0210	0.0245	0.0280	0.0315	0.0350	0.0385
30	0.0035	0.0071	0.0106	0.0142	0.0177	0.0213	0.0248	0.0284	0.0319	0.0355	0.0390
31	0.0034	0.0068	0.0101	0.0135	0.0169	0.0203	0.0236	0.0270	0.0304	0.0338	0.0371
32	0.0030	0.0060	0.0090	0.0120	0.0150	0.0180	0.0209	0.0239	0.0269	0.0299	0.0329
33	0.0024	0.0048	0.0073	0.0097	0.0121	0.0145	0.0170	0.0194	0.0218	0.0242	0.0267
34	0.0017	0.0034	0.0051	0.0068	0.0085	0.0102	0.0119	0.0136	0.0153	0.0171	0.0188
35	0.0009	0.0018	0.0026	0.0035	0.0044	0.0053	0.0062	0.0070	0.0079	0.0088	0.0097
36	0.0000	0.0000	0.0000	0.0000	0.0000	0.0000	0.0000	0.0000	0.0000	0.0000	0.0000

$\times l_1$

영향선 면적

	1	2	3	4	5	6	7	8	9	10	11
제1 스팬	0.0328	0.0586	0.0775	0.0895	0.0945	0.0926	0.0837	0.0679	0.0451	0.0154	−0.0213
제2 스팬	−0.0140	−0.0280	−0.0420	−0.0560	−0.0701	−0.0840	−0.0981	−0.1120	−0.1261	−0.1405	−0.1541
제3 스팬	0.0023	0.0046	0.0069	0.0092	0.0115	0.0138	0.0161	0.0184	0.0207	0.0231	0.0254
전체 스팬	0.0211	0.0352	0.0424	0.0427	0.0360	0.0224	0.0018	−0.0257	−0.0602	−0.1021	−0.1500

$\times l^2_1$

부록 143

$l_1 : l_2 : l_3 = 1 : 1.50 : 1 \quad \nu = 0.25$

							전단력		반력		변형	
12	13	14	15	16	17	18	S_B^l	S_B^r	V_A	V_B	δ_6	δ_{18}
0.0000	0.0000	0.0000	0.0000	0.0000	0.0000	0.0000	0.0000	0.0000	1.0000	0.0000	0.0000	0.0000
−0.0247	−0.0218	−0.0189	−0.0159	−0.0130	−0.0100	−0.0071	−0.1081	0.0235	0.8919	0.1316	0.0288	−0.0159
−0.0480	−0.0423	−0.0366	−0.0309	−0.0252	−0.0195	−0.0138	−0.2147	0.0456	0.7853	0.2603	0.0553	−0.0309
−0.0682	−0.0601	−0.0520	−0.0439	−0.0358	−0.0277	−0.0196	−0.3182	0.0649	0.6818	0.3831	0.0775	−0.0439
−0.0842	−0.0742	−0.0642	−0.0542	−0.0442	−0.0342	−0.0242	−0.4175	0.0801	0.5825	0.4976	0.0934	−0.0542
−0.0950	−0.0837	−0.0724	−0.0611	−0.0498	−0.0385	−0.0272	−0.5117	0.0903	0.4883	0.6020	0.1017	−0.0611
−0.0999	−0.0880	−0.0761	−0.0643	−0.0524	−0.0405	−0.0286	−0.5999	0.0950	0.4001	0.6949	0.1014	−0.0643
−0.0986	−0.0868	−0.0751	−0.0634	−0.0517	−0.0400	−0.0283	−0.6819	0.0937	0.3181	0.7756	0.0925	−0.0634
−0.0908	−0.0800	−0.0692	−0.0584	−0.0476	−0.0368	−0.0260	−0.7575	0.0863	0.2425	0.8438	0.0775	−0.0584
−0.0768	−0.0676	−0.0585	−0.0494	−0.0403	−0.0311	−0.0220	−0.8268	0.0730	0.1732	0.8997	0.0591	−0.0494
−0.0567	−0.0499	−0.0432	−0.0365	−0.0297	−0.0230	−0.0163	−0.8900	0.0539	0.1100	0.9439	0.0391	−0.0365
−0.0309	−0.0273	−0.0236	−0.0199	−0.0162	−0.0126	−0.0089	−0.9476	0.0294	0.0524	0.9770	0.0190	−0.0199
0.0000	0.0000	0.0000	0.0000	0.0000	0.0000	0.0000	−1.0000	1.0000	0.0000	1.0000	0.0000	0.0000
−0.0691	0.0493	0.0426	0.0360	0.0294	0.0228	0.0161	−0.0691	0.9470	−0.0691	1.0161	−0.0253	0.0356
−0.1248	−0.0146	0.0957	0.0809	0.0661	0.0514	0.0366	−0.1248	0.8819	−0.1248	1.0067	−0.0456	0.0774
−0.1643	−0.0639	0.0366	0.1370	0.1124	0.0878	0.0633	−0.1643	0.8034	−0.1643	0.9677	−0.0601	0.1229
−0.1858	−0.0968	−0.0078	0.0811	0.1701	0.1341	0.0980	−0.1858	0.7117	−0.1858	0.8975	−0.0679	0.1669
−0.1889	−0.1127	−0.0366	0.0395	0.1156	0.1918	0.1429	−0.1889	0.6090	−0.1889	0.7979	−0.0691	0.2012
−0.1757	−0.1132	−0.0507	0.0118	0.0743	0.1368	0.1993	−0.1757	0.5000	−0.1757	0.6757	−0.0643	0.2150
−0.1504	−0.1015	−0.0526	−0.0037	0.0451	0.0940	0.1429	−0.1504	0.3910	−0.1504	0.5414	−0.0550	0.2012
−0.1182	−0.0821	−0.0461	−0.0101	0.0260	0.0620	0.0980	−0.1182	0.2883	−0.1182	0.4064	−0.0432	0.1669
−0.0842	−0.0596	−0.0350	−0.0104	0.0141	0.0387	0.0633	−0.0842	0.1966	−0.0842	0.2807	−0.0308	0.1229
−0.0520	−0.0372	−0.0224	−0.0077	0.0071	0.0218	0.0366	−0.0520	0.1181	−0.0520	0.1701	−0.0190	0.0774
−0.0236	−0.0170	−0.0104	−0.0037	0.0029	0.0095	0.0161	−0.0236	0.0530	−0.0236	0.0766	−0.0086	0.0356
0.0000	0.0000	0.0000	0.0000	0.0000	0.0000	0.0000	0.0000	0.0000	0.0000	0.0000	0.0000	0.0000
0.0132	0.0095	0.0058	0.0022	−0.0015	−0.0052	−0.0089	0.0132	−0.0294	0.0132	−0.0426	0.0048	−0.0199
0.0242	0.0174	0.0107	0.0040	−0.0028	−0.0095	−0.0163	0.0242	−0.0539	0.0242	−0.0781	0.0088	−0.0365
0.0327	0.0236	0.0145	0.0054	−0.0038	−0.0129	−0.0220	0.0327	−0.0730	0.0327	−0.1057	0.0120	−0.0494
0.0387	0.0279	0.0171	0.0063	−0.0045	−0.0152	−0.0260	0.0387	−0.0863	0.0387	−0.1251	0.0142	−0.0584
0.0420	0.0303	0.0186	0.0069	−0.0048	−0.0165	−0.0283	0.0420	−0.0937	0.0420	−0.1357	0.0154	−0.0634
0.0426	0.0307	0.0188	0.0070	−0.0049	−0.0168	−0.0286	0.0426	−0.0950	0.0426	−0.1376	0.0156	−0.0643
0.0405	0.0292	0.0179	0.0066	−0.0047	−0.0160	−0.0272	0.0405	−0.0903	0.0405	−0.1309	0.0148	−0.0611
0.0359	0.0259	0.0159	0.0059	−0.0041	−0.0141	−0.0242	0.0359	−0.0801	0.0359	−0.1160	0.0131	−0.0542
0.0291	0.0210	0.0129	0.0048	−0.0033	−0.0115	−0.0196	0.0291	−0.0649	0.0291	−0.0939	0.0106	−0.0439
0.0205	0.0148	0.0091	0.0034	−0.0024	−0.0081	−0.0138	0.0205	−0.0456	0.0205	−0.0661	0.0075	−0.0309
0.0106	0.0076	0.0047	0.0017	−0.0012	−0.0042	−0.0071	0.0106	−0.0235	0.0106	−0.0341	0.0039	−0.0159
0.0000	0.0000	0.0000	0.0000	0.0000	0.0000	0.0000	0.0000	0.0000	0.0000	0.0000	0.0000	0.0000
							×1				$\times 10^{-1} \dfrac{l_1^3}{EI_0}$	
−0.0649	−0.0572	−0.0495	−0.0417	−0.0340	−0.0263	−0.0186	−0.5649	0.0617	0.4351	0.6266	0.0624	−0.0418
−0.1681	−0.0822	−0.0118	0.0428	−0.0819	0.1053	0.1131	−0.1681	0.7500	−0.1681	0.9181	−0.0615	0.1785
0.0277	0.0199	0.0122	0.0045	0.0032	−0.0109	−0.0186	0.0277	−0.0617	0.0277	−0.0894	0.0101	−0.0418
−0.2053	−0.1195	−0.0491	0.0056	0.0447	0.0681	0.0759	−0.7054	0.7500	0.2947	1.4553	0.0111	0.0950
							$\times l_1$				$\times 10^{-1} \dfrac{l_1^4}{EI_0}$	

영 향 선

휨 모멘트

하중점	1	2	3	4	5	6	7	8	9	10	11
0	0.0000	0.0000	0.0000	0.0000	0.0000	0.0000	0.0000	0.0000	0.0000	0.0000	0.0000
1	0.0741	0.0648	0.0555	0.0462	0.0370	0.0277	0.0184	0.0091	−0.0001	−0.0094	−0.0187
2	0.0650	0.1299	0.1115	0.0932	0.0748	0.0564	0.0380	0.0196	0.0013	−0.0171	−0.0355
3	0.0562	0.1124	0.1685	0.1414	0.1142	0.0871	0.0599	0.0327	0.0056	−0.0216	−0.0487
4	0.0478	0.0957	0.1435	0.1914	0.1559	0.1204	0.0849	0.0494	0.0140	−0.0215	−0.0570
5	0.0400	0.0801	0.1201	0.1602	0.2002	0.1569	0.1136	0.0703	0.0270	−0.0163	−0.0596
6	0.0328	0.0656	0.0984	0.1312	0.1640	0.1968	0.1463	0.0957	0.0452	−0.0053	−0.0559
7	0.0261	0.0523	0.0784	0.1045	0.1306	0.1568	0.1829	0.1257	0.0685	0.0113	−0.0460
8	0.0200	0.0400	0.0600	0.0800	0.1000	0.1200	0.1400	0.1600	0.0966	0.0333	−0.0300
9	0.0144	0.0287	0.0431	0.0575	0.0718	0.0862	0.1006	0.1150	0.1293	0.0604	−0.0086
10	0.0092	0.0184	0.0276	0.0368	0.0460	0.0552	0.0644	0.0736	0.0828	0.0920	0.0178
11	0.0044	0.0089	0.0133	0.0177	0.0221	0.0266	0.0310	0.0354	0.0398	0.0443	0.0487
12	0.0000	0.0000	0.0000	0.0000	0.0000	0.0000	0.0000	0.0000	0.0000	0.0000	0.0000
13	−0.0060	−0.0120	−0.0181	−0.0241	−0.0301	−0.0361	−0.0421	−0.0481	−0.0542	−0.0602	−0.0662
14	−0.0111	−0.0222	−0.0333	−0.0444	−0.0555	−0.0666	−0.0777	−0.0888	−0.0999	−0.1110	−0.1220
15	−0.0149	−0.0298	−0.0446	−0.0595	−0.0744	−0.0893	−0.1042	−0.1191	−0.1339	−0.1488	−0.1637
16	−0.0171	−0.0341	−0.0512	−0.0683	−0.0853	−0.1024	−0.1194	−0.1365	−0.1536	−0.1706	−0.1877
17	−0.0175	−0.0349	−0.0524	−0.0699	−0.0874	−0.1048	−0.1223	−0.1398	−0.1573	−0.1747	−0.1922
18	−0.0162	−0.0324	−0.0486	−0.0649	−0.0811	−0.0973	−0.1135	−0.1297	−0.1459	−0.1622	−0.1784
19	−0.0137	−0.0275	−0.0412	−0.0549	−0.0687	−0.0824	−0.0961	−0.1099	−0.1236	−0.1373	−0.1510
20	−0.0106	−0.0213	−0.0319	−0.0426	−0.0532	−0.0639	−0.0745	−0.0851	−0.0958	−0.1064	−0.1171
21	−0.0075	−0.0150	−0.0225	−0.0300	−0.0375	−0.0449	−0.0524	−0.0599	−0.0674	−0.0749	−0.0824
22	−0.0046	−0.0092	−0.0138	−0.0184	−0.0230	−0.0276	−0.0322	−0.0368	−0.0414	−0.0460	−0.0506
23	−0.0021	−0.0042	−0.0063	−0.0084	−0.0106	−0.0127	−0.0148	−0.0169	−0.0190	−0.0211	−0.0232
24	0.0000	0.0000	0.0000	0.0000	0.0000	0.0000	0.0000	0.0000	0.0000	0.0000	0.0000
25	0.0012	0.0024	0.0036	0.0049	0.0061	0.0073	0.0085	0.0097	0.0109	0.0122	0.0134
26	0.0023	0.0045	0.0068	0.0091	0.0113	0.0136	0.0158	0.0181	0.0204	0.0226	0.0249
27	0.0031	0.0062	0.0094	0.0125	0.0156	0.0187	0.0218	0.0250	0.0281	0.0312	0.0343
28	0.0038	0.0075	0.0113	0.0150	0.0188	0.0225	0.0263	0.0300	0.0338	0.0375	0.0413
29	0.0041	0.0083	0.0124	0.0166	0.0207	0.0249	0.0290	0.0332	0.0373	0.0415	0.0456
30	0.0043	0.0086	0.0128	0.0171	0.0214	0.0257	0.0299	0.0342	0.0385	0.0428	0.0471
31	0.0041	0.0083	0.0124	0.0165	0.0207	0.0248	0.0290	0.0331	0.0372	0.0414	0.0455
32	0.0037	0.0074	0.0112	0.0149	0.0186	0.0223	0.0260	0.0298	0.0335	0.0372	0.0409
33	0.0031	0.0061	0.0092	0.0122	0.0153	0.0183	0.0214	0.0244	0.0275	0.0305	0.0336
34	0.0022	0.0043	0.0065	0.0087	0.0108	0.0130	0.0152	0.0173	0.0195	0.0217	0.0238
35	0.0011	0.0022	0.0034	0.0045	0.0056	0.0067	0.0079	0.0090	0.0101	0.0112	0.0124
36	0.0000	0.0000	0.0000	0.0000	0.0000	0.0000	0.0000	0.0000	0.0000	0.0000	0.0000

$\times l_1$

영향선 면적

	1	2	3	4	5	6	7	8	9	10	11
제1 스팬	0.0325	0.0580	0.0766	0.0822	0.0929	0.0906	0.0814	0.0653	0.0422	0.0122	−0.0248
제2 스팬	−0.0152	−0.0305	−0.0458	−0.0610	−0.0763	−0.0915	−0.1068	−0.1220	−0.1373	−0.1525	−0.1678
제3 스팬	0.0028	0.0055	0.0083	0.0111	0.0138	0.0166	0.0194	0.0221	0.0249	0.0277	0.0304
전체 스팬	0.0200	0.0330	0.0391	0.0383	0.0304	0.0157	−0.0060	−0.0346	−0.0702	−0.1127	−0.1622

$\times l^2_1$

$l_1 : l_2 : l_3 = 1 : 1.50 : 1 \quad \nu = 0.14$

							전 단 력		반 력		변 형	
12	13	14	15	16	17	18	S_B^l	S_B^r	V_A	V_B	δ_6	δ_{18}
0.0000	0.0000	0.0000	0.0000	0.0000	0.0000	0.0000	0.0000	0.0000	1.0000	0.0000	0.0000	0.0000
−0.0280	−0.0245	−0.0210	−0.0176	−0.0141	−0.0107	−0.0072	−0.1113	0.0276	0.8887	0.1389	0.0248	−0.0148
−0.0539	−0.0472	−0.0406	−0.0339	−0.0273	−0.0206	−0.0139	−0.2205	0.0533	0.7795	0.2738	0.0474	−0.0285
−0.0759	−0.0665	−0.0571	−0.0478	−0.0384	−0.0290	−0.0196	−0.3259	0.0750	0.6741	0.4009	0.0658	−0.0401
−0.0925	−0.0811	−0.0696	−0.0582	−0.0468	−0.0354	−0.0239	−0.4258	0.0914	0.5742	0.5173	0.0785	−0.0489
−0.1029	−0.0902	−0.0775	−0.0647	−0.0520	−0.0393	−0.0266	−0.5195	0.1017	0.4805	0.6212	0.0844	−0.0544
−0.1064	−0.0933	−0.0801	−0.0670	−0.0538	−0.0407	−0.0275	−0.6064	0.1052	0.3936	0.7116	0.0831	−0.0563
−0.1032	−0.0904	−0.0777	−0.0649	−0.0522	−0.0394	−0.0267	−0.6865	0.1020	0.3135	0.7885	0.0750	−0.0546
−0.0934	−0.0818	−0.0703	−0.0588	−0.0472	−0.0357	−0.0242	−0.7600	0.0923	0.2400	0.8523	0.0623	−0.0494
−0.0776	−0.0680	−0.0584	−0.0488	−0.0392	−0.0297	−0.0201	−0.8276	0.0767	0.1724	0.9042	0.0472	−0.0410
−0.0563	−0.0494	−0.0424	−0.0354	−0.0285	−0.0215	−0.0146	−0.8896	0.0557	0.1104	0.9453	0.0312	−0.0298
−0.0302	−0.0265	−0.0228	−0.0190	−0.0153	−0.0116	−0.0078	−0.9469	0.0299	0.0531	0.9768	0.0153	−0.0160
0.0000	0.0000	0.0000	0.0000	0.0000	0.0000	0.0000	−1.0000	1.0000	0.0000	1.0000	0.0000	0.0000
−0.0722	0.0463	0.0398	0.0333	0.0267	0.0202	0.0137	−0.0722	0.9479	−0.0722	1.0201	−0.0209	0.0277
−0.1331	−0.0225	0.0882	0.0738	0.0595	0.0451	0.0308	−0.1331	0.8853	−0.1331	1.0184	−0.0385	0.0600
−0.1786	−0.0774	0.0237	0.1248	0.1010	0.0771	0.0533	−0.1786	0.8091	−0.1786	0.9877	−0.0517	0.0959
−0.2048	−0.1150	−0.0253	0.0645	0.1542	0.1190	0.0838	−0.2048	0.7180	−0.2048	0.9228	−0.0592	0.1321
−0.2097	−0.1330	−0.0564	0.0203	0.0970	0.1736	0.1253	−0.2097	0.6133	−0.2097	0.8229	−0.0607	0.1616
−0.1946	−0.1321	−0.0696	−0.0071	0.0554	0.1179	0.1804	−0.1946	0.5000	−0.1946	0.6946	−0.0563	0.1739
−0.1648	−0.1164	−0.0681	−0.0198	0.0286	0.0769	0.1253	−0.1648	0.3867	−0.1648	0.5515	−0.0477	0.1616
−0.1277	−0.0925	−0.0572	−0.0220	0.0133	0.0485	0.0838	−0.1277	0.2820	−0.1277	0.4097	−0.0370	0.1321
−0.0899	−0.0660	−0.0422	−0.0183	0.0055	0.0294	0.0533	−0.0899	0.1909	−0.0899	0.2808	−0.0260	0.0959
−0.0552	−0.0409	−0.0266	−0.0122	0.0021	0.0165	0.0308	−0.0552	0.1147	−0.0552	0.1700	−0.0160	0.0600
−0.0253	−0.0188	−0.0123	−0.0058	0.0007	0.0072	0.0137	−0.0253	0.0521	−0.0253	0.0774	−0.0073	0.0277
0.0000	0.0000	0.0000	0.0000	0.0000	0.0000	0.0000	0.0000	0.0000	0.0000	0.0000	0.0000	0.0000
0.0146	0.0109	0.0071	0.0034	−0.0004	−0.0041	−0.0078	0.0146	−0.0299	0.0146	−0.0445	0.0042	−0.0160
0.0272	0.0202	0.0133	0.0063	−0.0007	−0.0076	−0.0146	0.0272	−0.0557	0.0272	−0.0828	0.0079	−0.0298
0.0374	0.0278	0.0183	0.0087	−0.0009	−0.0105	−0.0201	0.0374	−0.0767	0.0374	−0.1141	0.0108	−0.0410
0.0451	0.0335	0.0220	0.0104	−0.0011	−0.0126	−0.0242	0.0451	−0.0923	0.0451	−0.1374	0.0130	−0.0494
0.0498	0.0370	0.0243	0.0115	−0.0012	−0.0139	−0.0267	0.0498	−0.1020	0.0498	−0.1517	0.0144	−0.0546
0.0513	0.0382	0.0250	0.0119	−0.0012	−0.0144	−0.0275	0.0513	−0.1052	0.0513	−0.1565	0.0149	−0.0563
0.0496	0.0369	0.0242	0.0115	−0.0012	−0.0139	−0.0266	0.0496	−0.1017	0.0496	−0.1513	0.0144	−0.0544
0.0446	0.0332	0.0218	0.0103	−0.0011	−0.0125	−0.0239	0.0446	−0.0914	0.0446	−0.1361	0.0129	−0.0489
0.0366	0.0272	0.0179	0.0085	−0.0009	−0.0103	−0.0196	0.0366	−0.0750	0.0366	−0.1116	0.0106	−0.0401
0.0260	0.0193	0.0127	0.0060	−0.0006	−0.0073	−0.0139	0.0260	−0.0533	0.0260	−0.0793	0.0075	−0.0285
0.0135	0.0100	0.0066	0.0031	−0.0003	−0.0038	−0.0072	0.0135	−0.0276	0.0135	−0.0411	0.0039	−0.0148
0.0000	0.0000	0.0000	0.0000	0.0000	0.0000	0.0000	0.0000	0.0000	0.0000	0.0000	0.0000	0.0000

$\times 1 \qquad \times 10^{-1} \dfrac{l_1^3}{EI_0}$

−0.0688	−0.0603	−0.0518	−0.0433	−0.0348	−0.0263	−0.0178	−0.5688	0.0680	0.4312	0.6367	0.0515	−0.0364
−0.1830	−0.0971	−0.0268	0.0278	0.0670	0.0903	0.0982	−0.1830	0.7500	−0.1830	0.9330	−0.0530	0.1416
0.0332	0.0247	0.0162	0.0077	−0.0008	−0.0093	−0.0178	0.0332	−0.0680	0.0332	−0.1011	0.0096	−0.0364
−0.2186	−0.1327	−0.0624	−0.0077	0.0314	0.0547	0.0627	−0.7186	0.7500	0.2814	1.4686	0.0082	0.0688

$\times l_1 \qquad \times 10^{-1} \dfrac{l_1^4}{EI_0}$

영향선

하중점						휨 모멘트					
	1	2	3	4	5	6	7	8	9	10	11
0	0.0000	0.0000	0.0000	0.0000	0.0000	0.0000	0.0000	0.0000	0.0000	0.0000	0.0000
1	0.0743	0.0653	0.0563	0.0473	0.0383	0.0293	0.0203	0.0113	0.0023	−0.0067	−0.0157
2	0.0655	0.1309	0.1131	0.0952	0.0774	0.0595	0.0416	0.0237	0.0059	−0.0120	−0.0299
3	0.0569	0.1137	0.1706	0.1441	0.1177	0.0912	0.0647	0.0383	0.0118	−0.0146	−0.0411
4	0.0486	0.0973	0.1459	0.1945	0.1598	0.1251	0.0904	0.0558	0.0211	−0.0136	−0.0483
5	0.0408	0.0817	0.1225	0.1634	0.2042	0.1617	0.1193	0.0768	0.0343	−0.0082	−0.0507
6	0.0336	0.0671	0.1007	0.1342	0.1678	0.2013	0.1515	0.1017	0.0520	0.0022	−0.0476
7	0.0268	0.0535	0.0803	0.1071	0.1339	0.1606	0.1874	0.1308	0.0743	0.0177	−0.0389
8	0.0205	0.0410	0.0615	0.0820	0.1025	0.1230	0.1435	0.1640	0.1012	0.0383	−0.0245
9	0.0147	0.0294	0.0442	0.0589	0.0736	0.0883	0.1031	0.1178	0.1325	0.0639	−0.0047
10	0.0094	0.0188	0.0282	0.0376	0.0470	0.0564	0.0659	0.0753	0.0847	0.0941	0.0201
11	0.0045	0.0090	0.0135	0.0181	0.0226	0.0271	0.0316	0.0361	0.0406	0.0452	0.0497
12	0.0000	0.0000	0.0000	0.0000	0.0000	0.0000	0.0000	0.0000	0.0000	0.0000	0.0000
13	−0.0067	−0.0133	−0.0200	−0.0266	−0.0333	−0.0399	−0.0466	−0.0532	−0.0599	−0.0665	−0.0732
14	−0.0121	−0.0242	−0.0363	−0.0484	−0.0605	−0.0726	−0.0847	−0.0968	−0.1089	−0.1210	−0.1331
15	−0.0160	−0.0320	−0.0481	−0.0641	−0.0801	−0.0961	−0.1122	−0.1282	−0.1442	−0.1602	−0.1763
16	−0.0182	−0.0364	−0.0545	−0.0727	−0.0909	−0.1091	−0.1273	−0.1455	−0.1636	−0.1818	−0.2000
17	−0.0185	−0.0370	−0.0555	−0.0739	−0.0924	−0.1109	−0.1294	−0.1479	−0.1664	−0.1849	−0.2033
18	−0.0171	−0.0342	−0.0514	−0.0685	−0.0856	−0.1027	−0.1198	−0.1370	−0.1541	−0.1712	−0.1883
19	−0.0145	−0.0291	−0.0436	−0.0581	−0.0726	−0.0872	−0.1017	−0.1162	−0.1308	−0.1453	−0.1598
20	−0.0113	−0.0226	−0.0339	−0.0452	−0.0565	−0.0678	−0.0790	−0.0903	−0.1016	−0.1129	−0.1242
21	−0.0080	−0.0159	−0.0239	−0.0318	−0.0398	−0.0477	−0.0557	−0.0636	−0.0716	−0.0795	−0.0875
22	−0.0049	−0.0097	−0.0146	−0.0195	−0.0243	−0.0292	−0.0340	−0.0389	−0.0438	−0.0486	−0.0535
23	−0.0022	−0.0044	−0.0066	−0.0088	−0.0110	−0.0132	−0.0154	−0.0176	−0.0198	−0.0220	−0.0242
24	0.0000	0.0000	0.0000	0.0000	0.0000	0.0000	0.0000	0.0000	0.0000	0.0000	0.0000
25	0.0011	0.0022	0.0034	0.0045	0.0056	0.0067	0.0078	0.0090	0.0101	0.0112	0.0123
26	0.0021	0.0041	0.0062	0.0083	0.0103	0.0124	0.0145	0.0165	0.0186	0.0207	0.0227
27	0.0028	0.0056	0.0085	0.0113	0.0141	0.0169	0.0197	0.0225	0.0254	0.0282	0.0310
28	0.0034	0.0067	0.0101	0.0134	0.0168	0.0201	0.0235	0.0268	0.0302	0.0336	0.0369
29	0.0037	0.0073	0.0110	0.0147	0.0183	0.0220	0.0257	0.0293	0.0330	0.0367	0.0403
30	0.0037	0.0075	0.0112	0.0150	0.0187	0.0225	0.0262	0.0299	0.0337	0.0374	0.0412
31	0.0036	0.0072	0.0107	0.0143	0.0179	0.0215	0.0251	0.0286	0.0322	0.0358	0.0394
32	0.0032	0.0064	0.0096	0.0128	0.0160	0.0191	0.0223	0.0255	0.0287	0.0319	0.0351
33	0.0026	0.0052	0.0078	0.0104	0.0130	0.0156	0.0182	0.0208	0.0234	0.0260	0.0286
34	0.0018	0.0037	0.0055	0.0073	0.0092	0.0110	0.0128	0.0147	0.0165	0.0183	0.0202
35	0.0009	0.0019	0.0028	0.0038	0.0047	0.0057	0.0066	0.0076	0.0085	0.0095	0.0104
36	0.0000	0.0000	0.0000	0.0000	0.0000	0.0000	0.0000	0.0000	0.0000	0.0000	0.0000

$\times l_1$

영향선 면적

	1	2	3	4	5	6	7	8	9	10	11
제1 스팬	0.0329	0.0589	0.0780	0.0901	0.0953	0.0934	0.0847	0.0690	0.0465	0.0169	−0.0196
제2 스팬	−0.0179	−0.0358	−0.0537	−0.0716	−0.0895	−0.1074	−0.1253	−0.1432	−0.1611	−0.1790	−0.1969
제3 스팬	0.0024	0.0048	0.0073	0.0097	0.0121	0.0146	0.0170	0.0194	0.0218	0.0243	0.0267
전체 스팬	0.0175	0.0279	0.0315	0.0282	0.0179	0.0006	−0.0236	−0.0547	−0.0928	−0.1378	−0.1898

$\times l^2_1$

부록 147

$l_1 : l_2 : l_3 = 1 : 1.65 : 1$ $\nu = 0.20$

							전단력		반력		변형	
12	13	14	15	16	17	18	S_B^l	S_B^r	V_A	V_B	δ_6	δ_{18}
0.0000	0.0000	0.0000	0.0000	0.0000	0.0000	0.0000	0.0000	0.0000	1.0000	0.0000	0.0000	0.0000
−0.0247	−0.0217	−0.0187	−0.0157	−0.0127	−0.0096	−0.0066	−0.1080	0.0218	0.8920	0.1298	0.0276	−0.0174
−0.0477	−0.0419	−0.0361	−0.0303	−0.0245	−0.0187	−0.0129	−0.2144	0.0423	0.7856	0.2566	0.0530	−0.0337
−0.0676	−0.0594	−0.0511	−0.0429	−0.0347	−0.0264	−0.0182	−0.3176	0.0598	0.6824	0.3774	0.0740	−0.0477
−0.0830	−0.0729	−0.0628	−0.0527	−0.0426	−0.0325	−0.0224	−0.4164	0.0735	0.5836	0.4899	0.0889	−0.0586
−0.0932	−0.0818	−0.0705	−0.0591	−0.0478	−0.0364	−0.0251	−0.5098	0.0825	0.4902	0.5923	0.0964	−0.0657
−0.0974	−0.0855	−0.0737	−0.0618	−0.0500	−0.0381	−0.0262	−0.5974	0.0862	0.4026	0.6836	0.0957	−0.0687
−0.0954	−0.0838	−0.0722	−0.0606	−0.0489	−0.0373	−0.0257	−0.6787	0.0845	0.3213	0.7632	0.0871	−0.0673
−0.0873	−0.0767	−0.0661	−0.0554	−0.0448	−0.0342	−0.0235	−0.7540	0.0773	0.2460	0.8313	0.0729	−0.0616
−0.0733	−0.0644	−0.0555	−0.0465	−0.0376	−0.0287	−0.0198	−0.8233	0.0649	0.1767	0.8882	0.0555	−0.0517
−0.0538	−0.0472	−0.0407	−0.0341	−0.0276	−0.0210	−0.0145	−0.8871	0.0476	0.1129	0.9347	0.0368	−0.0379
−0.0291	−0.0256	−0.0220	−0.0185	−0.0150	−0.0114	−0.0079	−0.9458	0.0258	0.0542	0.9716	0.0180	−0.0206
0.0000	0.0000	0.0000	0.0000	0.0000	0.0000	0.0000	−1.0000	1.0000	0.0000	1.0000	0.0000	0.0000
−0.0798	0.0507	0.0437	0.0367	0.0296	0.0226	0.0156	−0.0798	0.9490	−0.0798	1.0288	−0.0267	0.0403
−0.1452	0.0234	0.0984	0.0827	0.0671	0.0514	0.0357	−0.1452	0.8860	−0.1452	1.0312	−0.0486	0.0883
−0.1923	−0.0811	0.0301	0.1413	0.1150	0.0887	0.0624	−0.1923	0.8087	−0.1923	1.0010	−0.0643	0.1415
−0.2182	−0.1196	−0.0211	0.0775	0.1760	0.1371	0.0982	−0.2182	0.7168	−0.2182	0.9350	−0.0730	0.1942
−0.2218	−0.1377	−0.0535	0.0307	0.1148	0.1990	0.1457	−0.2218	0.6121	−0.2218	0.8339	−0.0742	0.2362
−0.2054	−0.1367	−0.0679	0.0008	0.0696	0.1383	0.2071	−0.2054	0.5000	−0.2054	0.7054	−0.0687	0.2534
−0.1743	−0.1210	−0.0677	−0.0143	0.0390	0.0923	0.1457	−0.1743	0.3879	−0.1743	0.5622	−0.0583	0.2362
−0.1355	−0.0966	−0.0576	−0.0187	0.0203	0.0592	0.0982	−0.1355	0.2832	−0.1355	0.4187	−0.0453	0.1942
−0.0955	−0.0692	−0.0428	−0.0165	0.0098	0.0361	0.0624	−0.0955	0.1913	−0.0955	0.2868	−0.0319	0.1415
−0.0584	−0.0427	−0.0270	−0.0113	0.0043	0.0200	0.0357	−0.0584	0.1140	−0.0584	0.1724	−0.0195	0.0883
−0.0264	−0.0194	−0.0124	−0.0054	0.0016	0.0086	0.0156	−0.0264	0.0510	−0.0264	0.0774	−0.0088	0.0403
0.0000	0.0000	0.0000	0.0000	0.0000	0.0000	0.0000	0.0000	0.0000	0.0000	0.0000	0.0000	0.0000
0.0134	0.0099	0.0063	0.0028	−0.0008	−0.0043	−0.0079	0.0134	−0.0258	0.0134	−0.0392	0.0045	−0.0206
0.0248	0.0182	0.0117	0.0052	−0.0014	−0.0079	−0.0145	0.0248	−0.0476	0.0248	−0.0724	0.0083	−0.0379
0.0338	0.0249	0.0160	0.0070	−0.0019	−0.0108	−0.0198	0.0338	−0.0649	0.0338	−0.0987	0.0113	−0.0517
0.0403	0.0296	0.0190	0.0084	−0.0023	−0.0129	−0.0235	0.0403	−0.0773	0.0403	−0.1176	0.0135	−0.0616
0.0440	0.0324	0.0208	0.0091	−0.0025	−0.0141	−0.0257	0.0440	−0.0845	0.0440	−0.1285	0.0147	−0.0673
0.0449	0.0331	0.0212	0.0093	−0.0025	−0.0144	−0.0262	0.0449	−0.0862	0.0449	−0.1312	0.0150	−0.0687
0.0430	0.0316	0.0203	0.0089	−0.0024	−0.0138	−0.0251	0.0430	−0.0825	0.0430	−0.1255	0.0144	−0.0657
0.0383	0.0282	0.0181	0.0080	−0.0022	−0.0123	−0.0224	0.0383	−0.0735	0.0383	−0.1118	0.0128	−0.0586
0.0312	0.0229	0.0147	0.0065	−0.0018	−0.0100	−0.0182	0.0312	−0.0598	0.0312	−0.0910	0.0104	−0.0477
0.0220	0.0162	0.0104	0.0046	−0.0012	−0.0070	−0.0129	0.0220	−0.0423	0.0220	−0.0643	0.0074	−0.0337
0.0114	0.0084	0.0054	0.0024	−0.0006	−0.0036	−0.0066	0.0114	−0.0218	0.0114	−0.0332	0.0038	−0.0174
0.0000	0.0000	0.0000	0.0000	0.0000	0.0000	0.0000	0.0000	0.0000	0.0000	0.0000	0.0000	0.0000

$\times 1$ $\times 10^{-1} \dfrac{l_1^3}{EI_0}$

−0.0631	−0.0554	−0.0477	−0.0401	−0.0324	−0.0247	−0.0170	−0.5631	0.0559	0.4369	0.6189	0.0591	−0.0445
−0.2148	−0.1109	−0.0257	0.0404	0.0877	0.1160	0.1255	−0.2148	0.8250	−0.2148	1.0398	−0.0718	0.2283
0.0291	0.0214	0.0137	0.0061	−0.0016	−0.0093	−0.0170	0.0291	−0.0559	0.0291	−0.0850	0.0097	−0.0445
−0.2488	−0.1449	−0.0597	0.0064	0.0537	0.0820	0.0915	−0.7488	0.8250	0.2512	1.5737	−0.0029	0.1393

$\times l_1$ $\times 10^{-1} \dfrac{l_1^4}{EI_0}$

영 향 선

하중점	휨 모멘트										
	1	2	3	4	5	6	7	8	9	10	11
0	0.0000	0.0000	0.0000	0.0000	0.0000	0.0000	0.0000	0.0000	0.0000	0.0000	0.0000
1	0.0741	0.0649	0.0556	0.0464	0.0372	0.0280	0.0187	0.0095	0.0003	−0.0090	−0.0182
2	0.0650	0.1301	0.1118	0.0935	0.0752	0.0569	0.0387	0.0204	0.0021	−0.0162	−0.0345
3	0.0563	0.1126	0.1690	0.1420	0.1150	0.0879	0.0609	0.0339	0.0069	−0.0201	−0.0471
4	0.0481	0.0961	0.1442	0.1922	0.1569	0.1217	0.0864	0.0511	0.0158	−0.0195	−0.0547
5	0.0403	0.0806	0.1209	0.1612	0.2015	0.1585	0.1155	0.0724	0.0294	−0.0136	−0.0567
6	0.0331	0.0662	0.0993	0.1324	0.1655	0.1987	0.1484	0.0982	0.0480	−0.0022	−0.0525
7	0.0265	0.0529	0.0794	0.1059	0.1323	0.1588	0.1853	0.1284	0.0715	0.0146	−0.0422
8	0.0203	0.0407	0.0610	0.0813	0.1017	0.1220	0.1424	0.1627	0.0997	0.0367	−0.0263
9	0.0147	0.0294	0.0440	0.0587	0.0734	0.0881	0.1028	0.1174	0.1321	0.0635	−0.0052
10	0.0094	0.0189	0.0283	0.0378	0.0472	0.0566	0.0661	0.0755	0.0850	0.0944	0.0205
11	0.0046	0.0091	0.0137	0.0183	0.0228	0.0274	0.0320	0.0365	0.0411	0.0457	0.0502
12	0.0000	0.0000	0.0000	0.0000	0.0000	0.0000	0.0000	0.0000	0.0000	0.0000	0.0000
13	−0.0069	−0.0138	−0.0207	−0.0276	−0.0345	−0.0414	−0.0483	−0.0552	−0.0620	−0.0689	−0.0758
14	−0.0128	−0.0255	−0.0383	−0.0510	−0.0638	−0.0765	−0.0893	−0.1020	−0.1148	−0.1275	−0.1403
15	−0.0172	−0.0343	−0.0515	−0.0686	−0.0858	−0.1029	−0.1201	−0.1372	−0.1544	−0.1716	−0.1887
16	−0.0197	−0.0394	−0.0591	−0.0788	−0.0985	−0.1182	−0.1379	−0.1576	−0.1773	−0.1970	−0.2168
17	−0.0202	−0.0403	−0.0605	−0.0806	−0.1008	−0.1209	−0.1411	−0.1612	−0.1814	−0.2015	−0.2217
18	−0.0186	−0.0372	−0.0558	−0.0745	−0.0931	−0.1117	−0.1303	−0.1489	−0.1675	−0.1861	−0.2048
19	−0.0156	−0.0313	−0.0469	−0.0626	−0.0782	−0.0939	−0.1095	−0.1251	−0.1408	−0.1564	−0.1721
20	−0.0120	−0.0240	−0.0360	−0.0480	−0.0600	−0.0720	−0.0840	−0.0960	−0.1080	−0.1200	−0.1320
21	−0.0084	−0.0167	−0.0251	−0.0334	−0.0418	−0.0501	−0.0585	−0.0669	−0.0752	−0.0836	−0.0919
22	−0.0051	−0.0102	−0.0153	−0.0204	−0.0255	−0.0306	−0.0357	−0.0408	−0.0459	−0.0509	−0.0560
23	−0.0023	−0.0046	−0.0070	−0.0093	−0.0116	−0.0139	−0.0162	−0.0186	−0.0209	−0.0232	−0.0255
24	0.0000	0.0000	0.0000	0.0000	0.0000	0.0000	0.0000	0.0000	0.0000	0.0000	0.0000
25	0.0012	0.0024	0.0036	0.0049	0.0061	0.0073	0.0085	0.0097	0.0109	0.0121	0.0134
26	0.0023	0.0045	0.0068	0.0091	0.0114	0.0136	0.0159	0.0182	0.0204	0.0227	0.0250
27	0.0031	0.0063	0.0094	0.0126	0.0157	0.0188	0.0220	0.0251	0.0283	0.0314	0.0346
28	0.0038	0.0076	0.0114	0.0152	0.0190	0.0228	0.0266	0.0304	0.0342	0.0380	0.0418
29	0.0042	0.0084	0.0126	0.0169	0.0211	0.0253	0.0295	0.0337	0.0379	0.0422	0.0464
30	0.0044	0.0087	0.0131	0.0175	0.0218	0.0262	0.0306	0.0350	0.0393	0.0437	0.0481
31	0.0042	0.0085	0.0127	0.0170	0.0212	0.0255	0.0297	0.0339	0.0382	0.0424	0.0467
32	0.0038	0.0077	0.0115	0.0153	0.0192	0.0230	0.0268	0.0306	0.0345	0.0383	0.0421
33	0.0032	0.0063	0.0095	0.0126	0.0158	0.0189	0.0221	0.0252	0.0284	0.0315	0.0347
34	0.0022	0.0045	0.0067	0.0090	0.0112	0.0135	0.0157	0.0180	0.0202	0.0225	0.0247
35	0.0012	0.0023	0.0035	0.0047	0.0058	0.0070	0.0082	0.0093	0.0105	0.0117	0.0128
36	0.0000	0.0000	0.0000	0.0000	0.0000	0.0000	0.0000	0.0000	0.0000	0.0000	0.0000

$\times l_1$

영향선 면적

	1	2	3	4	5	6	7	8	9	10	11
제1 스팬	0.0327	0.0584	0.0772	0.0890	0.0939	0.0919	0.0829	0.0669	0.0440	0.0142	−0.0226
제2 스팬	−0.0192	−0.0383	−0.0576	−0.0767	−0.0959	−0.1151	−0.1343	−0.1534	−0.1726	−0.1918	−0.2110
제3 스팬	0.0028	0.0056	0.0085	0.0113	0.0141	0.0169	0.0198	0.0226	0.0254	0.0282	0.0311
전체 스팬	0.0163	0.0257	0.0281	0.0236	0.0121	−0.0063	−0.0316	−0.0640	−0.1032	−0.1494	−0.2025

$\times l^2_1$

$l_1 : l_2 : l_3 = 1 : 1.65 : 1 \quad \nu = 0.12$

							전단력		반력		변형	
12	13	14	15	16	17	18	S_B^l	S_B^r	V_A	V_B	δ_6	δ_{18}
0.0000	0.0000	0.0000	0.0000	0.0000	0.0000	0.0000	0.0000	0.0000	1.0000	0.0000	0.0000	0.0000
−0.0274	−0.0240	−0.0205	−0.0171	−0.0136	−0.0102	−0.0067	−0.1107	0.0251	0.8893	0.1358	0.0242	−0.0162
−0.0528	−0.0461	−0.0395	−0.0328	−0.0262	−0.0196	−0.0129	−0.2194	0.0483	0.7806	0.2678	0.0462	−0.0312
−0.0741	−0.0648	−0.0554	−0.0461	−0.0368	−0.0275	−0.0181	−0.3241	0.0678	0.6759	0.3919	0.0640	−0.0438
−0.0900	−0.0787	−0.0674	−0.0560	−0.0447	−0.0334	−0.0220	−0.4234	0.0824	0.5766	0.5058	0.0761	−0.0532
−0.0997	−0.0871	−0.0746	−0.0620	−0.0495	−0.0369	−0.0244	−0.5164	0.0913	0.4836	0.6076	0.0816	−0.0589
−0.1027	−0.0898	−0.0768	−0.0639	−0.0510	−0.0381	−0.0251	−0.6027	0.0940	0.3973	0.6967	0.0802	−0.0607
−0.0991	−0.0866	−0.0741	−0.0617	−0.0492	−0.0367	−0.0243	−0.6824	0.0907	0.3176	0.7731	0.0722	−0.0585
−0.0893	−0.0781	−0.0668	−0.0556	−0.0443	−0.0331	−0.0219	−0.7560	0.0818	0.2440	0.8377	0.0600	−0.0528
−0.0738	−0.0645	−0.0552	−0.0460	−0.0367	−0.0274	−0.0181	−0.8238	0.0676	0.1762	0.8914	0.0455	−0.0436
−0.0534	−0.0467	−0.0399	−0.0332	−0.0265	−0.0198	−0.0131	−0.8867	0.0489	0.1133	0.9356	0.0302	−0.0315
−0.0285	−0.0250	−0.0214	−0.0178	−0.0142	−0.0106	−0.0070	−09452	0.0261	0.0548	0.9713	0.0148	−0.0169
0.0000	0.0000	0.0000	0.0000	0.0000	0.0000	0.0000	−1.0000	1.0000	0.0000	1.0000	0.0000	0.0000
−0.0827	0.0479	0.0410	0.0341	0.0272	0.0203	0.0135	−0.0827	0.9499	−0.0827	1.0327	−0.0225	0.0321
−0.1530	−0.0308	0.0915	0.0762	0.0609	0.0457	0.0304	−0.1530	0.8890	−0.1530	1.0420	−0.0416	0.0700
−0.2059	−0.0939	0.0180	0.1299	0.1043	0.0788	0.0532	−0.2059	0.8140	−0.2059	1.0198	−0.0559	0.1128
−0.2365	−0.1371	−0.0377	0.0617	0.1610	0.1229	0.0848	−0.2365	0.7227	−0.2365	0.9592	−0.0642	0.1568
−0.2418	−0.1571	−0.0724	0.0123	0.0971	0.1818	0.1290	−0.2418	0.6161	−0.2418	0.8579	−0.0657	0.1934
−0.2234	−0.1546	−0.0859	−0.0171	0.0516	0.1204	0.1891	−0.2234	0.5000	−0.2234	0.7234	−0.0607	0.2089
−0.1877	−0.1349	−0.0821	−0.0294	0.0234	0.0762	0.1290	−0.1877	0.3839	−0.1877	0.5716	−0.0510	0.1934
−0.1439	−0.1058	−0.0677	−0.0296	0.0085	0.0467	0.0848	−0.1439	0.2773	−0.1439	0.4212	−0.0391	0.1568
−0.1003	−0.0747	−0.0491	−0.0236	0.0020	0.0276	0.0532	−0.1003	0.1860	−0.1003	0.2863	−0.0272	0.1128
−0.0611	−0.0459	−0.0306	−0.0154	−0.0001	0.0152	0.0304	−0.0611	0.1110	−0.0611	0.1721	−0.0166	0.0700
−0.0278	−0.0210	−0.0141	−0.0072	−0.0003	0.0066	0.0135	−0.0278	0.0501	−0.0278	0.0779	−0.0076	0.0321
0.0000	0.0000	0.0000	0.0000	0.0000	0.0000	0.0000	0.0000	0.0000	0.0000	0.0000	0.0000	0.0000
0.0146	0.0110	0.0074	0.0038	0.0002	−0.0034	−0.0070	0.0146	−0.0261	0.0146	−0.0407	0.0040	−0.0169
0.0273	0.0205	0.0138	0.0071	0.0004	−0.0063	−0.0131	0.0273	−0.0489	0.0273	−0.0761	0.0074	−0.0315
0.0377	0.0284	0.0191	0.0098	0.0005	−0.0088	−0.0181	0.0377	−0.0676	0.0377	−0.1053	0.0102	−0.0436
0.0456	0.0344	0.0231	0.0119	0.0006	−0.0106	−0.0219	0.0456	−0.0818	0.0456	−0.1273	0.0124	−0.0528
0.0506	0.0381	0.0256	0.0132	0.0007	−0.0118	−0.0243	0.0506	−0.0907	0.0506	−0.1413	0.0137	−0.0585
0.0524	0.0395	0.0266	0.0136	0.0007	−0.0122	−0.0251	0.0524	−0.0940	0.0524	−0.1464	0.0142	−0.0607
0.0509	0.0384	0.0258	0.0133	0.0007	−0.0118	−0.0244	0.0509	−0.0913	0.0509	−0.1422	0.0138	−0.0589
0.0460	0.0346	0.0233	0.0120	0.0006	−0.0107	−0.0220	0.0460	−0.0824	0.0460	−0.1284	0.0125	−0.0532
0.0378	0.0285	0.0192	0.0098	0.0005	−0.0088	−0.0181	0.0378	−0.0678	0.0378	−0.1057	0.0103	−0.0438
0.0269	0.0203	0.0137	0.0070	0.0004	−0.0063	−0.0129	0.0269	−0.0483	0.0269	−0.0753	0.0073	−0.0312
0.0140	0.0105	0.0071	0.0036	0.0002	−0.0033	−0.0067	0.0140	−0.0251	0.0140	−0.0391	0.0038	−0.0162
0.0000	0.0000	0.0000	0.0000	0.0000	0.0000	0.0000	0.0000	0.0000	0.0000	0.0000	0.0000	0.0000

$\times 1 \qquad \times 10^{-1} \dfrac{l_1^3}{EI_0}$

−0.0663	−0.0580	−0.0496	−0.0413	−0.0329	−0.0246	−0.0162	−0.5663	0.0607	0.4337	0.6270	0.0498	−0.0392
−0.2301	−0.1262	−0.0410	0.0250	0.0724	0.1007	0.1102	−0.2301	0.8250	−0.2301	1.0551	−0.0625	0.1848
0.0339	0.0255	0.0172	0.0088	0.0005	−0.0079	−0.0162	0.0339	−0.0607	0.0339	−0.0946	0.0092	−0.0392
−0.2626	−0.1586	−0.0735	−0.0074	0.0399	0.0682	0.0777	−0.7626	0.8250	0.2375	1.5875	−0.0035	0.1064

$\times l_1 \qquad \times 10^{-1} \dfrac{l_1^4}{EI_0}$

영향선

하중점	휨 모멘트										
	1	2	3	4	5	6	7	8	9	10	11
0	0.0000	0.0000	0.0000	0.0000	0.0000	0.0000	0.0000	0.0000	0.0000	0.0000	0.0000
1	0.0744	0.0654	0.0565	0.0475	0.0386	0.0296	0.0207	0.0118	0.0028	−0.0061	−0.0151
2	0.0656	0.1311	0.1134	0.0956	0.0779	0.0601	0.0424	0.0246	0.0068	−0.0109	−0.0287
3	0.0570	0.1141	0.1711	0.1448	0.1185	0.0922	0.0659	0.0396	0.0133	−0.0130	−0.0393
4	0.0488	0.0977	0.1465	0.1954	0.1609	0.1264	0.0919	0.0574	0.0230	−0.0115	−0.0460
5	0.0411	0.0822	0.1233	0.1644	0.2055	0.1633	0.1211	0.0788	0.0366	−0.0056	−0.0478
6	0.0338	0.0677	0.1015	0.1354	0.1692	0.2031	0.1536	0.1041	0.0546	0.0051	−0.0444
7	0.0271	0.0542	0.0812	0.1083	0.1354	0.1625	0.1896	0.1333	0.0771	0.0208	−0.0354
8	0.0208	0.0416	0.0624	0.0832	0.1041	0.1249	0.1457	0.1665	0.1040	0.0414	−0.0211
9	0.0150	0.0300	0.0450	0.0600	0.0750	0.0900	0.1050	0.1200	0.1350	0.0667	−0.0017
10	0.0096	0.0193	0.0289	0.0385	0.0481	0.0578	0.0674	0.0770	0.0866	0.0963	0.0226
11	0.0046	0.0093	0.0139	0.0186	0.0232	0.0278	0.0325	0.0371	0.0418	0.0464	0.0510
12	0.0000	0.0000	0.0000	0.0000	0.0000	0.0000	0.0000	0.0000	0.0000	0.0000	0.0000
13	−0.0075	−0.0150	−0.0225	−0.0301	−0.0376	−0.0451	−0.0526	−0.0601	−0.0676	−0.0751	−0.0827
14	−0.0137	−0.0274	−0.0411	−0.0548	−0.0685	−0.0822	−0.0959	−0.1096	−0.1233	−0.1370	−0.1507
15	−0.0182	−0.0364	−0.0545	−0.0727	−0.0909	−0.1091	−0.1273	−0.1454	−0.1636	−0.1818	−0.2000
16	−0.0206	−0.0413	−0.0619	−0.0826	−0.1032	−0.1238	−0.1445	−0.1651	−0.1857	−0.2064	−0.2270
17	−0.0210	−0.0419	−0.0629	−0.0838	−0.1048	−0.1257	−0.1467	−0.1676	−0.1886	−0.2095	−0.2305
18	−0.0193	−0.0387	−0.0580	−0.0773	−0.0967	−0.1160	−0.1353	−0.1547	−0.1740	−0.1933	−0.2127
19	−0.0163	−0.0326	−0.0489	−0.0652	−0.0815	−0.0978	−0.1142	−0.1305	−0.1468	−0.1631	−0.1794
20	−0.0126	−0.0251	−0.0377	−0.0503	−0.0629	−0.0754	−0.0880	−0.1006	−0.1131	−0.1257	−0.1383
21	−0.0088	−0.0176	−0.0263	−0.0351	−0.0439	−0.0527	−0.0614	−0.0702	−0.0790	−0.0878	−0.0965
22	−0.0053	−0.0107	−0.0160	−0.0213	−0.0266	−0.0320	−0.0373	−0.0426	−0.0479	−0.0533	−0.0586
23	−0.0024	−0.0048	−0.0072	−0.0096	−0.0120	−0.0143	−0.0167	−0.0191	−0.0215	−0.0239	−0.0263
24	0.0000	0.0000	0.0000	0.0000	0.0000	0.0000	0.0000	0.0000	0.0000	0.0000	0.0000
25	0.0011	0.0022	0.0033	0.0045	0.0056	0.0067	0.0078	0.0089	0.0100	0.0111	0.0122
26	0.0021	0.0041	0.0062	0.0082	0.0103	0.0124	0.0144	0.0165	0.0185	0.0206	0.0226
27	0.0028	0.0056	0.0085	0.0113	0.0141	0.0169	0.0197	0.0225	0.0254	0.0282	0.0310
28	0.0034	0.0067	0.0101	0.0135	0.0168	0.0202	0.0236	0.0269	0.0303	0.0336	0.0370
29	0.0037	0.0074	0.0111	0.0148	0.0184	0.0221	0.0258	0.0295	0.0332	0.0369	0.0406
30	0.0038	0.0076	0.0113	0.0151	0.0189	0.0227	0.0264	0.0302	0.0340	0.0378	0.0415
31	0.0036	0.0073	0.0109	0.0145	0.0181	0.0218	0.0254	0.0290	0.0326	0.0363	0.0399
32	0.0032	0.0065	0.0097	0.0130	0.0162	0.0194	0.0227	0.0259	0.0292	0.0324	0.0356
33	0.0026	0.0053	0.0079	0.0106	0.0132	0.0159	0.0185	0.0211	0.0238	0.0264	0.0291
34	0.0019	0.0037	0.0056	0.0075	0.0093	0.0112	0.0131	0.0150	0.0168	0.0187	0.0206
35	0.0010	0.0019	0.0029	0.0039	0.0048	0.0058	0.0068	0.0077	0.0087	0.0097	0.0106
36	0.0000	0.0000	0.0000	0.0000	0.0000	0.0000	0.0000	0.0000	0.0000	0.0000	0.0000

$\times l_1$

영향선 면적

	1	2	3	4	5	6	7	8	9	10	11
제1 스팬	0.0331	0.0593	0.0785	0.0909	0.0962	0.0946	0.0861	0.0706	0.0482	0.0188	−0.0175
제2 스팬	−0.0220	−0.0440	−0.0659	−0.0879	−0.1099	−0.1319	−0.1539	−0.1758	−0.1978	−0.2198	−0.2418
제3 스팬	0.0024	0.0049	0.0073	0.0098	0.0122	0.0147	0.0171	0.0196	0.0220	0.0245	0.0269
전체 스팬	0.0136	0.0202	0.0200	0.0127	−0.0015	−0.0226	−0.0506	−0.0857	−0.1276	−0.1765	−0.2324

$\times l^2_1$

부록 **151**

$l_1 : l_2 : l_3 = 1 : 1.80 : 1$ $\nu = 0.18$

12	13	14	15	16	17	18	전단력 S_B^l	S_B^r	반력 V_A	V_B	변형 δ_6	δ_{18}
0.0000	0.0000	0.0000	0.0000	0.0000	0.0000	0.0000	0.0000	0.0000	1.0000	0.0000	0.0000	0.0000
−0.0240	−0.0211	−0.0181	−0.0151	−0.0122	−0.0092	−0.0062	−0.1074	0.0198	0.8926	0.1272	0.0273	−0.0190
−0.0464	−0.0407	−0.0350	−0.0292	−0.0235	−0.0177	−0.0120	−0.2131	0.0383	0.7869	0.2514	0.0523	−0.0368
−0.0657	−0.0575	−0.0494	−0.0413	−0.0332	−0.0251	−0.0170	−0.3157	0.0541	0.6843	0.3697	0.0729	−0.0520
−0.0805	−0.0706	−0.0606	−0.0507	−0.0407	−0.0308	−0.0208	−0.4138	0.0663	0.5862	0.4802	0.0874	−0.0638
−0.0901	−0.0789	−0.0678	−0.0567	−0.0455	−0.0344	−0.0233	−0.5067	0.0742	0.4933	0.5810	0.0946	−0.0714
−0.0939	−0.0823	−0.0707	−0.0591	−0.0475	−0.0359	−0.0243	−0.5939	0.0773	0.4061	0.6712	0.0939	−0.0744
−0.0917	−0.0804	−0.0690	−0.0577	−0.0464	−0.0350	−0.0237	−0.6750	0.0755	0.3250	0.7506	0.0853	−0.0726
−0.0836	−0.0733	−0.0629	−0.0526	−0.0423	−0.0319	−0.0216	−0.7503	0.0689	0.2497	0.8191	0.0714	−0.0662
−0.0700	−0.0613	−0.0527	−0.0440	−0.0354	−0.0267	−0.0181	−0.8200	0.0577	0.1800	0.8776	0.0544	−0.0554
−0.0512	−0.0448	−0.0385	−0.0322	−0.0259	−0.0195	−0.0132	−0.8845	0.0421	0.1155	0.9266	0.0362	−0.0405
−0.0276	−0.0242	−0.0208	−0.0174	−0.0140	−0.0106	−0.0071	−0.9443	0.0228	0.0557	0.9671	0.0177	−0.0219
0.0000	0.0000	0.0000	0.0000	0.0000	0.0000	0.0000	−1.0000	1.0000	0.0000	1.0000	0.0000	0.0000
−0.0902	0.0525	0.0451	0.0377	0.0303	0.0229	0.0156	−0.0902	0.9508	−0.0902	1.0410	−0.0289	0.0470
−0.1644	−0.0310	0.1024	0.0857	0.0691	0.0525	0.0358	−0.1644	0.8891	−0.1644	1.0535	−0.0527	0.1036
−0.2182	−0.0963	0.0257	0.1476	0.1195	0.0914	0.0633	−0.2182	0.8127	−0.2182	1.0308	−0.0699	0.1674
−0.2477	−0.1396	−0.0315	0.0765	0.1846	0.1427	0.1007	−0.2477	0.7204	−0.2477	0.9681	−0.0794	0.2315
−0.2514	−0.1593	−0.0671	0.0250	0.1172	0.2093	0.1515	−0.2514	0.6143	−0.2514	0.8657	−0.0806	0.2834
−0.2320	−0.1570	−0.0820	−0.0070	0.0680	0.1430	0.2180	−0.2320	0.5000	−0.2320	0.7320	−0.0744	0.3048
−0.1957	−0.1378	−0.0800	−0.0221	0.0357	0.0936	0.1515	−0.1957	0.3857	−0.1957	0.5814	−0.0627	0.2834
−0.1509	−0.1089	−0.0670	−0.0251	0.0169	0.0588	0.1007	−0.1509	0.2796	−0.1509	0.4304	−0.0484	0.2315
−0.1053	−0.0772	−0.0491	−0.0210	0.0071	0.0352	0.0633	−0.1053	0.1873	−0.1053	0.2926	−0.0338	0.1674
−0.0639	−0.0473	−0.0307	−0.0140	0.0026	0.0192	0.0358	−0.0639	0.1109	−0.0639	0.1748	−0.0205	0.1036
−0.0287	−0.0213	−0.0139	−0.0066	0.0008	0.0082	0.0156	−0.0287	0.0492	−0.0287	0.0779	−0.0092	0.0470
0.0000	0.0000	0.0000	0.0000	0.0000	0.0000	0.0000	0.0000	0.0000	0.0000	0.0000	0.0000	0.0000
0.0134	0.0099	0.0065	0.0031	−0.0003	−0.0037	−0.0071	0.0134	−0.0228	0.0134	−0.0361	0.0043	−0.0219
0.0247	0.0184	0.0121	0.0057	−0.0006	−0.0069	−0.0132	0.0247	−0.0421	0.0247	−0.0669	0.0079	−0.0405
0.0338	0.0252	0.0165	0.0079	−0.0008	−0.0094	−0.0181	0.0338	−0.0577	0.0338	−0.0915	0.0108	−0.0554
0.0404	0.0300	0.0197	0.0094	−0.0009	−0.0113	−0.0216	0.0404	−0.0689	0.0404	−0.1093	0.0129	−0.0662
0.0443	0.0329	0.0216	0.0103	−0.0010	−0.0124	−0.0237	0.0443	−0.0755	0.0443	−0.1198	0.0142	−0.0726
0.0453	0.0337	0.0221	0.0105	−0.0011	−0.0127	−0.0243	0.0453	−0.0773	0.0453	−0.1226	0.0145	−0.0744
0.0435	0.0324	0.0212	0.0101	−0.0010	−0.0122	−0.0233	0.0435	−0.0742	0.0435	−0.1177	0.0139	−0.0714
0.0389	0.0289	0.0190	0.0090	−0.0009	−0.0109	−0.0208	0.0389	−0.0663	0.0389	−0.1052	0.0125	−0.0638
0.0317	0.0236	0.0155	0.0074	−0.0007	−0.0089	−0.0170	0.0317	−0.0541	0.0317	−0.0858	0.0102	−0.0520
0.0224	0.0167	0.0110	0.0052	−0.0005	−0.0063	−0.0120	0.0224	−0.0383	0.0224	−0.0607	0.0072	−0.0368
0.0116	0.0086	0.0057	0.0027	−0.0003	−0.0032	−0.0062	0.0116	−0.0198	0.0116	−0.0314	0.0037	−0.0190
0.0000	0.0000	0.0000	0.0000	0.0000	0.0000	0.0000	0.0000	0.0000	0.0000	0.0000	0.0000	0.0000

$\times 1$ $\times 10^{-1} \dfrac{l_1^3}{EI_0}$

−0.0608	−0.0532	−0.0457	−0.0382	−0.0307	−0.0232	−0.0157	−0.5608	0.0501	0.4393	0.6108	0.0581	−0.0481
−0.2638	−0.1401	−0.0387	0.0399	0.0962	0.1299	0.1413	−0.2638	0.9000	−0.2638	1.1638	−0.0846	0.2966
0.0294	0.0218	0.0143	0.0068	−0.0007	−0.0082	−0.0157	0.0294	−0.0501	0.0294	−0.0794	0.0094	−0.0481
−0.2952	−0.1715	−0.0702	0.0085	0.0648	0.0985	0.1098	−0.7952	0.9000	0.2048	1.6952	−0.0171	0.2004

$\times l_1$ $\times 10^{-1} \dfrac{l_1^4}{EI_0}$

영향선

하중점										휨 모멘트	
	1	2	3	4	5	6	7	8	9	10	11
0	0.0000	0.0000	0.0000	0.0000	0.0000	0.0000	0.0000	0.0000	0.0000	0.0000	0.0000
1	0.0741	0.0649	0.0557	0.0465	0.0373	0.0281	0.0189	0.0097	0.0005	−0.0087	−0.0179
2	0.0651	0.1302	0.1120	0.0937	0.0755	0.0573	0.0390	0.0208	0.0026	−0.0157	−0.0339
3	0.0564	0.1128	0.1693	0.1424	0.1154	0.0885	0.0616	0.0347	0.0078	−0.0191	−0.0460
4	0.0482	0.0964	0.1446	0.1928	0.1577	0.1225	0.0874	0.0523	0.0171	−0.0180	−0.0531
5	0.0405	0.0810	0.1215	0.1620	0.2025	0.1597	0.1169	0.0741	0.0312	−0.0116	−0.0544
6	0.0334	0.0667	0.1001	0.1335	0.1668	0.2002	0.1502	0.1003	0.0503	0.0003	−0.0496
7	0.0268	0.0535	0.0803	0.1070	0.1338	0.1605	0.1873	0.1307	0.0741	0.0175	−0.0390
8	0.0206	0.0413	0.0619	0.0825	0.1032	0.1238	0.1445	0.1651	0.1024	0.0397	−0.0230
9	0.0150	0.0299	0.0449	0.0598	0.0748	0.0898	0.1047	0.1197	0.1346	0.0663	−0.0021
10	0.0097	0.0193	0.0290	0.0387	0.0483	0.0580	0.0676	0.0773	0.0870	0.0966	0.0230
11	0.0047	0.0094	0.0141	0.0188	0.0235	0.0282	0.0328	0.0375	0.0422	0.0469	0.0516
12	0.0000	0.0000	0.0000	0.0000	0.0000	0.0000	0.0000	0.0000	0.0000	0.0000	0.0000
13	−0.0078	−0.0156	−0.0234	−0.0312	−0.0390	−0.0468	−0.0546	−0.0624	−0.0702	−0.0780	−0.0858
14	−0.0145	−0.0290	−0.0435	−0.0580	−0.0725	−0.0870	−0.1015	−0.1159	−0.1304	−0.1449	−0.1594
15	−0.0196	−0.0391	−0.0587	−0.0783	−0.0979	−0.1174	−0.1370	−0.1566	−0.1761	−0.1957	−0.2153
16	−0.0225	−0.0451	−0.0676	−0.0902	−0.1127	−0.1353	−0.1578	−0.1804	−0.2029	−0.2255	−0.2480
17	−0.0230	−0.0461	−0.0691	−0.0922	−0.1152	−0.1382	−0.1613	−0.1843	−0.2074	−0.2304	−0.2534
18	−0.0212	−0.0423	−0.0635	−0.0847	−0.1059	−0.1270	−0.1482	−0.1694	−0.1906	−0.2117	−0.2329
19	−0.0176	−0.0353	−0.0529	−0.0705	−0.0881	−0.1058	−0.1234	−0.1410	−0.1587	−0.1763	−0.1939
20	−0.0134	−0.0267	−0.0401	−0.0535	−0.0668	−0.0802	−0.0936	−0.1070	−0.1203	−0.1337	−0.1471
21	−0.0092	−0.0185	−0.0277	−0.0369	−0.0461	−0.0554	−0.0646	−0.0738	−0.0830	−0.0923	−0.1015
22	−0.0056	−0.0112	−0.0167	−0.0223	−0.0279	−0.0335	−0.0391	−0.0446	−0.0502	−0.0558	−0.0614
23	−0.0025	−0.0050	−0.0076	−0.0101	−0.0126	−0.0151	−0.0177	−0.0202	−0.0227	−0.0252	−0.0278
24	0.0000	0.0000	0.0000	0.0000	0.0000	0.0000	0.0000	0.0000	0.0000	0.0000	0.0000
25	0.0012	0.0024	0.0036	0.0049	0.0061	0.0073	0.0085	0.0097	0.0109	0.0122	0.0134
26	0.0023	0.0046	0.0068	0.0091	0.0114	0.0137	0.0160	0.0183	0.0205	0.0228	0.0251
27	0.0032	0.0063	0.0095	0.0127	0.0159	0.0190	0.0222	0.0254	0.0285	0.0317	0.0349
28	0.0039	0.0077	0.0116	0.0154	0.0193	0.0231	0.0270	0.0308	0.0347	0.0385	0.0424
29	0.0043	0.0086	0.0129	0.0172	0.0215	0.0258	0.0301	0.0344	0.0387	0.0430	0.0473
30	0.0045	0.0090	0.0134	0.0179	0.0224	0.0269	0.0314	0.0359	0.0403	0.0448	0.0493
31	0.0044	0.0087	0.0131	0.0175	0.0219	0.0262	0.0306	0.0350	0.0394	0.0437	0.0481
32	0.0040	0.0079	0.0119	0.0159	0.0199	0.0238	0.0278	0.0318	0.0357	0.0397	0.0437
33	0.0033	0.0066	0.0098	0.0131	0.0164	0.0197	0.0230	0.0263	0.0295	0.0328	0.0361
34	0.0023	0.0047	0.0070	0.0094	0.0117	0.0141	0.0164	0.0188	0.0211	0.0235	0.0258
35	0.0012	0.0024	0.0037	0.0049	0.0061	0.0073	0.0085	0.0098	0.0110	0.0122	0.0134
36	0.0000	0.0000	0.0000	0.0000	0.0000	0.0000	0.0000	0.0000	0.0000	0.0000	0.0000

$\times l_1$

영향선 면적

	1	2	3	4	5	6	7	8	9	10	11
제1 스팬	0.0328	0.0587	0.0777	0.0897	0.0947	0.0929	0.0840	0.0683	0.0455	0.0159	−0.0207
제2 스팬	−0.0237	−0.0473	−0.0710	−0.0947	−0.1184	−0.1420	−0.1657	−0.1894	−0.2131	−0.2367	−0.2604
제3 스팬	0.0029	0.0057	0.0087	0.0116	0.0145	0.0173	0.0202	0.0232	0.0260	0.0289	0.0318
전체 스팬	0.0121	0.0171	0.0153	0.0065	−0.0091	−0.0318	−0.0615	−0.0980	−0.1415	−0.1920	−0.2493

$\times l_1^2$

부록 **153**

$l_1:l_2:l_3=1:1.80:1$ $\nu=0.10$

							전단력		반력		변형	
12	13	14	15	16	17	18	S_B^l	S_B^r	V_A	V_B	δ_6	δ_{18}
0.0000	0.0000	0.0000	0.0000	0.0000	0.0000	0.0000	0.0000	0.0000	1.0000	0.0000	0.0000	0.0000
−0.0271	−0.0237	−0.0202	−0.0167	−0.0132	−0.0097	−0.0062	−0.1105	0.0232	0.8895	0.1337	0.0234	−0.0174
−0.0521	−0.0454	−0.0388	−0.0321	−0.0254	−0.0187	−0.0120	−0.2188	0.0446	0.7812	0.2634	0.0446	−0.0335
−0.0729	−0.0636	−0.0542	−0.0449	−0.0355	−0.0261	−0.0168	−0.3229	0.0624	0.6771	0.3854	0.0616	−0.0469
−0.0883	−0.0769	−0.0656	−0.0543	−0.0430	−0.0316	−0.0203	−0.4216	0.0755	0.5784	0.4971	0.0730	−0.0567
−0.0972	−0.0848	−0.0723	−0.0598	−0.0473	−0.0348	−0.0224	−0.5139	0.0832	0.4861	0.5971	0.0780	−0.0625
−0.0996	−0.0868	−0.0740	−0.0613	−0.0485	−0.0357	−0.0229	−0.5996	0.0852	0.4004	0.6848	0.0763	−0.0640
−0.0956	−0.0833	−0.0711	−0.0588	−0.0465	−0.0343	−0.0220	−0.6789	0.0818	0.3211	0.7607	0.0686	−0.0614
−0.0857	−0.0747	−0.0637	−0.0527	−0.0417	−0.0307	−0.0197	−0.7524	0.0733	0.2476	0.8257	0.0569	−0.0550
−0.0705	−0.0614	−0.0524	−0.0434	−0.0343	−0.0253	−0.0162	−0.8205	0.0603	0.1795	0.8808	0.0432	−0.0453
−0.0507	−0.0442	−0.0377	−0.0312	−0.0247	−0.0182	−0.0117	−0.8840	0.0434	0.1160	0.9274	0.0287	−0.0326
−0.0270	−0.0236	−0.0201	−0.0166	−0.0132	−0.0097	−0.0062	−0.9437	0.0231	0.0563	0.9668	0.0141	−0.0174
0.0000	0.0000	0.0000	0.0000	0.0000	0.0000	0.0000	−1.0000	1.0000	0.0000	1.0000	0.0000	0.0000
−0.0936	0.0491	0.0419	0.0347	0.0275	0.0203	0.0130	−0.0936	0.9519	−0.0936	1.0455	−0.0236	0.0359
−0.1739	−0.0400	0.0939	0.0778	0.0617	0.0457	0.0296	−0.1739	0.8928	−0.1739	1.0667	−0.0438	0.0787
−0.2348	−0.1120	0.0108	0.1337	0.1065	0.0794	0.0522	−0.2348	0.8190	−0.2348	1.0538	−0.0591	0.1279
−0.2706	−0.1614	−0.0522	0.0570	0.1661	0.1253	0.0845	−0.2706	0.7279	−0.2706	0.9984	−0.0681	0.1796
−0.2765	−0.1836	−0.0907	0.0022	0.0952	0.1881	0.1310	−0.2765	0.6194	−0.2765	0.8959	−0.0696	0.2235
−0.2541	−0.1791	−0.1041	−0.0291	0.0459	0.1209	0.1959	−0.2541	0.5000	−0.2541	0.7541	−0.0640	0.2425
−0.2116	−0.1545	−0.0974	−0.0403	0.0168	0.0739	0.1310	−0.2116	0.3806	−0.2116	0.5921	−0.0533	0.2235
−0.1604	−0.1196	−0.0788	−0.0380	0.0029	0.0437	0.0845	−0.1604	0.2721	−0.1604	0.4326	−0.0404	0.1796
−0.1107	−0.0835	−0.0564	−0.0292	−0.0021	0.0251	0.0522	−0.1107	0.1810	−0.1107	0.2917	−0.0279	0.1279
−0.0669	−0.0509	−0.0348	−0.0189	−0.0026	0.0135	0.0296	−0.0669	0.1072	−0.0669	0.1742	−0.0169	0.0787
−0.0303	−0.0231	−0.0158	−0.0086	−0.0014	0.0058	0.0130	−0.0303	0.0481	−0.0303	0.0784	−0.0076	0.0359
0.0000	0.0000	0.0000	0.0000	0.0000	0.0000	0.0000	0.0000	0.0000	0.0000	0.0000	0.0000	0.0000
0.0146	0.0111	0.0077	0.0042	0.0007	−0.0027	−0.0062	0.0146	−0.0231	0.0146	−0.0377	0.0037	−0.0174
0.0274	0.0209	0.0144	0.0079	0.0013	−0.0052	−0.0117	0.0274	−0.0434	0.0274	−0.0708	0.0069	−0.0326
0.0381	0.0290	0.0200	0.0109	0.0019	−0.0072	−0.0162	0.0381	−0.0603	0.0381	−0.0984	0.0096	−0.0453
0.0463	0.0353	0.0243	0.0133	0.0023	−0.0087	−0.0197	0.0463	−0.0733	0.0463	−0.1196	0.0116	−0.0550
0.0516	0.0393	0.0271	0.0148	0.0025	−0.0097	−0.0220	0.0516	−0.0818	0.0516	−0.1334	0.0130	−0.0614
0.0538	0.0410	0.0282	0.0154	0.0026	−0.0101	−0.0229	0.0538	−0.0852	0.0538	−0.1390	0.0135	−0.0640
0.0525	0.0400	0.0275	0.0151	0.0026	−0.0099	−0.0224	0.0525	−0.0832	0.0525	−0.1357	0.0132	−0.0625
0.0476	0.0363	0.0250	0.0137	0.0023	−0.0090	−0.0203	0.0476	−0.0755	0.0476	−0.1231	0.0120	−0.0567
0.0394	0.0300	0.0207	0.0113	0.0019	−0.0074	−0.0168	0.0394	−0.0624	0.0394	−0.1018	0.0099	−0.0469
0.0281	0.0215	0.0148	0.0081	0.0014	−0.0053	−0.0120	0.0281	−0.0446	0.0281	−0.0728	0.0071	−0.0335
0.0147	0.0112	0.0077	0.0042	0.0007	−0.0028	−0.0062	0.0147	−0.0232	0.0147	−0.0379	0.0037	−0.0174
0.0000	0.0000	0.0000	0.0000	0.0000	0.0000	0.0000	0.0000	0.0000	0.0000	0.0000	0.0000	0.0000
							$\times 1$				$\times 10^{-1}\dfrac{l_1^3}{EI_0}$	
−0.0643	−0.0560	−0.0478	−0.0396	−0.0313	−0.0230	−0.0148	−0.5643	0.0550	0.4357	0.6193	0.0476	−0.0413
−0.2841	−0.1610	−0.0591	0.0195	0.0759	0.1096	0.1209	−0.2841	0.9000	−0.2841	1.1841	−0.0715	0.2308
0.0347	0.0265	0.0182	0.0100	0.0017	−0.0066	−0.0148	0.0347	−0.0550	0.0347	−0.0897	0.0087	−0.0413
−0.3136	−0.1906	−0.0887	−0.0100	0.0463	0.0800	0.0913	−0.8137	0.9000	0.1863	1.7137	−0.0152	0.1482
							$\times l_1$				$\times 10^{-1}\dfrac{l_1^4}{EI_0}$	

영향선

휨 모멘트

하중점	1	2	3	4	5	6	7	8	9	10	11
0	0.0000	0.0000	0.0000	0.0000	0.0000	0.0000	0.0000	0.0000	0.0000	0.0000	0.0000
1	0.0745	0.0656	0.0567	0.0478	0.0389	0.0301	0.0212	0.0123	0.0034	−0.0054	−0.0143
2	0.0657	0.1314	0.1138	0.0962	0.0786	0.0610	0.0433	0.0257	0.0081	−0.0095	−0.0271
3	0.0572	0.1145	0.1717	0.1456	0.1195	0.0934	0.0673	0.0412	0.0151	−0.0110	−0.0371
4	0.0491	0.0982	0.1474	0.1965	0.1623	0.1280	0.0938	0.0596	0.0254	−0.0088	−0.0430
5	0.0414	0.0829	0.1243	0.1657	0.2072	0.1652	0.1233	0.0814	0.0395	−0.0024	−0.0443
6	0.0342	0.0684	0.1026	0.1368	0.1710	0.2052	0.1561	0.1070	0.0579	0.0087	−0.0404
7	0.0275	0.0549	0.0824	0.1099	0.1373	0.1648	0.1922	0.1364	0.0805	0.0246	−0.0312
8	0.0212	0.0424	0.0635	0.0847	0.1059	0.1271	0.1483	0.1694	0.1073	0.0451	−0.0170
9	0.0153	0.0307	0.0460	0.0613	0.0767	0.0920	0.1073	0.1227	0.1380	0.0700	0.0020
10	0.0099	0.0198	0.0296	0.0395	0.0494	0.0593	0.0692	0.0790	0.0889	0.0988	0.0253
11	0.0048	0.0096	0.0144	0.0191	0.0239	0.0287	0.0335	0.0383	0.0431	0.0478	0.0526
12	0.0000	0.0000	0.0000	0.0000	0.0000	0.0000	0.0000	0.0000	0.0000	0.0000	0.0000
13	−0.0087	−0.0173	−0.0260	−0.0347	−0.0434	−0.0520	−0.0607	−0.0694	−0.0780	−0.0867	−0.0954
14	−0.0159	−0.0317	−0.0476	−0.0634	−0.0793	−0.0952	−0.1110	−0.1269	−0.1427	−0.1586	−0.1745
15	−0.0211	−0.0422	−0.0633	−0.0844	−0.1055	−0.1265	−0.1476	−0.1687	−0.1898	−0.2109	−0.2320
16	−0.0240	−0.0479	−0.0719	−0.0958	−0.1198	−0.1437	−0.1677	−0.1916	−0.2156	−0.2395	−0.2635
17	−0.0243	−0.0485	−0.0728	−0.0971	−0.1214	−0.1456	−0.1699	−0.1942	−0.2184	−0.2427	−0.2670
18	−0.0223	−0.0446	−0.0669	−0.0892	−0.1115	−0.1337	−0.1560	−0.1783	−0.2006	−0.2229	−0.2452
19	−0.0187	−0.0373	−0.0560	−0.0747	−0.0933	−0.1120	−0.1306	−0.1493	−0.1680	−0.1866	−0.2053
20	−0.0142	−0.0285	−0.0427	−0.0570	−0.0712	−0.0855	−0.0997	−0.1140	−0.1282	−0.1425	−0.1567
21	−0.0098	−0.0197	−0.0295	−0.0394	−0.0492	−0.0590	−0.0689	−0.0787	−0.0886	−0.0984	−0.1083
22	−0.0059	−0.0118	−0.0177	−0.0236	−0.0295	−0.0354	−0.0414	−0.0473	−0.0532	−0.0591	−0.0650
23	−0.0026	−0.0053	−0.0079	−0.0105	−0.0132	−0.0158	−0.0184	−0.0211	−0.0237	−0.0263	−0.0290
24	0.0000	0.0000	0.0000	0.0000	0.0000	0.0000	0.0000	0.0000	0.0000	0.0000	0.0000
25	0.0011	0.0022	0.0033	0.0044	0.0055	0.0066	0.0077	0.0088	0.0099	0.0110	0.0121
26	0.0020	0.0041	0.0061	0.0081	0.0102	0.0122	0.0143	0.0163	0.0183	0.0204	0.0224
27	0.0028	0.0056	0.0084	0.0112	0.0140	0.0168	0.0196	0.0224	0.0252	0.0279	0.0307
28	0.0034	0.0067	0.0101	0.0134	0.0168	0.0201	0.0235	0.0268	0.0302	0.0335	0.0369
29	0.0037	0.0074	0.0111	0.0148	0.0184	0.0221	0.0258	0.0295	0.0332	0.0369	0.0406
30	0.0038	0.0076	0.0114	0.0152	0.0189	0.0227	0.0265	0.0303	0.0341	0.0379	0.0417
31	0.0036	0.0073	0.0109	0.0146	0.0182	0.0219	0.0255	0.0292	0.0328	0.0365	0.0401
32	0.0033	0.0065	0.0098	0.0131	0.0163	0.0196	0.0229	0.0262	0.0294	0.0327	0.0360
33	0.0027	0.0053	0.0080	0.0107	0.0134	0.0160	0.0187	0.0214	0.0241	0.0267	0.0294
34	0.0019	0.0038	0.0057	0.0076	0.0095	0.0114	0.0133	0.0152	0.0171	0.0189	0.0208
35	0.0010	0.0020	0.0029	0.0039	0.0049	0.0059	0.0069	0.0079	0.0088	0.0098	0.0108
36	0.0000	0.0000	0.0000	0.0000	0.0000	0.0000	0.0000	0.0000	0.0000	0.0000	0.0000

$\times l_1$

영향선 면적

	1	2	3	4	5	6	7	8	9	10	11
제1 스팬	0.0334	0.0598	0.0793	0.0918	0.0974	0.0961	0.0877	0.0725	0.0504	0.0212	−0.0148
제2 스팬	−0.0281	−0.0561	−0.0842	−0.1123	−0.1404	−0.1684	−0.1964	−0.2245	−0.2526	−0.2806	−0.3088
제3 스팬	0.0025	0.0049	0.0074	0.0098	0.0123	0.0147	0.0172	0.0196	0.0221	0.0245	0.0270
전체 스팬	0.0078	0.0086	0.0024	−0.0107	−0.0307	−0.0576	−0.0915	−0.1324	−0.1802	−0.2350	−0.2967

$\times l_1^2$

$l_1 : l_2 : l_3 = 1 : 2.00 : 1 \quad \nu = 0.16$

12	13	14	15	16	17	18	전단력 S_B^l	전단력 S_B^r	반력 V_A	반력 V_B	변형 δ_6	변형 δ_{18}
0.0000	0.0000	0.0000	0.0000	0.0000	0.0000	0.0000	0.0000	0.0000	1.0000	0.0000	0.0000	0.0000
−0.0232	−0.0203	−0.0174	−0.0145	−0.0115	−0.0086	−0.0057	−0.1065	0.0175	0.8935	0.1240	0.0269	−0.0212
−0.0448	−0.0391	−0.0335	−0.0279	−0.0223	−0.0166	−0.0110	−0.2114	0.0337	0.7886	0.2452	0.0515	−0.0409
−0.0631	−0.0552	−0.0473	−0.0393	−0.0314	−0.0235	−0.0155	−0.3131	0.0476	0.6869	0.3608	0.0717	−0.0577
−0.0772	−0.0675	−0.0578	−0.0481	−0.0384	−0.0287	−0.0190	−0.4106	0.0582	0.5894	0.4688	0.0858	−0.0705
−0.0862	−0.0753	−0.0645	−0.0537	−0.0429	−0.0320	−0.0212	−0.5028	0.0650	0.4972	0.5678	0.0927	−0.0787
−0.0895	−0.0783	−0.0670	−0.0558	−0.0445	−0.0333	−0.0220	−0.5895	0.0675	0.4105	0.6570	0.0918	−0.0817
−0.0871	−0.0762	−0.0652	−0.0543	−0.0433	−0.0324	−0.0214	−0.6704	0.0657	0.3296	0.7361	0.0834	−0.0796
−0.0792	−0.0692	−0.0593	−0.0493	−0.0394	−0.0294	−0.0195	−0.7458	0.0597	0.2542	0.8055	0.0698	−0.0723
−0.0660	−0.0577	−0.0494	−0.0411	−0.0328	−0.0245	−0.0162	−0.8160	0.0498	0.1840	0.8658	0.0533	−0.0603
−0.0481	−0.0421	−0.0360	−0.0300	−0.0239	−0.0179	−0.0118	−0.8815	0.0363	0.1185	0.9177	0.0355	−0.0439
−0.0259	−0.0227	−0.0194	−0.0161	−0.0129	−0.0096	−0.0064	−0.9426	0.0195	0.0574	0.9621	0.0174	−0.0237
0.0000	0.0000	0.0000	0.0000	0.0000	0.0000	0.0000	−1.0000	1.0000	0.0000	1.0000	0.0000	0.0000
−0.1041	0.0548	0.0469	0.0391	0.0312	0.0233	0.0155	−0.1041	0.9529	−0.1041	1.0569	−0.0318	0.0566
−0.1903	−0.0415	0.1074	0.0895	0.0717	0.0539	0.0361	−0.1903	0.8931	−0.1903	1.0834	−0.0582	0.1261
−0.2531	−0.1168	0.0194	0.1557	0.1252	0.0948	0.0644	−0.2531	0.8175	−0.2531	1.0706	−0.0773	0.2055
−0.2874	−0.1666	−0.0458	0.0750	0.1958	0.1500	0.1041	−0.2874	0.7249	−0.2874	1.0123	−0.0878	0.2872
−0.2913	−0.1884	−0.0856	0.0172	0.1201	0.2229	0.1591	−0.2913	0.6170	−0.2913	0.9083	−0.0890	0.3542
−0.2675	−0.1842	−0.1008	−0.0175	0.0658	0.1492	0.2325	−0.2675	0.5000	−0.2675	0.7675	−0.0817	0.3823
−0.2240	−0.1601	−0.0963	−0.0324	0.0314	0.0952	0.1591	−0.2240	0.3830	−0.2240	0.6070	−0.0684	0.3542
−0.1710	−0.1251	−0.0793	−0.0334	0.0124	0.0583	0.1041	−0.1710	0.2751	−0.1710	0.4461	−0.0523	0.2872
−0.1181	−0.0877	−0.0573	−0.0268	0.0036	0.0340	0.0644	−0.1181	0.1825	−0.1181	0.3006	−0.0361	0.2055
−0.0709	−0.0531	−0.0352	−0.0174	0.0004	0.0182	0.0361	−0.0709	0.1069	−0.0709	0.1778	−0.0217	0.1261
−0.0316	−0.0238	−0.0159	−0.0081	−0.0002	0.0076	0.0155	−0.0316	0.0471	−0.0316	0.0787	−0.0097	0.0566
0.0000	0.0000	0.0000	0.0000	0.0000	0.0000	0.0000	0.0000	0.0000	0.0000	0.0000	0.0000	0.0000
0.0132	0.0099	0.0067	0.0034	0.0001	−0.0031	−0.0064	0.0132	−0.0195	0.0132	−0.0327	0.0040	−0.0237
0.0244	0.0184	0.0124	0.0063	0.0003	−0.0058	−0.0118	0.0244	−0.0363	0.0244	−0.0607	0.0075	−0.0439
0.0335	0.0252	0.0169	0.0087	0.0004	−0.0079	−0.0162	0.0335	−0.0498	0.0335	−0.0833	0.0102	−0.0603
0.0402	0.0303	0.0203	0.0104	0.0004	−0.0095	−0.0195	0.0402	−0.0597	0.0402	−0.0999	0.0123	−0.0723
0.0443	0.0333	0.0224	0.0114	0.0005	−0.0105	−0.0214	0.0443	−0.0657	0.0443	−0.1099	0.0135	−0.0796
0.0455	0.0342	0.0230	0.0117	0.0005	−0.0108	−0.0220	0.0455	−0.0675	0.0455	−0.1130	0.0139	−0.0817
0.0438	0.0329	0.0221	0.0113	0.0005	−0.0104	−0.0212	0.0438	−0.0650	0.0438	−0.1088	0.0134	−0.0787
0.0392	0.0295	0.0198	0.0101	0.0004	−0.0093	−0.0190	0.0392	−0.0582	0.0392	−0.0975	0.0120	−0.0705
0.0321	0.0241	0.0162	0.0083	0.0003	−0.0076	−0.0155	0.0321	−0.0476	0.0321	−0.0797	0.0098	−0.0577
0.0227	0.0171	0.0115	0.0059	0.0002	−0.0054	−0.0110	0.0227	−0.0337	0.0227	−0.0565	0.0069	−0.0409
0.0118	0.0089	0.0060	0.0030	0.0001	−0.0028	−0.0057	0.0118	−0.0175	0.0118	−0.0293	0.0036	−0.0212
0.0000	0.0000	0.0000	0.0000	0.0000	0.0000	0.0000	0.0000	0.0000	0.0000	0.0000	0.0000	0.0000
							×1			×10$^{-1}\dfrac{l_1^3}{EI_0}$		
−0.0579	−0.0506	−0.0433	−0.0361	−0.0288	−0.0215	−0.0118	−0.5579	0.0436	0.4421	0.6015	0.0570	−0.0529
−0.3368	−0.1841	−0.0590	0.0382	0.1076	0.1493	0.1632	−0.3368	1.0000	−0.3368	1.3368	−0.1029	0.4082
0.0294	0.0221	0.0149	0.0076	0.0003	−0.0070	−0.0142	0.0294	−0.0436	0.0294	−0.0731	0.0090	−0.0529
−0.3653	−0.2126	−0.0875	0.0097	0.0792	0.1208	0.1372	−0.8653	1.0000	0.1347	1.8653	−0.0370	0.3025
							×l_1			×10$^{-1}\dfrac{l_1^4}{EI_0}$		

영 향 선

휨 모멘트

하중점	1	2	3	4	5	6	7	8	9	10	11
0	0.0000	0.0000	0.0000	0.0000	0.0000	0.0000	0.0000	0.0000	0.0000	0.0000	0.0000
1	0.0742	0.0650	0.0558	0.0466	0.0375	0.0283	0.0191	0.0099	0.0007	−0.0084	−0.0176
2	0.0652	0.1303	0.1122	0.0940	0.0759	0.0577	0.0395	0.0214	0.0032	−0.0149	−0.0331
3	0.0565	0.1131	0.1696	0.1429	0.1161	0.0893	0.0625	0.0357	0.0089	−0.0179	−0.0447
4	0.0484	0.0968	0.1452	0.1936	0.1586	0.1237	0.0887	0.0538	0.0188	−0.0161	−0.0510
5	0.0408	0.0815	0.1223	0.1631	0.2038	0.1612	0.1187	0.0761	0.0335	−0.0090	−0.0516
6	0.0337	0.0674	0.1010	0.1347	0.1684	0.2021	0.1524	0.1028	0.0531	0.0035	−0.0462
7	0.0271	0.0542	0.0813	0.1084	0.1355	0.1626	0.1897	0.1335	0.0773	0.0210	−0.0352
8	0.0210	0.0420	0.0630	0.0840	0.1050	0.1260	0.1470	0.1680	0.1056	0.0433	−0.0190
9	0.0153	0.0306	0.0459	0.0611	0.0764	0.0917	0.1070	0.1223	0.1376	0.0695	0.0015
10	0.0099	0.0198	0.0298	0.0397	0.0496	0.0595	0.0694	0.0794	0.0893	0.0992	0.0258
11	0.0048	0.0097	0.0145	0.0194	0.0242	0.0290	0.0339	0.0387	0.0436	0.0484	0.0533
12	0.0000	0.0000	0.0000	0.0000	0.0000	0.0000	0.0000	0.0000	0.0000	0.0000	0.0000
13	−0.0090	−0.0180	−0.0271	−0.0361	−0.0451	−0.0541	−0.0631	−0.0722	−0.0812	−0.0902	−0.0992
14	−0.0169	−0.0337	−0.0506	−0.0674	−0.0843	−0.1011	−0.1180	−0.1349	−0.1517	−0.1686	−0.1854
15	−0.0229	−0.0458	−0.0687	−0.0916	−0.1144	−0.1373	−0.1602	−0.1831	−0.2060	−0.2289	−0.2518
16	−0.0264	−0.0529	−0.0793	−0.1058	−0.1322	−0.1586	−0.1851	−0.2115	−0.2379	−0.2644	−0.2908
17	−0.0270	−0.0540	−0.0810	−0.1080	−0.1350	−0.1620	−0.1890	−0.2160	−0.2430	−0.2700	−0.2969
18	−0.0246	−0.0493	−0.0739	−0.0985	−0.1232	−0.1478	−0.1724	−0.1971	−0.2217	−0.2463	−0.2710
19	−0.0203	−0.0405	−0.0608	−0.0811	−0.1013	−0.1216	−0.1418	−0.1621	−0.1824	−0.2026	−0.2229
20	−0.0151	−0.0303	−0.0454	−0.0606	−0.0757	−0.0909	−0.1060	−0.1212	−0.1363	−0.1514	−0.1666
21	−0.0103	−0.0206	−0.0309	−0.0412	−0.0515	−0.0618	−0.0721	−0.0824	−0.0927	−0.1030	−0.1133
22	−0.0062	−0.0124	−0.0185	−0.0247	−0.0309	−0.0371	−0.0432	−0.0494	−0.0556	−0.0618	−0.0679
23	−0.0028	−0.0056	−0.0084	−0.0112	−0.0140	−0.0167	−0.0195	−0.0223	−0.0251	−0.0279	−0.0307
24	0.0000	0.0000	0.0000	0.0000	0.0000	0.0000	0.0000	0.0000	0.0000	0.0000	0.0000
25	0.0012	0.0024	0.0036	0.0048	0.0060	0.0073	0.0085	0.0097	0.0109	0.0121	0.0133
26	0.0023	0.0046	0.0068	0.0091	0.0114	0.0137	0.0160	0.0182	0.0205	0.0228	0.0251
27	0.0032	0.0064	0.0096	0.0127	0.0159	0.0191	0.0223	0.0255	0.0287	0.0319	0.0351
28	0.0039	0.0078	0.0117	0.0156	0.0195	0.0234	0.0273	0.0312	0.0351	0.0390	0.0429
29	0.0044	0.0088	0.0131	0.0175	0.0219	0.0263	0.0306	0.0350	0.0394	0.0438	0.0482
30	0.0046	0.0092	0.0138	0.0184	0.0230	0.0275	0.0321	0.0367	0.0413	0.0459	0.0505
31	0.0045	0.0090	0.0135	0.0180	0.0225	0.0271	0.0316	0.0361	0.0406	0.0451	0.0496
32	0.0041	0.0082	0.0124	0.0165	0.0206	0.0247	0.0288	0.0329	0.0371	0.0412	0.0453
33	0.0034	0.0068	0.0103	0.0137	0.0171	0.0205	0.0240	0.0274	0.0308	0.0342	0.0376
34	0.0025	0.0049	0.0074	0.0098	0.0123	0.0147	0.0172	0.0196	0.0221	0.0246	0.0270
35	0.0013	0.0026	0.0038	0.0051	0.0064	0.0077	0.0091	0.0103	0.0115	0.0128	0.0141
36	0.0000	0.0000	0.0000	0.0000	0.0000	0.0000	0.0000	0.0000	0.0000	0.0000	0.0000

$\times l_1$

영향선 면적

	1	2	3	4	5	6	7	8	9	10	11
제1 스팬	0.0330	0.0591	0.0783	0.0905	0.0958	0.0941	0.0854	0.0699	0.0474	0.0179	−0.0185
제2 스팬	−0.0304	−0.0608	−0.0913	−0.1217	−0.1521	−0.1825	−0.2129	−0.2434	−0.2738	−0.3042	−0.3346
제3 스팬	0.0030	0.0059	−0.0089	0.0118	0.0148	0.0178	0.0207	0.0237	0.0267	0.0296	0.0326
전체 스팬	0.0056	0.0042	−0.0041	−0.0194	−0.0415	−0.0707	−0.1067	−0.1498	−0.1997	−0.2567	−0.3205

$\times l_1^2$

부록 157

$l_1 : l_2 : l_3 = 1 : 2.00 : 1 \quad \nu = 0.08$

							전단력		반력		변형	
12	13	14	15	16	17	18	S_B^l	S_B^r	V_A	V_B	δ_6	δ_{18}
0.0000	0.0000	0.0000	0.0000	0.0000	0.0000	0.0000	0.0000	0.0000	1.0000	0.0000	0.0000	0.0000
−0.0268	−0.0233	−0.0198	−0.0162	−0.0127	−0.0092	−0.0057	−0.1101	0.0211	0.8899	0.1312	0.0224	−0.0189
−0.0513	−0.0445	−0.0378	−0.0311	−0.0244	−0.0176	−0.0109	−0.2179	0.0404	0.7821	0.2583	0.0426	−0.0363
−0.0714	−0.0621	−0.0527	−0.0433	−0.0339	−0.0246	−0.0152	−0.3214	0.0563	0.6786	0.3777	0.0586	−0.0505
−0.0860	−0.0747	−0.0634	−0.0521	−0.0408	−0.0296	−0.0183	−0.4193	0.0677	0.5807	0.4870	0.0692	−0.0608
−0.0942	−0.0818	−0.0695	−0.0571	−0.0447	−0.0324	−0.0200	−0.5108	0.0741	0.4892	0.5850	0.0736	−0.0666
−0.0958	−0.0833	−0.0707	−0.0581	−0.0455	−0.0330	−0.0204	−0.5958	0.0755	0.4042	0.6713	0.0717	−0.0678
−0.0914	−0.0794	−0.0674	−0.0554	−0.0434	−0.0314	−0.0194	−0.6747	0.0720	0.3253	0.7467	0.0643	−0.0647
−0.0814	−0.0707	−0.0600	−0.0493	−0.0387	−0.0280	−0.0173	−0.7481	0.0641	0.2519	0.8121	0.0533	−0.0576
−0.0666	−0.0578	−0.0491	−0.0404	−0.0316	−0.0229	−0.0142	−0.8166	0.0524	0.1834	0.8690	0.0405	−0.0471
−0.0476	−0.0414	−0.0351	−0.0289	−0.0226	−0.0164	−0.0101	−0.8810	0.0375	0.1190	0.9185	0.0269	−0.0337
−0.0252	−0.0219	−0.0186	−0.0153	−0.0120	−0.0087	−0.0054	−0.9419	0.0199	0.0581	0.9618	0.0133	−0.0179
0.0000	0.0000	0.0000	0.0000	0.0000	0.0000	0.0000	−1.0000	1.0000	0.0000	1.0000	0.0000	0.0000
−0.1082	0.0508	0.0431	0.0355	0.0278	0.0201	0.0125	−0.1082	0.9540	−0.1082	1.0623	−0.0248	0.0410
−0.2023	−0.0527	0.0969	0.0798	0.0627	0.0456	0.0285	−0.2023	0.8974	−0.2023	1.0997	−0.0464	0.0903
−0.2747	−0.1371	0.0005	0.1381	0.1090	0.0799	0.0509	−0.2747	0.8255	−0.2747	1.1002	−0.0630	0.1483
−0.3173	−0.1949	−0.0725	0.0499	0.1724	0.1281	0.0838	−0.3173	0.7344	−0.3173	1.0517	−0.0728	0.2107
−0.3239	−0.2200	−0.1160	−0.0121	0.0919	0.1958	0.1331	−0.3239	0.6237	−0.3239	0.9477	−0.0743	0.2654
−0.2956	−0.2123	−0.1289	−0.0456	0.0377	0.1211	0.2044	−0.2956	0.5000	−0.2956	0.7956	−0.0678	0.2897
−0.2432	−0.1804	−0.1177	−0.0550	0.0077	0.0704	0.1331	−0.2432	0.3763	−0.2432	0.6194	−0.0558	0.2654
−0.1817	−0.1375	−0.0932	−0.0490	−0.0047	0.0396	0.0838	−0.1817	0.2656	−0.1817	0.4473	−0.0417	0.2107
−0.1236	−0.0945	−0.0655	−0.0364	−0.0073	0.0218	0.0509	−0.1236	0.1745	−0.1236	0.2981	−0.0284	0.1483
−0.0741	−0.0570	−0.0399	−0.0228	−0.0057	0.0114	0.0285	−0.0741	0.1026	−0.0741	0.1767	−0.0170	0.0903
−0.0335	−0.0258	−0.0182	−0.0105	−0.0028	0.0048	0.0125	−0.0335	0.0460	−0.0335	0.0795	−0.0077	0.0410
0.0000	0.0000	0.0000	0.0000	0.0000	0.0000	0.0000	0.0000	0.0000	0.0000	0.0000	0.0000	0.0000
0.0145	0.0112	0.0079	0.0046	0.0013	−0.0021	−0.0054	0.0145	−0.0199	0.0145	−0.0344	0.0033	−0.0179
0.0274	0.0211	0.0149	0.0086	0.0024	−0.0039	−0.0101	0.0274	−0.0375	0.0274	−0.0649	0.0063	−0.0337
0.0382	0.0295	0.0208	0.0120	0.0033	−0.0054	−0.0142	0.0382	−0.0524	0.0382	−0.0907	0.0088	−0.0471
0.0468	0.0361	0.0254	0.0147	0.0041	−0.0066	−0.0173	0.0468	−0.0641	0.0468	−0.1109	0.0107	−0.0576
0.0525	0.0405	0.0285	0.0165	0.0046	−0.0074	−0.0194	0.0525	−0.0720	0.0525	−0.1245	0.0121	−0.0647
0.0551	0.0425	0.0299	0.0174	0.0048	−0.0078	−0.0204	0.0551	−0.0755	0.0551	−0.1305	0.0126	−0.0678
0.0541	0.0418	0.0294	0.0170	0.0047	−0.0077	−0.0200	0.0541	−0.0741	0.0541	−0.1283	0.0124	−0.0666
0.0494	0.0381	0.0268	0.0156	0.0043	−0.0070	−0.0183	0.0494	−0.0677	0.0494	−0.1171	0.0113	−0.0608
0.0411	0.0317	0.0223	0.0129	0.0036	−0.0058	−0.0152	0.0411	−0.0563	0.0411	−0.0973	0.0094	−0.0505
0.0295	0.0227	0.0160	0.0093	0.0026	−0.0042	−0.0109	0.0295	−0.0404	0.0295	−0.0698	0.0068	−0.0363
0.0154	0.0119	0.0084	0.0048	0.0013	−0.0022	−0.0057	0.0154	−0.0211	0.0154	−0.0365	0.0035	−0.0189
0.0000	0.0000	0.0000	0.0000	0.0000	0.0000	0.0000	0.0000	0.0000	0.0000	0.0000	0.0000	0.0000

$\times 1 \qquad \times 10^{-1} \dfrac{l_1^3}{EI_0}$

−0.0619	−0.0537	−0.0456	−0.0375	−0.0294	−0.0213	−0.0132	−0.5618	0.0487	0.4382	0.6106	0.0450	−0.0438
−0.3650	−0.2123	−0.0872	0.0099	0.0794	0.1211	0.1350	−0.3650	1.0000	−0.3650	1.3650	−0.0837	0.3012
0.0335	0.0274	0.0193	0.0112	0.0031	−0.0050	−0.0132	0.0355	−0.0487	0.0355	−0.0843	0.0082	−0.0438
−0.3913	−0.2386	−0.1136	−0.0164	0.0532	0.0947	0.1087	−0.8913	1.0000	0.1087	1.8913	−0.0306	0.2137

$\times l_1 \qquad \times 10^{-1} \dfrac{l_1^4}{EI_0}$

감수자 소개

주 환중(朱 丸中)

- 한양대학교 토목공학과 졸업
- 토목구조기술사
- 도로교 설계편람(교량편) 집필위원(건교부/건설기술연구원)
- 강 도로교 상세부 설계지침 집필 및 연구위원/편집위원(건교부)
- 한양대학교 토목환경공학과 강사(교량공학)(현재)
- (주)교량과 고속철도 대표(현재)
- 저서 : 강 구조물 상세설계기준(도로교)(건설교통부/한국강구조학회)

알기 쉬운
교량의 연속 거더 구조 해석 입문

첫판 1쇄 펴낸 날·2000년 7월 7일

감수·주환중
펴낸이·전조연
편집주간·하영희
교정·강경희
편집·정애리
전산·유선주

펴낸곳·도서출판 건설도서
출판등록·1988년 1월 25일, 제 3-165호
주소·서울시 용산구 원효로 1가 46-5호
전화·*(02)711-9990*(대)
팩시밀리·*(02)711-9987*
E-mail·ksdsksds@hitel.net

ⓒ 2000 by Keon Seol Do Seo Publishing Co. Printed in Korea

값 *12,000*원
ISBN 89-7706-110-5 93530

☞파본 및 낙장은 교환하여 드립니다.